建筑设备工程概预算

主　编　黄建恩

副主编　吴学慧　崔建祝

中国矿业大学出版社

内 容 简 介

本书系统、完整地讲述了基本建设的基本知识、工程造价及工程造价管理的基本知识、工程造价的构成、定额计价方法、工程量清单计价方法、建设项目投资估算的编制、设计概算的编制、施工图预算的编制、招标控制价、投标报价与合同价款的确定等内容。

本教材可供高等学校建筑环境与能源应用工程、工程管理及其他相关本科专业使用,亦可作为在职工程造价管理人员的培训教材,同时可为从事概预算工作的工程技术人员提供借鉴和参考。

图书在版编目(CIP)数据

建筑设备工程概预算 / 黄建恩主编. —徐州 :中
国矿业大学出版社,2018.5
ISBN 978 - 7 - 5646 - 3993 - 8

Ⅰ. ①建… Ⅱ. ①黄… Ⅲ. ①房屋建筑设备—建筑安
装—建筑概算定额—高等学校—教材②房屋建筑设备—建
筑安装—建筑预算定额—高等学校—教材 Ⅳ.
①TU723.3

中国版本图书馆 CIP 数据核字(2018)第 119309 号

书 名	建筑设备工程概预算
主 编	黄建恩
责任编辑	耿东锋
出版发行	中国矿业大学出版社有限责任公司
	(江苏省徐州市解放南路 邮编221008)
营销热线	(0516)83885307 83884995
出版服务	(0516)83885767 83884920
网 址	http://www.cumt.com E-mail:cumtpvip@cumtp.com
印 刷	江苏凤凰数码印务有限公司
开 本	787×1092 1/16 印张 17.5 字数 432 千字
版次印次	2018 年 5 月第 1 版 2018 年 5 月第 1 次印刷
定 价	35.00 元

(图书出现印装质量问题,本社负责调换)

前　言

　　"建筑设备工程概预算"是一门实践性较强的专业课,通过讲述概预算基本原理、方法和具体工程预算实例,使学生具备概预算编制的基本能力。

　　概预算工作具有较强的法规性和时效性,随着新材料、新技术、新工艺在工程中的不断应用以及国家新政策的不断出台,要求《建筑设备工程概预算》教材做相应的改变,以适应工程造价改革的步伐。为适应工程造价计价的实际情况,笔者在多年讲授的建筑设备工程概预算讲义基础上,结合国家和地方新的概预算法律法规和政策编写了本教材。本教材具有如下特点:

　　(1) 内容系统、完整,层次分明,重点突出,契合现阶段工程计价的实际情况。2003 年 7 月 1 日前我国建筑设备工程概预算主要采用定额计价方式,2003 年 7 月 1 日以后开始实行工程量清单计价方法,但定额计价方法并没有完全退出历史舞台。工程量清单综合单价的确定仍以定额为依据,只是此时定额更多地表现为企业定额的形式。实行工程量清单计价方法后,企业定额的作用越来越重要,既懂定额原理又能从事预算工作的人才将越来越受企业的青睐。因此,本教材在编写过程中注重定额原理的阐述,使学生掌握制定定额的基本方法;为适应新的形势,对工程量清单计价方法也做了较详细的讲述,并在每章前面清楚地列明学习的基本要求,以便学生在学习过程中抓住重点。

　　(2) 注重时效性。本教材以最新的《建设工程工程量清单计价规范》(GB 50500—2013)、《江苏省安装工程计价定额》(2014 版)以及现行国家有关概预算的法律法规和江苏省的一些地方法规为主要依据编写。

　　(3) 注重实用性和学生实践能力的培养。对给排水、采暖、通风空调、电气设备安装等典型工程编写了预算实例,每章附有一定量的复习思考题,便于学生及时复习掌握相关内容,同时也便于教师布置课后作业。

　　本教材内容共分 8 章,涵盖基本建设的基本知识、工程造价及工程造价管理的基本知识、工程造价的构成、定额计价方法、工程量清单计价方法、建设项目投资估算的编制、设计概算的编制、施工图预算的编制、招标控制价、投标报价与合同价款的确定等内容,由中国矿业大学力学与土木工程学院长期从事概预算教学工作的黄建恩、吴学慧以及江苏建筑职业技术学院教学经验丰富的崔建祝共同编写,全书编写大纲由参编人员共同拟定。其中,第一、二章由吴学慧负责编写,第三至六章和第八章由黄建恩负责编写,第七章由崔建祝和吴学慧共同编写。全书由黄建恩进行统稿。

　　本书在编写过程中得到中国矿业大学冯伟、高涛,江苏建筑职业技术学院缪正坤、田国华等的大力支持和帮助,在此对他们表示诚挚的感谢! 在本书编写过程中还参考了许多专家的论著,已在参考文献中列出,在此向他们表示深深的谢意!

　　本教材可供高等学校建筑环境与能源应用工程、工程管理等专业及其他相关专业使用,亦可作为在职工程造价管理人员的培训教材,同时可为从事概预算工作的工程技术人员提供借鉴和参考。

工程造价涉及面广,各地又存在明显的差异,加之编者水平有限,时间仓促,错误之处在所难免,希望广大读者批评指正,以期改进。如果您有好的建议和想法,或发现错误之处可以直接向编者联系,您可以直接发送邮件至 yhgreen@163.com。您的参与必将使教材更加完善,谢谢!

编　者

2017 年 9 月

目　录

第一章　基本建设概论

主要内容:工程项目与建设程序、固定资产投资与管理、建筑市场与建筑市场主体、建设工程施工合同的基本概念。

基本要求:

(1) 掌握工程项目的特点、类型与构成。

(2) 熟悉建设项目的建设程序。

(3) 熟悉固定资产投资、建筑市场特点及建设工程合同的基本概念。

第一节　工程项目与建设程序

一、基本建设

基本建设是国民经济各部门为建立和形成固定资产的一种综合性的经济活动。基本建设一词是 1926 年 4 月斯大林在一次报告中提出的,其最初的含义是资本建设或资金建设。英美等国称为固定资本投资或资本支出;日本称为建设投资。基本建设的作用如下:

(1) 为国民经济各部门提供生产能力。

(2) 影响和改变各产业部门内部之间、各部门之间的构成和比例关系,使全国的生产力配置更趋合理。

(3) 用先进的技术改善国民经济。

(4) 为社会提供住宅、文化设施、市政设施,为解决社会重大问题提供物质基础。

基本建设为发展国民经济提供物质技术基础,在国家的社会主义现代化建设中占据重要的地位,有着十分重要的作用。

二、工程项目

1. 项目及其特征

关于项目,目前没有公认统一的定义,不同机构、不同专业从自己的认识出发,有对项目定义的不同表述。

(1) 美国项目管理权威机构项目管理协会认为,项目是为完成某一独特的产品或服务所做的一次性努力。

(2) 德国工业标准 DIN 69901 认为,项目是指在总体上符合下列条件的唯一性任务:

① 具有预定的目标;

② 具有时间、财务、人力和其他限制条件;

③ 具有专门的组织。

(3) ISO 10006 定义项目为:具有独特的过程,有开始和结束日期,由一系列相互协调和受控的活动组成。过程的实施是为了达到规定的目标,包括满足时间、费用和资源等约束条件。

（4）《中国项目管理知识体系纲要》（2002 版）中对项目的定义为：项目是创造独特产品、服务或其他成果的一次性工作任务。

可见，项目的含义是广泛的，新建一个教学楼为工程建设项目，研究一个课题为科研项目。项目具有如下共同特征：

（1）运作的一次性

一次性是项目与其他常规运作的最大区别。项目有确定的起点和终点，没有完全照搬的先例，也不会有完全相同的复制。项目的其他属性也是从这一主要特征衍生出来的。

（2）成果的独特性

每个项目都是独特的。或者提供的成果具有自身的特点，或者其提供的成果虽然与其他项目类似，然而其时间、地点、内部和外部的环境、自然和社会条件有别于其他项目，因此项目总是独一无二的。

（3）目标的明确性

每个项目均有明确的目标，包括时间目标、成果目标或其他需要满足的要求。

（4）活动的整体性

项目中一切活动都是相互联系的，构成一个整体。不能有多余的活动，凡是规定的活动均不能缺少，否则必将损害项目目标的实现。

（5）组织的临时性和开放性

项目团体在项目进展过程中，其人数、成员、职责都在不断变化，某些人员可能是借调来的，项目终结时团队要解散，人员要转移。参与项目的组织往往有多个，甚至是几十个或更多。他们通过协议或合同以及其他社会关系结合到一起，在项目的不同阶段以不同的程度介入项目活动。可以说，项目组织没有严格的边界，是临时的、开放的。

（6）开发与实施的渐进性

每一个项目都是独特的，因此项目的开发必然是渐进的，不可能从某一个模式一下子复制过来，即使有可参照、借鉴的模式，项目的开发也都是需要经过逐步补充、修改和完善。项目的实施同样需要逐步地投入资源，持续地累积可交付的成果，始终要精工细作，直至项目的完成。

2. 工程项目及特征

（1）工程项目的概念

工程项目是最为常见、最为典型的项目类型，它属于投资项目中最重要的一类，是一种投资行为和建设行为相结合的投资项目。《辞海》（1999 年版）将建设（工程）项目定义为"在一定条件约束下以形成固定资产为目标的一次性事业。一个建设项目必须在一个总体设计或初步设计范围内，由一个或若干个互有内在联系的单项工程所组成，经济上实行统一核算，行政上实行统一管理"。通常，工程项目是以建筑物或构筑物为交付成果，有明确目标要求并由相互关联活动所组成的特定过程。

一个基本建设项目往往规模大，建设周期长，影响因素复杂。因此，为了便于编制基本建设计划和工程造价，组织招投标与施工，进行质量、工期和投资控制，拨付工程款项，实行经济核算和考核工程成本，需要对一个基本建设项目进行系统的逐级划分，使之有利于工程造价的编审，以及基本建设的计划、统计、会计和基建拨款贷款等各方面工作的开展,也是为了便于同类工程之间进行比较和对不同工程进行技术经济分析。基本建设项目通常按项目本身的内部组成特点将其划分为建设项目、单项工程、单位工程、分部工程和分项工程。

工程项目的实施单位一般称为建设单位。国有单位经营性基本建设大中型项目在建设阶段实行项目法人责任制,由项目法人单位实行统一管理。

(2)工程项目的特征

工程项目除具备项目的特征外,一般还具有下列特征:

① 建设目标的明确性。任何工程项目都具有明确的建设目标,包括宏观目标和微观目标。政府主管部门审核项目,主要审核项目的宏观经济效果、社会效果和环境效果,企业则多重视项目的盈利能力等微观财务目标。

② 时空、资源、质量的限制性。

③ 一次性和不可逆性。这主要表现为工程项目建设地点固定,项目建成后不可移动,以及设计的单件性、施工的单件性。工程项目与一般的商品生产不同,不是批量生产。工程项目一旦建成,要想改变非常困难。

④ 影响的长期性。工程项目一般建设周期长,投资回收期长,工程项目的使用寿命长,工程质量好坏影响面大,作用时间长。

⑤ 投资的风险性。工程项目一般投资大,具有一次性和单件性,建设中的各种不确定因素多,因此项目投资的风险很大。

⑥ 复杂性。工程项目投资大、规模大、科技含量高、持续时间长、多专业综合、参加单位多,是复杂的系统工程;现代工程项目可交付的成果不仅包括传统意义上的建筑工程,而且包括复杂的设备系统、软件系统等;现代工程项目常常是研究过程、开发过程、施工过程和运行过程的统一体,而不仅仅是按照设计任务书或图纸进行工程施工的过程;现代工程项目的资本组成方式、承发包方式、管理模式是丰富多彩的,有的需要国际合作,合同形式和合同条件越来越复杂。

3. 工程项目的组成

工程项目一般可划分为单项工程、单位(子单位)工程、分部工程和分项工程。

(1)单项工程:是指具有独立的设计文件,竣工后可以独立发挥生产能力或效益的一组配套齐全的工程。如新建工厂的生产车间、新建学校的某教学楼。

(2)单位工程:是指具备独立的施工条件并能形成独立使用功能的工程。对于建筑规模较大的单位工程,可以将其能形成独立使用功能的部分作为一个子单位工程。为了加强室外工程的管理和验收,促进室外工程质量的提高,将室外工程根据专业类别和工程规模划分为室外建筑环境和室外安装两个室外单位工程,并又可进一步分成附属建筑、室外环境、给排水与采暖、电气等子单位工程。单位工程是单项工程的组成部分,如一个建筑物的土建工程、安装工程等。

建筑工程一般以单位工程作为编制概预算和成本考核的依据。

(3)分部工程:是指单位工程按专业性质、建筑部位等划分的工程。根据《建筑工程施工质量验收统一标准》(GB 50300—2013),建筑工程包括地基与基础、主体结构、建筑装饰装修、屋面、给水排水及采暖、建筑电气、智能建筑、通风与空调、电梯、建筑节能等十大分部工程。当分部工程较大或较复杂时,可按材料种类、工艺特点、施工顺序、专业系统和类别等划分成若干子分部工程。例如,智能建筑分部工程可分为通信网络系统、办公自动化系统、建筑设备监控系统、火灾报警及消防联动系统、安全防范系统、综合布线系统、智能化集成系统、住宅(小区)智能化系统等子分部工程。

（4）分项工程：是指将分部工程按主要工种、材料、施工工艺、设备类别等划分的工程。分项工程是能通过较简单的施工过程生产出来的、可以用适当的计量单位计算并便于测定或计算其消耗的工程基本构成要素。分项工程是工程项目施工生产活动的基础,也是计量工程用工用料和机械台班消耗的基本单元。在工程造价管理中,将分项工程作为一种"假想的"建筑安装工程产品。土建工程的分项工程按主要工种划分,如土方工程、钢筋工程等;安装工程按用途或输送不同介质、物料以及设备组别划分,如给水工程中铸铁管、钢管、阀门安装等。

三、建设项目的分类

按照不同的角度,可以将建设项目分为不同的类别。

1. 按照建设性质分类

（1）新建项目

新建项目是指从无到有,新开始建设的项目。有的建设项目原有的基础很小,经扩大建设规模后,其新增加的固定资产价值超过原有固定资产价值的 3 倍以上的,也算新建项目。

（2）扩建项目

扩建项目是指原有企事业单位,为扩大原有产品的生产能力(或效益)或增加新的产品生产能力,而新建主要车间或工程的项目。

（3）改建项目

改建项目是指原有企业为提高生产效率,改进产品质量或改变产品方向,对原有的设备或工程进行改造的项目。有的企业为平衡生产能力,增建一些附属、辅助车间或非生产性工程,也算改建项目。

（4）迁建项目

迁建项目是指原有的企事业单位,由于各种原因经上级批准搬迁到另地建设的项目。迁建项目中符合新建、扩建、改建条件的,应分别作为新建、扩建和改建项目。迁建项目不包括留在原址的部分。

（5）恢复项目

恢复项目是指企事业单位因自然灾害、战争等原因使原有的固定资产全部或部分报废,以后又投资按原有的规模重新建设恢复起来的项目。在恢复的同时进行扩建的,应作为扩建项目。

2. 按照建设规模分类

基本建设项目按照设计生产能力和投资规模分为大型项目、中型项目和小型项目三类。更新改造项目按照投资额分为限额以上项目和限额以下项目。其划分标准各行业不同,一般情况下生产单一产品的企业按产品的设计能力划分;生产多种产品的,按主要产品的设计能力划分;难以按生产能力划分的按全部投资额划分。按住建部相关规定,目前大型工程和中型工程见表 1-1 和表 1-2。

表 1-1 各专业大型工程标准一览表

序号	专业类别	大型工程标准	备注
1	房屋建筑工程	(1) 25 层以上(含,下同)的房屋建筑工程	
		(2) 高度 100 m 以上的构筑物或建筑物工程	
		(3) 单体建筑面积 3 万 m² 以上的房屋建筑工程	
		(4) 单跨跨度 30 m 以上的房屋建筑工程	
		(5) 建筑面积 10 万 m² 以上的住宅小区或建筑群体工程	
		(6) 单项建安合同额 1 亿元以上的房屋建筑工程	
		(7) 深度 15 m 以上,且单项工程合同额 1 000 万元以上的软弱地基处理工程	
		(8) 单桩承受荷载 6 000 kN 以上,且单项工程合同额 1 000 万元以上的地基与基础工程	
		(9) 深度 11 m 以上,且单项工程合同额 1 000 万元的深大基坑围护及土石方工程	
		(10) 钢结构质量 1 000 t 以上,且钢结构建筑面积 2 万 m² 以上的钢结构工程	
		(11) 网架结构质量 300 t 以上,网架结构建筑面积 5 000 m² 以上,且网架边长 70 m 以上的网架工程	
2	公路工程	(1) 一级以上公路 10 km 以上的路基工程	
		(2) 高等级路面 20 万 m² 以上的路面工程	
		(3) 单座桥长 500 m 以上或单跨 100 m 以上的特大桥桥梁工程	
		(4) 单洞长 1 000 m 以上的公路隧道工程	
		(5) 一级以上公路,涉及标志、标线、护栏、隔离栅、防眩板等项目中两项以上,且公路里程 20 km 以上或单项工程合同额 1 000 万元以上的交通安全设施工程	
		(6) 一级以上公路,涉及通信、监控和收费系统中两项以上或单项系统且公路里程 80 km 以上的机电系统工程;单项工程额 2 000 万元以上的机电系统工程;1 000 m 以上特大桥或独立隧道,且单项工程合同额 500 万元以上的机电系统工程	
		(7) 单项工程合同额 6 000 万元以上的公路工程	
3	铁路工程	一级铁路干线综合工程单项合同额 5 000 万元以上的铁路工程	
4	民航机场工程	(1) 单项工程合同额 5 000 万元以上的机场场道工程	
		(2) 单项工程合同额 2 000 万元以上的机场空管工程	
		(3) 单项工程合同额 1 000 万元以上航站楼弱电系统工程	
		(4) 单项工程合同额 2 000 万元以上的机场目视助航工程	
5	港口与航道工程	(1) 沿海 1 万 t 或内河 1 000 t 级以上的码头工程	
		(2) 1 万 t 级以上的船坞工程	
		(3) 水深大于 3 m、堤长 300 m 以上的防波堤工程	
		(4) 沿海 2 万 t 级或内河 300 t 级以上的航道工程	
		(5) 300 t 级以上的船闸或 50 t 级以上的升船机工程	
		(6) 200 万 m³ 以上的疏浚、吹填工程	
		(7) 10 万 m² 以上的港区堆场工程	
		(8) 单项工程合同额沿海 4 000 万元以上或内河 2 000 万元以上的港口与航道工程	

续表 1-1

序号	专业类别	大型工程标准	备注
6	水利水电工程	(1) 总库容 1 亿 m³ 以上的水库工程	
		(2) 灌溉面积 50 万亩(1 亩≈666.67 m²)以上的灌溉工程	
		(3) 装机容量 30 万 kW 以上的水利发电工程	
		(4) 过闸流量 1 000 m³/s 以上的拦河闸工程	
		(5) 装机流量 50 m³/s 以上或装机功率在 1 万 kW 以上的灌溉工程或排水泵站工程	
		(6) 一级永久性水工建筑物工程	
		(7) 土石坝坝高 70 m 以上,混凝土坝、浆砌石坝坝高 100 m 以上的水工大坝工程	
		(8) 洞径 8 m 以上,且长度 3 000 m 以上的水工隧洞工程;水头 100 m 以上的有压隧洞工程;流速 5 m/s 以上,且长度 1 000 m 以上的明流隧洞工程	
		(9) 50 万 m³ 以上的水工混凝土浇筑工程;120 万 m³ 以上的坝体土石方填筑工程;12 万 m³ 以上岩基灌浆工程;8 万 m² 以上防渗墙成墙工程;深度 60 m 以上含卵漂石地层的防渗墙工程;深度 60 m 以上的帷幕灌浆工程	
		(10) 长度 1 万 m 以上的一级堤防工程;长度 2 万 m 以上的二级堤防工程;长度 2 000 m 以上的堤防垂直防渗墙工程	
		(11) 单项工程合同额 3 000 万元以上的水利水电工程;单项工程合同额 500 万元以上的金属结构制作安装工程	
7	电力工程	(1) 单机容量为 60 万 kW 机组,或 2 台单机容量 30 万 kW 机组,或 4 台单机容量为 20 万 kW 机组主体工程	
		(2) 单机容量 30 万 kW 以上核电站核岛或常规岛主体工程	
		(3) 330 kV 以上且送电线路 300 km 以上的送变电工程,或 330 kV 以上的变电站工程	
		(4) 220 kV 以上且送电线路 500 km 以上的送变电工程,或 2 座 220 kV 以上的变电站工程	
		(5) 单项工程合同额 5 000 万元以上的电力工程	
8	矿山工程	(1) 100 万 t/a 以上的铁矿或有色砂矿主体工程	矿井主体工程包括:立井井筒、斜井井筒、井底车场及硐室、轨道、运输及回风大巷、矿山机电设备安装及矿井地面生产系统。选煤(矿)厂主体工程包括:主厂房、原料仓(产品仓)、选煤(矿)厂机电设备安装及铁路专用线工程等
		(2) 60 万 t/a 以上的磷矿或硫铁矿、有色脉矿主体工程	
		(3) 120 万 t/a 以上的煤矿主体工程	
		(4) 30 万 t/a 以上铀矿主体工程	
		(5) 折算为标准尺 1 万 m 以上的开拓或开采巷道工程	
		(6) 单位工程造价 2 000 万元以上的矿井主体工程	
		(7) 深度 300 m 以上的冻结井筒或钻井等特殊凿井筒工程	
		(8) 剥离量 80 万 m³ 以上的露天矿山工程	
		(9) 100 万 t 以上的尾矿库工程	
		(10) 20 万 t/a 以上的石膏矿或石英矿工程	
		(11) 70 万 t/a 以上石灰石矿工程	
		(12) 单位工程造价 2 000 万元以上的露天矿山主体工程	
		(13) 100 万 t/a 以上的铁矿或有色砂矿选矿厂主体工程	
		(14) 60 万 t/a 以上的有色脉矿选矿厂主体工程	
		(15) 120 万 t/a 以上的煤矿选煤厂主体工程	
		(16) 单位工程造价 2 000 万元以上的选煤(矿)厂主体工程	

序号	专业类别	大型工程标准	备　注
9	冶炼工程	(1) 30 万 t/a 以上的炼钢或连铸工程	
		(2) 25 万 t/a 以上的轧钢工程	
		(3) 50 万 t/a 以上的炼铁或 90 m² 以上的烧结工程	
		(4) 40 万 t/a 以上的炼焦工程	
		(5) 6 000 m³/h 以上的制氧工程	
		(6) 30 万 t/a 以上的氧化铝加工工程	
		(7) 10 万 t/a 以上的铜或铝、铅、锌、镍等有色金属冶炼或电解工程	
		(8) 3 万 t/a 以上的有色金属加工工程	
		(9) 2 000 t/d 以上的窑外分解水泥工程	
		(10) 2 000 t/d 以上的预热器系统或水泥烧成系统工程	
		(11) 日熔量 400 t 以上的浮法玻璃工程	
		(12) 日处理 100 t 以上的金精矿冶炼工程	
		(13) 总投资在 5 000 万元以上的冶炼工程	
10	石油化工工程	(1) 30 万 t/a(1.5 亿 m³/a)以上生产能力或海上投资 8 亿元以上的油(气)田主体配套工程	
		(2) 25 万 t/a 以上原油处理工程;25 万 m³/d 以上的气体处理工程	
		(3) 长度 120 km 以上或输油量 600 万 t/a、输气量 2.5 亿 m³/a 的输油、输气工程;总库容 8 万 m³、单体容积 2 万 m³ 以上的储罐及配套工程	
		(4) 500 万 t/a 以上的炼油工程或相应的主生产装置	
		(5) 30 万 t/a 的乙烯工程或相应的主生产装置	
		(6) 18 万 t/a 以上的合成氨工程或相应的主生产装置	
		(7) 20 万 t/a 以上复肥工程或相应的主生产装置	
		(8) 30 万 m³/d 煤气气源工程;40 万 t/a 以上炼焦化工工程或相应的主生产装置	
		(9) 16 万 t/a 以上硝酸工程或相应的主生产装置	
		(10) 30 万 t/a 以上纯碱工程、5 万 t/a 以上烧碱工程或相应的主生产装置	
		(11) 4 万 t/a 以上合成橡胶、合成树脂及塑料和化纤工程或相应的主生产装置	
		(12) 投资额 1 亿元以上的有机原料、医药、无机盐、染料、中间体、农药、助剂、试剂等工程或相应的主体生产装置	
		(13) 30 万套/a 以上的轮胎工程或相应的主生产装置	

序号	专业类别	大型工程标准	备注
11	市政公用工程	(1) 20 万 t/d 以上,且单项合同额 3 000 万元以上的供水厂工程	市政道路、桥梁、隧道等工程的标准,参照本表中公路专业的相关标准
		(2) 管道直径 1 600 mm 以上,且管线长度 10 km 以上的供水管道工程	
		(3) 10 万 t/d 以上,且单项工程合同额 3 000 万元以上的污水处理工程	
		(4) 管道直径 1 600 mm 以上,且管线长度 10 km 以上的排水工程	
		(5) 30 万 m³/d 以上,且单项工程合同额 3 000 万元以上的燃气气源厂工程	
		(6) 中压以上管道直径 300 mm 以上,且管线长度 10 km 以上的燃气管道工程	
		(7) 500 万 m³ 以上,且单项工程合同额 3 000 万元以上的供热工程	
		(8) 管道直径 500 mm 以上,且管线长度 10 km 以上的热力管道工程	
		(9) 填埋量 800 t/d 以上,且单项工程合同额 3 000 万元以上的生活垃圾填埋场工程	
		(10) 焚烧量 300 t/d 以上,且单项工程合同额 3 000 万元以上的生活垃圾焚烧场工程	
		(11) 单项工程合同额 5 000 万元以上的城市轨道工程	
12	通信与广电工程	(1) 省际通信干线工程;省际微波通信,50 km 以上海缆工程	
		(2) 4 万门以上市话交换或 2 500 路端以上长途交换工程	
		(3) 省会局或 50 个基站以上移动通信及无线寻呼工程	
		(4) 省际通信干线传输终端工程	
		(5) C 波段天线直径 10 m 以上及 Ku 波段天线直径 5 m 以上卫星地球站工程;高度 100 m 以上天线铁塔工程	
		(6) 省际或 10 个节点以上的数据网或分组交换网等非话业务网工程;一类工程的配套电源工程	
		(7) 自制节目 5 套以上的电视中心工程;自制节目 3 套以上的广播中心台工程;自制节目 6 套以上的广播电视中心台工程	
		(8) 单机发射功率在 100 kV 以上或短波天线发射功率在 50 kV 以上的中波、短波发射台工程	
		(9) 用户终端超过 1 万户的有线广播台或电视台(站)或传播方向超过 10 个的微波站工程;投资额在 4 000 万元以上的光传输网络及网络中心工程	
		(10) 单项工程合同额 2 000 万元以上的广电工程	
13	机电安装工程	(1) 单项工程合同额 2 000 万元以上的机电安装工程	
		(2) 建筑面积 4 万 m² 以上的火灾自动报警系统和固定灭火系统工程	
		(3) 单项工程造价 1 000 万元以上的建筑智能化工程	
		(4) 单项工程合同额 1 000 万元以上的环保工程	
		(5) 单项工程造价 2 000 万元以上的电子工程	
14	装饰装修工程	(1) 单项工程造价 1 000 万元以上的装饰装修工程	
		(2) 高度 60 m 以上,且单项工程造价 1 000 万元以上的幕墙工程	
		(3) 高度 60 m 以上,且单位工程量 6 000 m² 以上的幕墙工程	

表 1-2　　　　　　　　　　　　　　　各专业中型工程标准一览表

序号	专业类别	中型工程标准	备　注
1	房屋建筑工程	（1）25 层以下，12 层以上（含，下同）的房屋建筑工程	
		（2）高度 100 m 以下，50 m 以上的构筑物或建筑物	
		（3）单体建筑面积 3 万 m² 以下，1 万 m² 以上的房屋建筑工程	
		（4）单跨跨度 30 m 以下，21 m 以上的房屋建筑工程	
		（5）建筑面积 10 万 m² 以下，5 万 m² 以上的住宅小区或建筑群体	
		（6）单项建安合同额 1 亿元以下，3 000 万元以上的房屋建筑工程	
		（7）深度 15 m 以下，13 m 以上，且单项工程合同额 1 000 万元以下，600 万元以上的软弱地基处理工程	
		（8）深度 11 m 以下，8 m 以上的深大基坑围护及土石方工程	
		（9）钢结构重量 1 000 t 以下，500 t 以上，且钢结构建筑面积 2 万 m² 以下，5 000 m² 以上的钢结构工程	
		（10）网架结构质量 300 t 以下，100 t 以上，且网架结构建筑面积 5 000 m² 以下，1 000 m² 以上的网架工程	
2	公路工程	（1）公路路基工程：一级以上公路路基 5 km 或二级以上公路路基 10 km	
		（2）公路路面工程：二级以上公路路面 10 万 m² 以上	
		（3）桥梁工程：单座桥长 100 m 或单跨 30 m 以上的大桥	
		（4）隧道工程：单洞长 150 m 以上的公路隧道工程	
		（5）交通安全设施：承担一级公路以上标志、标线、护栏、隔离栅、防眩板等工程中两项以上项目，且公路里程 10 km 以上或项目工程额 400 万元以上的工程	
		（6）机电系统工程：承担一级公路以上通信、监控和收费系统中单个系统工程公路里程 40 km 以上或项目工程额 800 万元以上的机电系统工程，或 500 m 以上特大桥且工程额 300 万元以上的机电系统工程	
		（7）单项工程合同额 2 000 万元以上的公路工程	
3	水利水电工程	（1）总库容 1 000 万 m³ 以上的水库工程	
		（2）灌溉面积 5 万亩以上的灌溉工程	
		（3）装机容量 5 万 kW 以上的水力发电工程	
		（4）过闸流量 100 m³/s 以上的拦河闸	
		（5）装机流量 10 m³/s 以上，装机功率 0.1 万 kW 以上的灌溉、排水泵站	
		（6）三级永久性水工建筑物	
		（7）土石坝坝高 40 m 以上，混凝土坝、浆砌石坝坝高 50 m 以上的水工大坝	
		（8）洞径 4 m 以上、长度 2 000 m 以上的水工隧洞，或水头 75 m 以上的有压隧洞，或流速 25 m/s 以上的明流隧洞 1 000 m 以上	
		（9）完成水工混凝土浇筑 10 万 m³ 以上，或坝体土石方填筑 30 万 m³ 以上，或岩基灌浆 2 万 m³ 以上，或防渗墙成墙 2 万 m² 以上，或深度 30 m 以上含卵漂石地层的防渗墙工程，或深度 30 m 以上的帷幕灌浆工程	
		（10）二级堤防工程 5 km 以上，或三级堤防工程 10 km 以上，或 1 000 延米以上的堤防垂直防渗墙工程	
		（11）河势控导工程 500 延米以上，或水中进占丁坝 5 道以上，或二级堤防工程 500 延米以上，或年疏浚（或水下土方挖方）200 万 m³ 以上，或年吹填土方 100 万 m³ 以上	
		（12）合同额 500 万元以上的水利水电工程，或单位工程造价 50 万元以上的金属结构制作安装工程	

序号	专业类别	中型工程标准	备注
4	电力工程	(1) 单机容量为 20 万 kW 以上机组主厂房工程	
		(2) 单机容量为 20 万 kW 以上机组主体安装工程(指锅炉、汽机、电气等主要设备)	
		(3) 单机容量为 10 万 kW 以上机组的整体建筑安装工程	
		(4) 220 kV 送电线路、长度 40 km 以上的送电线路工程	
		(5) 110 kV 以上送电线路、长度 45 km 以上的送电线路工程或 110 kV 以上变电站安装工程	
		(6) 单项合同额为 1 000 万元以上的电力工程	
5	矿山工程	(1) 60 万 t/a 以上铁矿采、选主体工程	矿井主体工程包括:立井井筒,斜井井筒,井底车场及硐室、轨道,运输及回风大巷,矿山机电设备安装及矿井地面生产系统。选煤(矿)厂主体工程包括:主厂房、原料仓(产品仓)、选煤(矿)厂机电设备安装及铁路专用线工程等
		(2) 60 万 t/a 以上有色砂矿或 30 万 t/a 以上有色脉矿采、选主体工程	
		(3) 45 万 t/a 以上的煤矿主体工程或 60 万 t/a 以上的煤矿选煤厂主体工程	
		(4) 30 万 t/a 以上的磷矿或硫铁矿主体工程	
		(5) 20 万 t/a 以上的铀矿主体工程	
		(6) 10 万 t/a 以上的石膏矿、石英矿或 40 万 t/a 以上的石灰石矿主体工程	
		(7) 折算为标准尺 6 000 m 以上的开拓或开采巷道工程	
		(8) 深度 200 m 以上的冻结井筒或钻井等特殊凿井的井筒工程	
		(9) 剥离量 60 万 m³ 以上的露天矿山工程	
		(10) 单项合同额 1 000 万元以上的矿山主体工程	
6	冶炼工程	(1) 年产 10 万 t 以上炼钢或连铸工程	
		(2) 年产 10 万 t 以上轧钢工程	
		(3) 年产 25 万 t 以上炼铁或 24 m³ 以上烧结工程	
		(4) 年产 20 万 t 以上炼焦工程	
		(5) 小时制氧 3 200 m³ 以上制氧工程	
		(6) 年产 10 万 t 以上氧化铝加工工程	
		(7) 年产 5 万 t 以上铜、铝、铅、锌、镍等有色金属冶炼、电解工程	
		(8) 年产 1 万 t 以上有色金属加工工程	
		(9) 日产 2 000 t 以下(不含 2 000 t)窑外分解水泥工程	
		(10) 日产 2 000 t 以下(不含 2 000 t)预热器系统或水泥烧成系统工程	
		(11) 日熔量 400 t 以下(不含 400 t)浮法玻璃工程	
		(12) 日处理 50 t 及以上金精矿冶炼工程	
		(13) 投资金额在 2 000 万～5 000 万(不含 5 000 万)的工程	

序号	专业类别	中型工程标准	备注
7	石油化工工程	(1) 不大于 30 万 t/a 生产能力或工程总投资 100 万～1 000 万元的油田主体配套工程	
		(2) 不大于 1.5 亿 m³/a 生产能力或工程总投资 200 万～1 500 万元的气田主体配套工程	
		(3) 长度不大于 120 km 或输油量不大于 600 万 t/a 的管道输油工程	
		(4) 长度不大于 120 km 或输气量不大于 2.5 亿 m³/a 的管道输气工程	
		(5) 总库容不大 8 万 m³，单罐容积不大于 2 万 m³ 原油储罐及配套工程	
		(6) 总库容不大于 1.5 万 m³，单罐容积不大于 0.5 万 m³ 的天然气储库工程	
		(7) 原油加工能力不大于 25 万 t/a，天然气加工不大于 25 万 m³/d 的油气加工工程	
		(8) 100 万～250 万 t 炼油工程及相应主生产装置	
		(9) 生产能力 10 万～20 万 t/a 的气体分流工程的生产装置	
		(10) 投资额在 0.5 亿～2 亿元的催化反应加工工程	
		(11) 投资额在 0.3 亿～1 亿元，压力 4～8 MPa 的加氢反应及制氢工程	
		(12) 8 万～18 万 t/a 的生产能力的合成氨及主生产装置	
		(13) 14 万～30 万 t/a 乙烯工程或相应的主生产装置	
		(14) 10 万～20 万 t/a 的复肥工程及相应的主生产装置	
		(15) 8 万～16 万 t/a 的硫酸或硝酸工程或相应的主生产装置	
		(16) 8 万～30 万 t/a 纯碱工程，3 万～5 万 t/a 的烧碱工程	
		(17) 小于 4 万 t/a 的合成橡胶、合成树脂、塑料及化纤工程	
		(18) 投资额在 0.5 亿～1 亿元的生物药、制剂药、药用包装材料工程	
		(19) 10 万～30 万套/a 的轮胎工程及相应主生产装置	
		(20) 13 万～30 万 t/a 尿素工程及主生产装置	
8	市政公用工程	(1) 城市快速路或主干道 10 万 m² 以上路面工程，5 km 以上道路工程	
		(2) 单座桥长 100 m 以上或单跨不大于 30 m 的桥梁工程	
		(3) 单洞长 150 m 以上的隧道工程	
		(4) 单项工程合同额 2 000 万元以上的道路、隧道、桥梁工程	
		(5) 8 万 t/d 以上，且单项合同额 2 000 万元以上的供水厂工程	
		(6) 管道直径 600 mm 以上，且管线长度 5 km 以上的供水管道工程	
		(7) 5 万 t/d 以上，且单项合同额 2 000 万元以上的污水处理工程	
		(8) 管道直径 600 mm 以上，且管线长度 5 km 以上的排水管道工程	
		(9) 10 万 m³/d 以上，且单项工程合同额 2 000 万元以上的燃气气源厂工程	
		(10) 管道直径 250 mm 以上，且管线长度 5 km 以上的燃气管道工程	
		(11) 300 万 m² 以上，且单项工程合同额 2 000 万元以上的供热工程	
		(12) 热力管道长度 6 km 以上的热力工程	
		(13) 单项工程合同额 2 000 万元以上的生活垃圾填埋场工程	
		(14) 单项工程合同额 2 000 万元以上的生活垃圾焚烧场工程	
		(15) 单项工程合同额 3 000 万元以上的市政道路(桥梁)、管线综合工程	

序号	专业类别	中型工程标准	备注
9	机电安装工程	(1) 总承包单项工程合同额 1 000 万元以上的机电安装工程	
		(2) 单项工程合同额 500 万元以上的机电设备安装工程	
		(3) 单项工程合同额 500 万元以上的环保工程	
		(4) 单项工程造价 500 万元以上的建筑智能化工程	
		(5) 单项工程造价 1 000 万元以上的电子工程	
		(6) 4 次以上 1 000 kN·m 以上起重设备的安装或拆卸工程；200 t 以上起重机或龙门吊的安装或拆卸工程	
		(7) 3 部速度为 2.5 m/s 以上的电梯安装工程；6 部速度为 1.5 m/s 以上的电梯安装工程	
		(8) 建筑面积 2 万 m² 以上火灾自动报警系统和固定灭火系统的消防设施工程	
10	装饰装修工程	(1) 单项工程造价 500 万元以上的装饰装修工程	
		(2) 单位工程量 6 000 m² 以上的幕墙工程	

3. 按照国民经济各行业性质和特点分类

按行业性质和特点，建设项目分为竞争性项目、基础性项目和公益性项目三类。

竞争性项目指投资效益比较高、竞争性比较强的一般性建设项目。基础性项目指具有自然垄断性、建设周期长、投资额大而收益低的基础设施和需要政府重点扶持的一部分基础工业项目，以及直接增强国力的符合经济规模的支柱产业项目。公益性项目是指为社会发展服务、难以产生直接经济回报的工程项目，主要包括科技、文教、卫生、体育和环保等设施，公检法等机关、政府机关、社会团体办公设施，以及国防建设项目等。

四、建设程序

所有工程建设项目都具有单件性和一次性的特点，其实施应遵循科学的建设程序。

建设程序是指一项工程从设想、提出到决策，经过设计、施工、竣工验收直至投产使用的全部过程的各阶段、各环节以及各主要工作内容之间必须遵循的先后顺序。工程项目建设程序是工程建设过程客观规律的反映，是工程项目科学决策和顺利实施的重要保证。

目前，我国大中型项目的建设过程大体上分为项目决策和项目实施两大阶段。

项目决策阶段的主要工作是编制项目建议书、进行可行性研究和编制可行性研究报告。以可行性研究报告得到批准作为一个重要"里程碑"，通常称为批准立项。

立项以后，建设项目进入实施阶段，主要工作是项目设计、建设准备、施工安装和使用前准备、竣工验收。

（1）提出项目建议书

项目建议书是指建设单位向国家提出的要求建设某一建设项目的建议文件，是根据国民经济和社会发展长远规划、结合行业和地区发展规划的要求对建设项目的轮廓设想。其主要作用是推荐一个拟建项目，以便在一个确定的地区或部门内，以自然资源和市场预测为基础选择建设项目。一般包括项目建设的必要性、可行性及建设依据，项目的用途、产品方案、拟建规模和建设地点的初步设想，项目所需的资源情况、建设条件、协作关系的初步分析,投资估算和资金筹措,项目的进度安排及建设期的估测,项目的经济效益、社会效益、环境效益的初步估算等内容。

按照国家有关文件的规定,所有的建设项目都有提出和审批项目建议书这一道程序。

(2)进行可行性研究

项目建议书批准后,应着手进行可行性研究。可行性研究是对建设项目进行的调查、预测、分析、研究、评价等一系列工作,论证建设项目技术上的先进性和经济上的合理性,为项目决策提供科学依据。

可行性研究的内容可概括为市场研究、技术研究和经济研究。在可行性研究的基础上编写可行性研究报告。可行性研究是一个由粗到细的分析研究过程,可以分为初步可行性研究和详细可行性研究两个阶段。

初步可行性研究的目的是对项目的初步评估进行专题辅助研究,广泛分析、筛选方案,界定项目的选择依据和标准,确定项目的初步可行性。通过编制初步可行性研究报告,判定是否有必要进行下一步详细的可行性研究。

详细可行性研究为项目决策提供技术、经济、社会及商业方面的依据,是项目投资决策的基础。研究的目的是对建设项目进行深入细致的技术经济论证,重点对建设项目进行财务效益和经济效益的分析评价,经过多方案比较选择最佳方案,确定建设项目的最终可行性。本阶段的最终成果为可行性研究报告。可行性研究报告的内容一般包括:① 建设项目提出的背景和依据;② 市场需求情况和拟建规模;③ 资源、原材料、燃料及协作情况;④ 厂址方案和建厂条件;⑤ 设计方案;⑥ 环境保护;⑦ 生产组织、劳动定员;⑧ 投资估算和资金筹措;⑨ 产品成本估算;⑩ 经济效益评价;⑪ 结论。

(3)报批可行性研究报告

可行性研究报告是确定建设项目、编制设计文件的主要依据,在建设程序中起主导地位。可行性研究报告批准后,是初步设计的依据,不得随意修改和变更。

(4)设计阶段

可行性研究报告批准后,建设单位可委托设计单位,按可行性研究报告的有关要求,编制设计文件。设计文件是安排建设项目和组织工程施工的主要依据。

一般建设项目进行两阶段设计——初步设计和施工图设计;技术上比较复杂而又缺乏设计经验的建设项目进行三阶段设计——初步设计、技术设计和施工图设计。

① 初步设计:阐明在指定地点、时间和投资限额内,拟建项目在技术上的可行性、经济上的合理性,并对建设项目做出基本技术经济规定,编制建设项目总概算。初步设计是设计的第一步,如果初步设计提出的总概算超过投资估算 10% 或其他主要指标需要变动时,需要重新报批可行性研究报告。

② 技术设计:进一步解决初步设计的重大技术问题,如工艺流程、建筑结构、设备选型及数量的确定,同时对初步设计进行补充和修正,编制修正总概算。

③ 施工图设计:在初步设计的基础上进行,需完整地表现建筑物的外形、内部空间尺寸、结构体系、构造状况以及建筑群的组成和与周围环境的配合,还包括各种运输、通信、管道系统和建筑设备的设计。施工图完成后应编制施工图预算。

(5)建设前期准备工作

建设前期准备工作主要包括:征地、拆迁和场地平整;完成施工用水、电、路等工程(即

"三通一平");组织图纸会审,协调解决图纸和技术资料的有关问题;组织设备材料订货;等等。

（6）编制建设计划和建设年度计划

根据批准的总概算和建设工期,合理地编制建设项目的建设计划和建设年度计划,计划内容要与投资、材料、设备相适应,配套项目要同时安排、相互衔接。

（7）建设实施

在建设年度计划得到批准后,便可依法进行招标发包,落实施工单位,签订施工合同。具备开工条件并领取建设项目施工许可证后开工。

（8）项目投产前的准备工作

建设项目投产前要进行生产准备,这是建设单位进行的一项重要工作,包括建立生产经营管理机构,制定有关的制度和规定,招收、培训生产人员,组织生产人员参加设备的安装,调试设备和工程验收,签订原材料、协作产品、燃料、水、电等供应及运输协议,进行工具、器具、备品、备件的制造或订货,进行其他必要的准备。

（9）竣工验收交付使用

当建设项目按设计文件规定内容全部施工完成后,应组织竣工验收。

竣工验收是投资成果转入生产或服务的标志。

（10）建设项目的后评价

建设项目的后评价是指项目竣工投产运营一段时间后,再对建设项目的立项决策、设计、施工、竣工投产、生产运营等全过程进行系统评价的一种技术经济活动,是固定资产投资管理的一项重要内容,也是固定资产投资管理的最后一个环节。通过建设项目的后评价,可以达到肯定成绩、总结经验、研究问题、提出建议、改进工作、不断提高项目决策水平以达到投资效果的目的。

第二节　固定资产投资与管理

投资是指投资主体为了特定的目的,将资金投放到指定的地方,以达到预期效果的一系列经济行为。投资按在再生产过程中周转方式的不同,分为固定资产投资和流动资产投资。固定资产投资是指大修理以外的全部固定资产再生产的投资;而流动资产投资是指原材料、燃料等劳动对象的投资。工程建设主要是固定资产投资。

固定资产是指在社会再生产过程中可供长时间反复使用,并在其使用过程中基本上不改变实物形态的劳动资料和其他物质资料,如房屋、机器设备、运输工具等。流动资产是指在企业的生产经营过程中经常改变其存在状态的资金运用项目,如工业企业的原材料、在产品、产成品、银行存款和库存现金等。

固定资产投资管理分为宏观投资管理和微观投资管理。

一、宏观投资管理

宏观投资管理是对整个国民经济的投资管理,其管理主体是国家。国家除对整个国民经济的投资进行统筹规划外,主要从事有关国计民生的大型项目、面向全国跨地区和非营利项目的投资。

1. 宏观投资管理主要任务

(1) 根据国民经济的发展需要,做好宏观投资资金的筹措工作。

(2) 做好计划工作,提高宏观投资经济效益。

(3) 根据国民经济有计划按比例发展的经济规律的要求,合理地确定投资的规模和方向。

2. 宏观投资管理原则

(1) 投资规模必须与国力相适应

固定资产的投资规模有超过国家的财力、物力的可能,会给国民经济的发展带来很大的危害。一般认为,我国的固定资产的投资率不宜超过 20%,积累率不宜超过 30%,固定资产的投资增长的幅度不宜超过国民收入的增长幅度。

(2) 投资结构的确定必须适应国民经济发展规律的要求

在社会化大生产中,国民经济各部门之间存在着密切的相互联系和相互依赖的关系。在进行宏观投资管理时,必须确定适应国民经济发展规律要求的投资结构,确保国民经济的健康发展。

(3) 投资管理活动必须依法进行

市场经济条件下的宏观投资管理,必须依法进行。特别是对国家预算外投资的管理,目前预算外投资的比重较大,因此必须加强投资法律制度的建设,使宏观投资管理活动能够依法进行。

(4) 建立科学的投资效果考核指标,使投资管理权责结合

宏观投资管理也应建立一套科学的投资效果评价方法,使投资效果的评价有统一的标准,为宏观投资管理提供可靠的依据。

3. 宏观投资管理内容

(1) 宏观投资规模管理

投资规模包括年度投资规模与在建投资规模。年度投资规模指全年的固定资产投资完成额,它表示国家在一年内用于建设的人力、物力、财力的数量。在建投资规模指一定年份内所有在建项目全部建成使用所需的总投资额,反映国家建设战线的长短。要保持国民经济的协调发展,提高投资效益,必须同时管理好年度投资规模与在建投资规模,尤其要处理好在建投资规模与年度投资规模的比例关系。

(2) 宏观投资结构管理

投资规模确定以后,投资分配结构必须遵循经济规律的要求,从原有的经济基础和经济结构出发,进行合理的安排。宏观投资结构管理主要包括生产性与非生产性投资比例的宏观管理、部门投资结构的宏观管理和地区投资结构的宏观管理。

(3) 宏观投资的计划管理

投资计划确定计划期内投资的规模、方向、结构、内容、速度和效率。投资计划是国民经济和社会发展总计划的重要组成部分。在编制投资计划时应遵循以下基本原则:计划的连续性和最优化原则,综合平衡的原则,优先发展重点、注意照顾一般的原则。

二、微观投资管理

微观投资管理是指对企事业单位、机关团体、个人投资的管理。

微观投资管理包括国家对投资项目的管理和投资者对自己投资的管理两个方面。

国家对企事业单位和个人的投资管理是通过正确的产业政策、各种经济杠杆把分散的资金引导到符合社会需要的建设项目上来。投资者对自己投资的管理，即是建设项目的管理，要做好建设项目的计划、组织和监督工作。

固定资产的微观投资决策也称建设项目评价，即对建设的必要性、技术可行性、经济合理性进行全面的、系统的分析，做出定量和定性的评价，以便选出最佳投资方案。微观投资决策的方法主要有如下两种：

1. 静态分析方法

它主要是指在选择方案时，从静止的状态出发，不考虑时间因素对投资效果的影响。

2. 动态分析方法

它是指用运动的观点分析选择方案，在分析时考虑时间因素影响的一种分析方法。资金具有增值性，即随着再生产过程的不断进行，资金不仅要保值，而且要增加自己的价值。同时，资金的占有、借贷或使用都要付出一定的代价，这是动态分析方法决策的基础。

第三节　建筑市场与建筑市场主体

一、建筑市场

（一）市场的一般概念

市场包括狭义的市场和广义的市场两种。

狭义的市场是指有形的市场，是买方和卖方交易的一个区域，具体表现为商品交易的场所，其特点是产品的价格在区域内趋于一致。

广义的市场包括有形市场和无形市场，即除商品交易场所等有形市场外，还包括没有固定交易场所，商品一般不在交易现场出现，主要靠广告、通信、中介机构或经纪人等媒介来沟通买卖双方，或通过招标投标等多种方式成交的各种交易活动。无形市场交易的商品可以是有形的，也可以是无形的，如技术市场、建筑市场、房地产市场等。

广义市场还包括商品流通过程及流通过程中的经济关系。广义市场一般表现为在国家宏观调控下对资源配置起基础性作用的商品流通，是生产者、消费者和中间商经济关系的反映，是他们交换关系的总和。

（二）建筑市场的含义

建筑市场是以工程建设发承包交易活动为主要内容的市场。建筑市场存在于广义的市场概念中，它包括：

（1）由发包方、承包方和工程建设技术服务方组成的市场主体。

（2）不同形态的建筑产品组成的市场客体。

（3）在价值规律的作用下，由招标投标为主要形式的竞争来调节市场供求的建筑市场机制。

（4）与工程建设相关的，保证建筑市场正常运行的要素市场体系，为工程建设提供专业服务的市场中介组织体系和以行业管理为主的社会保障体系。

（5）保证市场秩序、保护主体合法权益的法律法规和监督管理体系等。

建筑市场是工程建设生产和交易关系的总和，是整个市场体系的重要组成部分。它既是生产要素市场的一部分，也是消费品市场的一部分，它与房地产市场一起构成了建筑产品生产和流通的市场体系。建筑市场又以建筑产品的生产过程为对象,形成具有特殊交易形式和交易方式、相对独立的市场。

（三）建筑市场的特点

1. 建筑产品生产与交易的统一性

建筑市场包括建筑产品生产和交易的整个过程。从建设项目的设计、施工任务的发包开始,到工程竣工交付使用和保修期结束为止,发包方和承包方进行的各种交易（包括生产）,以及相关的集中搅拌混凝土供应、构配件生产、建筑机械租赁等活动,都是在建筑市场中进行的。建筑市场内容的特殊性就在于它是建筑产品和交易的总和,生产活动和交易行为交织在一起,必须考虑生产和交易的统一性。

2. 建筑产品的多样性

建筑产品不能批量生产,决定了建筑市场的买方只能通过选择建筑产品的生产单位来完成交易。绝大多数的建筑产品是各不相同的,都需要单独设计,单独施工。无论是咨询、设计还是施工,发包方都只能在建筑产品生产之前,以招标要约的方式向市场提出自己对建筑产品的要求,承包方则以投标的方式提出各自产品的价格,通过承包方之间在价格和其他条件上的竞争,决定建筑产品的生产单位,由双方签订合同,确定发承包关系。建筑市场的交易方式的特殊性就在于交易过程在产品生产开始之前,发包方选择的不是产品,而是产品的生产单位。

3. 建筑产品的社会性

所有的建筑产品都具有一定的社会性,涉及公众的利益。如体育场馆、影剧院、商场、火车站、汽车站等公共设施关系到成千上万人生命财产的安全;电厂、水电站等工业设施关系到国民经济的发展;即使是私人建筑,其位置、施工和使用也会影响到城市的规划、环境以及进入或靠近它的人员的生活和安全。这个特点决定了政府对建筑市场管理的特殊性。政府作为公众利益的代表,加强对建筑产品的规划、设计、交易、开工、建造、竣工、验收和投入使用的管理,保证建筑产品的质量和安全是非常必要的。

4. 建筑产品的整体性和分部分项工程的相对独立性

建筑产品是一个整体,无论是一个学校、现代化的工厂,还是一座功能齐全的体育场馆,都是一个不可分割的整体,需要从整体出发来考虑它的布局、设计和施工。但是,随着生产力的发展,专业化分工越来越强,施工生产的专业性也越来越强。在生产中,由各种专业施工队伍承担工程的土建、安装、装饰工程,有利于施工生产技术和效益的提高。

5. 建筑产品交易的长期性

建筑产品的生产周期需要几个月,有的甚至长达几年,这与其他商品的生产有着很大的不同。在这样长的时间里,政府的政策、设计和材料市场的价格可能会发生变化,而且这些变化是无法预料的。同时产品的固定性决定了它必然露天生产,必然受到气候、地质等环境条件的影响。生产环境、市场环境和政府的政策法规变化的不可预见性,决定了建筑市场中合同管理的重要性。

6. 建筑产品完工后的不可逆转性

建筑市场交易一旦达成协议,设计、施工等承包单位就必须按照约定组织施工和施工生产。建筑产品一旦竣工,不可能退换,也难以返工和重新制作,否则要承受巨大的经济损失。建筑产品的不可逆转性要求对工程质量要有非常严格的控制。设计、施工和验收都必须严格按照国家的法律、法规和规范进行。

7. 建筑产品交易的阶段性

建筑产品的阶段性表现为建筑产品在不同的阶段具有不同的形态。在建设项目实施之前,可以是咨询机构提供的可行性研究报告;在勘察设计阶段,可以是勘察报告、设计方案、设计图纸;在施工阶段,可以是一幢建筑物、一个工厂,也可以是招标代理机构提供的招标文件或评标分析报告,还可以是合同文本、标的或决算报告,甚至是无形的,如建设监理单位对工程的质量、工期和造价的控制等。各个阶段严格的程序管理,是生产合格建筑产品的保证。

8. 建筑产品交易价值的高额性

建筑产品价值少则几万元,多则几千万元甚至几十亿元。建筑产品交易价值的高额性决定了建筑产品的价格形式和支付方式的特殊性。产品的价格根据工程的具体情况,可以采用单价形式,也可以采用总价的形式,还可以采用成本加一定比例的酬金的形式;可以根据合同的约定和实际发生的情况进行调整,也可以按照合同的约定不进行调整;可以预付一定数量的工程款、按工程进度支付工程款或竣工后一次结算。

（四）建筑市场的运行机制

1. 价格机制

价格机制是指资源在价值规律的作用下运动的、客观上具有的传导信息、配置资源和促进技术进步、降低社会必要劳动时间的功能。在建筑市场中健全价格机制的目的就是改变由国家规定建筑产品的价格的做法,使价格反映市场供求情况,真实显示企业的实际消耗和工作效率,使实力强、素质高、经营好的企业具有竞争性,使他们能够更快地发展,实现资源的优化配置,促使企业自觉地降低消耗,挖掘潜力,提高效率,提高全社会的生产力水平。

2. 竞争机制

生产者在利益的驱动下,为了使付出的成本能够得到补偿并获得最大的利润,相互之间进行价格、质量、工期的竞争,竞相占领市场,其结果必然是优胜劣汰。

3. 供求机制

供求机制是在价值规律的作用下,人力、物力和资金等各种资源竞相涌入效益好的部门和生产环节,在供给大于需求的情况下,资源又在价值规律的作用下重新向其他效益好的环节聚集的一种市场对供求数量的自动调节,使之达到相对平衡的机制。在建筑市场完善供求机制的目的就是要加强工程报建和开工管理,准确掌握市场供求情况,有效控制在建工程的数量,避免材料、能源供应及城市交通设施运行的过度紧张,防止建设规模的过度膨胀。政府管理部门要掌握增加或减少公共投资的调控手段,在工程建设任务急剧减少时,适时投入一些需要大量人工的工程,缓解给建筑行业带来的困难。施工企业也要改革用工制度、发展多种经营,以便及时根据市场供求情况调整经营战略。

二、建筑市场主体

（一）市场主体

1. 业主方

业主方既有进行某项工程建设的需求,又具有该项工程建设相应的资金和各种准建证件,在建筑市场中发包工程建设任务(设计、咨询、施工),并最终得到建筑产品的所有权。在我国工程建设中,业主方的称呼是多样的,如建设单位、甲方、发包方和项目法人等。它们在发包工程和组织工程建设时进入建筑市场,成为建筑市场的主体。

根据建设项目法人责任制的要求,项目法人即业主对建设项目的筹划、筹资、设计、建设实施直到生产经营、归还贷款及债券本息等全面负责并承担风险。

2. 承包方

承包方是指有一定生产能力、机械设备、流动资金,具有承包工程建设任务的营业资格,在建筑市场中能够按照业主方的要求,提供不同形态的建筑产品,并最终得到相应工程价款的建筑企业。按照生产的主要形式,主要有勘察、设计单位,建筑安装企业,混凝土构配件、非标准预制件等生产厂家,集中搅拌混凝土供应站,建筑机械租赁单位,以及专门提供建筑劳务的企业等。

3. 咨询及中介服务组织

它主要是指具有相应的专业服务能力,在建筑市场中受承包方、发包方或政府管理机构的委托,对工程建设进行估算测量、咨询代理、建设监理等高智能服务,并取得服务费用的咨询服务机构。

（二）建筑市场主体之间的关系

1. 发承包双方关系的相对统一

建设工程很多都是国家的财产,发承包双方都有维护国家利益、搞好工程建设的义务和责任。提高工程质量、缩短建设工期、减少人力物力的消耗、降低工程造价,可以使业主方以较低的造价尽快获得较好的使用价值,尽早发挥投资效益;承包方也可以因此获得良好的信誉,获得对其付出的人工、材料、机械和管理的补偿和合理的利润。因此,双方的利益具有一定的一致性,这是双方合作的基础,也是双方签订合同的前提。

2. 发承包双方关系的相对对立

发承包双方作为独立的法人,都具有独立的利益,都要追求自己最大的经济利益,这是走向市场经济的必然结果,是市场竞争的合理现象,是促进经济发展的动力。业主方要追求自己的最大经济效益,必然希望以最低的造价、最短的工期得到质量等级最高、使用功能最完善的建筑产品。承包方则希望以最少的人力、物力的投入,得到尽可能多的收益。质量标准的提高,必然要增加人力、物力的投入。减少投入超过合理的限度,也会因偷工减料破坏工程的质量。工期的缩短超过了一定限度,会使造价增加,还可能损坏工程质量。而工期的拖延,同样会造成机械、人工、管理费用的增加,使发包方得不到预定的收益。工程造价上双方利益的冲突则更直接、明显。在施工中,双方都希望享有更多的权利和承担更少的义务。

发承包双方关系的相对对立,形成了双方关系的互相制约和监督,有助于保证工程质量、工期和控制工程造价。随着这种对立关系的不断强化,施工合同管理的重要作用也越来越明显。这种对立关系,也使得双方之间的争议和纠纷在所难免。争议和纠纷如果得不到及时和合理解决,将会影响工程的进度,给双方都造成经济损失。因此,加强合同管理,避免纠纷的产生,搞好调解与仲裁,减少争议和纠纷造成的损失,是发承包双方和市场管理部门的一项重要工作。

3. 发承包双方权利义务关系的复杂性和长期性

发承包双方的权利义务关系从施工开始之前、签订合同以后开始,在工程完工后一定的时间结束,有的在交付工程、竣工结算后结束,有的在保修期满后才结束。在这样长的时间里,可能有许多难以预料的情况发生,如国家政策的变化、经济形势的变化、环境气候的变化、地质条件的变化等。这些变化必然引起双方权利义务的改变,需要双方协商后以补充协议的形式做出新的约定。有些变化难以预料,后果也比较严重,需要双方对承担的责任和义务事先在合同中做出详细和严格的规定。

4. 发承包双方权利义务的相关性

由于施工过程的复杂性等特点,一方履行义务时常要以另一方的义务履行为条件。承包方履行开始施工的义务必须以业主方提供具备施工条件的场地为条件,业主方履行支付工程价款的义务要以承包方按照约定的工期和质量标准完成约定的工程数量为条件。任何一方不能按照约定的时间和要求履行自己的义务,都可能影响另一方履行自己的义务。任何一方行使权利也必然受到另一方相应权利的制约。

5. 咨询服务与发承包双方的关系

咨询服务方可以为发承包方的任何一方服务。咨询服务方与其服务对象之间,是卖方与买方的关系、委托与被委托的关系,是平等的交易伙伴关系。由于咨询服务方的高技术服务的特点,它们具有参谋、顾问的性质。它们与委托方之间是有合同约定的、市场中的交易行为,当然要受到市场机制的调节和市场法规的制约。

在工程施工中,作为咨询服务方的建设监理单位发挥着重要的作用。监理单位受业主委托,行使业主方授予的权利。承包方必须接受监理工程师的检查,按照监理工程师的要求工作。但是,这并不改变它们之间的平等关系。监理单位的这种权利来自于业主方委托和授予。作为咨询服务方的监理应保证公平、公正:一是因为它相对独立于承发包双方;二是以合同为依据工作;三是它必须受到行业管理组织的约束;四是如果它不能保证公平、公正,将受到所有建设单位和施工企业的抵制。

第四节　建设工程施工合同

一、建设工程施工合同概念

1. 含义

建设工程施工合同是承包人进行工程建设施工、发包人支付价款的依据。

建设工程施工合同是建设工程的主要合同,是工程建设质量控制、进度控制、投资控制的主要依据。《中华人民共和国合同法》(简称《合同法》)、《中华人民共和国建筑法》(简称《建筑法》)、《中华人民共和国招标投标法》(简称《招标投标法》)是我国建设工程施工合同管理的依据。

2. 施工合同的当事人

施工合同的当事人是发包方和承包方,双方是平等的民事主体。发承包双方签订施工合同,必须具备相应的资质条件和履行施工合同的能力。对合同内的工程实施建设时,发包方必须具备组织协调能力;承包方必须具备有关部门核定的资质等级并持有营业执照等相应的证明文件。

发包方可以是具备法人资格的国家机关、事业单位、国有企业、集体企业、私营企业、经济联合体和社会团体,也可以是依法登记的个人合伙、个体经营户或个人,即一切以协议、法院判决或其他合法完备手续取得甲方资格,承认全部合同条件,能够而且愿意履行合同规定义务的合同当事人。

承包方应是具备与工程相应资质和法人资格的,并被发包方接受的合同当事人及其合法继承人。承包方是施工企业。

二、施工合同的特点

1. 合同标的的特殊性

施工合同标的是各类建筑产品,建筑产品是不动产,其基础与大地相连,不能移动。这决定了每个施工合同的标的都是特殊的,相互间具有不可替代性;同时,这也决定了施工企业的流动性。另外,建筑产品的类别庞杂,其外观、结构、使用目的、使用人各不相同,这要求每一个建筑产品都必须单独设计和施工(即使可重复使用的标准设计或图纸,也应根据工程的具体条件,如地质条件的不同等做相应的修改设计再施工),即建筑产品是单体性生产,这也决定了施工合同标的的特殊性。

2. 合同履行期限的长期性

建设工程的工期一般较长(与一般工业产品的生产相比),因而合同履行的期限较长。另外,在工程施工过程中,还可能因不可抗力、工程变更、材料供应不及时等原因而导致工期延误。因此,建设工程施工合同履行期限具有长期性的特点。

3. 合同内容的多样性和复杂性

在建设工程施工合同中,虽然只有发、承包两个当事人,但其涉及的主体却有许多种。与大多数的合同相比,施工合同履行的期限长,标的数额大,涉及的法律关系包括劳动关系、保险关系、运输关系等,具有多样性和复杂性。这要求施工合同内容必须详尽,施工合同除了应具备合同的一般内容外,还应对安全施工,专利技术使用,发现地下障碍和文物,工程分包,不可抗力,工程设计变更,材料设备供应、运输、验收等内容做出规定。在施工合同履行过程中,除施工企业与发包方的合同关系外,还涉及与劳务人员的劳动关系、与保险公司的保险关系、与材料设备供应商的买卖关系、与运输企业的运输关系等。所有这些决定了施工合同的内容具有多样性和复杂性的特点。

4. 合同监督的严格性

施工合同的履行对国家的经济发展、公民的工作和生活都有重大的影响,因此国家对施工合同的监督十分严格,具体体现在以下几个方面:

(1) 对合同主体监督的严格性

建设工程施工合同的主体一般只能是法人。发包人一般只能是经过批准进行工程项目建设的法人,必须有国家批准的建设项目,落实投资计划,并且应当具备一定的协调能力;承包人则必须具备法人资格,而且应当具备相应的从事施工的资质。无营业执照或无承包资质的单位不能作为建设工程施工合同的承包方,资质低的单位不能越级承包建设工程。

(2) 对合同订立监督的严格性

订立建设工程施工合同必须以国家批准投资计划为前提,即使是国家投资以外的,以其他方式筹集的资金也要受到当年贷款规模和批准限额的限制,纳入当年投资规模的平衡,并经过严格的审批程序。建设工程施工合同的订立,还必须符合国家关于建设程序的规定。

《合同法》对合同的形式确立了以要约式为主的原则,即在一般情况下对合同形式采用书面形式还是口头形式没有限制。但是,考虑到建设工程的重要性和复杂性,在施工过程中经常发生影响合同履行的纠纷,因此《合同法》要求,建设工程施工合同应采用书面形式。

(3) 对合同履行监督的严格性

在施工合同的履行过程中,除了施工合同的当事人应当对合同进行严格的管理之外,合同的主管部门(工商行政管理机构)、金融机构、建设行政主管部门等,都要对合同的履行进行严格的监督。

复习与思考题

1. 工程项目、单项工程、单位工程、分部分项工程的定义及相互关系是什么?
2. 工程项目的主要特点有哪些?
3. 工程项目的类型有哪些? 各类型的工程项目是如何划分的?
4. 建筑市场的基本含义是什么?
5. 建筑市场的特点是什么?
6. 建筑市场的主体有哪些? 对建筑市场主体的基本要求是什么?
7. 建筑市场主体之间的相互关系是什么?
8. 建设工程施工合同的含义与特点是什么?

第二章　工程造价概论

主要内容：在阐述工程造价的含义、特点，工程计价的特点，工程造价的职能的基础上，重点阐述工程造价管理的含义、目标、任务、特点和主要内容，并简要介绍了造价工程师管理制度。

基本要求：

(1) 掌握工程造价的基本含义和特点。

(2) 掌握工程计价的含义、特点和基本依据。

(3) 熟悉工程造价管理的内容。

(4) 掌握建设程序各阶段工程造价确定的特点和工程造价控制的基本原理。

(5) 了解造价工程师管理制度。

第一节　工程造价的基本概念

一、工程造价的含义

工程造价通常是指工程项目在建设期（预计或实际）支出的建设费用。工程造价本质上属于价格范畴。在市场经济条件下，工程造价有两种含义：

第一种含义是从投资者的角度定义的，工程造价是指完成一个建设工程预期开支或实际开支的全部固定资产投资费用。投资者为了获得投资项目的预期效益，需要对项目进行策划决策、建设实施（设计、施工）直至竣工验收等一系列活动，在上述活动中所花费的全部费用，即构成工程造价。从这个意义上讲，工程造价就是建设工程固定资产总投资。

第二种含义是从市场交易角度定义的，是指在工程发承包交易活动中形成的建筑安装工程费用或建设工程总费用。工程造价的这种含义是指以建设工程这种特定的商品形式作为交易对象，通过招标投标或其他交易方式，在多次预估的基础上，最终由市场形成的价格。

工程发承包价格是一种典型的工程造价形式，是在建设某项工程时预计或实际在土地市场、设备市场、技术劳务市场、承包市场等交易活动中，所形成的工程承包合同价和建设工程总造价。

两种含义的区别与联系如下：

(1) 工程造价的第一种含义的建设成本对应于投资主体、业主和项目法人，表明投资者选定一个投资项目，为了获得预期的经济效益，就要通过项目评估进行决策，然后进行设计招标、工程监理招标，直至竣工验收，在整个过程中，要支付与工程建造有关的费用，因此工程造价就是工程的投资费用。生产性建设项目的工程造价是项目的固定资产投资和铺底流动资金投资的总和；非生产性投资项目的工程造价就是项目的固定资产投资的总和。第二种含义的承包价格是对应于发承包双方而言的，是以市场经济为前提，以工程、设备、技术等特定商品作为交易对象，通过招标投标或其他交易方式，在各方面进行反复测算的基础上，最终由市场形成的价格。各方交易的对象，可以是一个建设项目、一个单项工程，也可以是建设的某一个阶段,如可行性研究阶段、设计阶段等,还可以是某个建设阶段的一个或几个组成部分,如建设前期的土地开发工程、安装工程、装饰工程、配套设施工程等。

（2）建设成本的外延是全方位的,为工程建设的所有费用;承包价格的涵盖范围仅是合同规定的范围。

（3）与两种含义相对应,有两种造价管理,一是建设成本管理,二是承包价格管理。前者属于投资管理范畴,后者属于价格管理范畴。

（4）建设成本管理要服从承包价的市场管理,承包价管理要适当顾及建设成本的承受能力。

二、工程造价的特点

由于工程建设产品和工程施工的特点,工程造价具有以下特点:

（1）工程造价的大额性

一个建设项目或一个单项工程,不仅实物形体庞大,而且造价高昂,可以是数万、数十万、数百万、数千万、数亿、数十亿元,特别大的工程可达数十亿、千亿元。由于工程造价的大额性,消耗的资源多,与各方面有很大的利益关系,同时也会对宏观经济产生重大影响。这决定了工程造价的特殊地位,也说明工程造价管理的重要意义。

（2）工程造价的个别性、差异性

任何一项工程都有特定的用途、功能、规模,其内部的结构、造型、空间分割、设备设置和内外装修都有不同要求,这种工程差异决定了工程造价的个别性;同时,同一个工程项目处于不同的区域或不同的地段,工程造价也会有所差别,因而存在差异性。

（3）工程造价的动态性

一项工程从决策到竣工投产,少则数月,多则数年,甚至数十年,由于不可预见因素如工程变更、设备和材料价格的变动、工资标准以及费率、利率、汇率等变化的影响,工程造价具有动态性。

（4）工程造价的广泛性和复杂性

由于构成工程造价的因素复杂,涉及人工、材料、施工机械等多个方面,需要社会的各个方面协同配合,所以具有广泛性的特点,如既有获得建设工程用地支出的费用,即征地、拆迁、安置补偿方面的费用,又有土地使用权出让金等方面的费用,这些费用与政府一定时间的产业政策和税收政策及地方性收费规定有直接关系。另外,一个建设项目往往由多个单项工程组成,一个单项工程由多个单位工程组成,一个单位工程由多个分部工程组成,一个分部工程由多个分项工程组成。工程造价有 5 个层次,在同一个层次中,又有不同的形态,要求不同的专业人员去建造,内容复杂,由此可见工程造价中构成的内容和层次复杂,涉及建造人员较多,工程量和工程造价计算工作量大,工程管理复杂,盈利的构成复杂。

（5）工程造价的阶段性

根据建设阶段不同,对同一工程的造价,在不同的建设阶段,有不同的名称、内容。建设工程处于项目建议书阶段和可行性研究阶段,拟建工程的工程量还不具体,建设的地点也尚未确定,工程造价不可能做到十分准确,其名称为投资估算;在设计工作的初期,对应于初步设计的是设计概算或设计总概算,当进行技术设计或扩大初步设计时,设计概算必须做修正、调整,反映工程造价的名称为修正设计概算;进行施工图设计后,工程对象比初步设计时更为具体、明确,工程量可以根据施工图纸和工程量计算规则计算出来,对应施工图的工程造价的名称为施工图预算（设计预算）。通过招标投标由市场形成并由发承包双方共同认可的工程造价是承包合同价。投资估算、设计概算、设计预算、承包合同价都是预期或计划的工程造价。工程的施工过程是一个动态的过程，在施工过程中可能存在设计变更、施工条件的变更和设备材料价格的波动等，所以竣工时往往要对承包合同价做适当的调整，局部工程竣工后的竣工结算和全部工程竣工合格后的竣工结算，分别是建设工程的局部和整体的实际造价。工程造价的阶段性十分明确，在不同的建设阶段，工程造价的名称、内容、作用是不同的，这是长期大量工程实践的总结，也是工程造价管理的规定。

三、工程造价的职能

工程造价除具有一般商品价格的职能外，还具有一些特殊的职能，具体表现在以下几个方面：

1. 预测职能

工程造价具有大额性和动态性的特点，无论投资者还是建造商对拟建项目的工程造价都十分关心。投资者预先测算工程造价，不仅可以作为项目决策的依据，同时也是筹集资金、控制造价的需要。承包商对工程造价的预测，即为投标报价提供依据，也为项目的经济性分析提供依据，据此可进行正确的投标决策和科学的项目管理，为企业创造良好的经济效益。

2. 控制功能

工程造价一方面可以对投资进行控制，在建设项目进行的各个阶段，根据造价的多次性预估，对造价进行全过程、多层性的控制；另一方面也可以对建造商的成本进行控制，在价格一定的条件下，企业实际成本开支决定企业的盈利水平，成本越低，盈利越高。

3. 评价职能

工程造价既是评价投资合理性和投资效益的主要依据，也是评价土地价格、建筑安装工程产品和设备价格合理性的依据，同时也是评价建设项目偿还贷款能力、获利能力和宏观效益的重要依据。

4. 调控职能

由于工程建设直接关系到经济增长、资源分配和资金流向，对国计民生都产生重大影响，所以国家对建设规模、结构进行宏观调控，这些调控都要用工程造价作为经济杠杆，对工程建设中的物质消耗水平、建设规模、投资方向等进行调控和管理。

第二节　工程计价及计价依据

一、工程计价的含义

工程计价是指按照法律、法规和标准规定的程序、方法和依据，对工程项目实施建设的各个阶段的工程造价及其构成内容进行预测和确定的行为。工程计价依据是指在工程计价活动中，所要依据的计价内容、计价方法和与价格标准相关的工程计量计价标准、工程计价定额及工程造价信息等。

二、工程计价的依据

工程造价计价依据是据以计算造价的各类基础资料的总称。由于影响工程造价的因素很多,每一项工程的造价都要根据工程的用途、类别、结构特征、建设标准、所在地区和坐落地点、市场价格信息,以及政府的产业政策、税收政策和金融政策等等具体计算,因此就需要确定与上述各项因素相关的各种量化的资料,以作为计价的基础。工程造价的依据主要包含下列 8 个方面的内容:

(1) 计算设备和工程量的依据:包括项目建议书、可行性研究报告、设计文件、工程量计算规则、施工组织设计或施工方法等。

(2) 计算分部分项工程人工、材料、机械等实物消耗量的依据:包括投资估算指标、概算定额、预算定额、企业定额,人工费单价、材料预算价格、材料运杂费、机械台班费单价以及市场价格等。

(3) 计算建筑安装工程费用的依据:包括措施费、间接费、利润率、税率和计价程序等。

(4) 计算设备单价的依据:包括设备原价、设备运杂费、进口设备关税等。

(5) 计算工程建设其他费用的依据,主要是相关的费用定额和指标。

(6) 相关的法律法规和政策:包含在工程造价内的税种、税率,产业政策、能源政策、环境政策、技术政策和土地等资源利用政策有关的取费标准,利率和汇率等。

(7) 工程造价信息。工程造价信息是一切有关工程造价的特征、状态及其变动的消息的组合。在工程发承包市场和工程建设过程中,工程造价总是在不停地运动着、变化着,并呈现出种种不同特征。人们对工程发承包市场和工程建设过程中工程造价运动的变化,是通过工程造价信息来认识和掌握的。工程造价信息通常由工程造价管理机构发布,包括建设工程人工、材料、工程设备、施工机具的价格信息,以及各类工程的造价指数、指标等。

(8) 其他计价依据。

三、工程造价计价的特点

建设工程计价除具有一般商品计价的特点外,由于建筑产品本身的固定性、多样性、体积庞大、生产周期长等特点,因此,建设产品的生产过程具有流动性、单一性、资源消耗多、造价的时间价值突出等特点。工程造价具有以下独特的特点:

1. 单件性计价

建设工程的实物形态千差万别,尽管有时采用相同或相似的设计图纸,在不同的地区、不同的时间建造的产品,其构成投资费用的各种价值要素也存在差别,最终导致工程造价千差万别。建设工程造价的计价不能像一般工业产品那样按品种、规格、质量等成批定价,只能是单件计价,即按照各个建设项目或局部工程,通过一定程序,执行计价依据和规定,计算其工程造价。

2. 分部组合计价

建设工程的计价,特别是设计图纸出来以后,按照现行规定一般是按工程的构成,从局部到整体先计算出工程量,再按计算依据分部组合计价。工程项目的分部组合计价是由工程项目的特点决定的,工程项目是一个工程综合体,可以分解为单项工程、单位工程、分部分项工程,工程项目的这种组合性决定了工程项目的计价过程是一个逐步组合的过程。工程项目工程量和造价的计算过程及计算顺序是:分项分部工程—单位工程—单项工程—工程项目。

3. 多次性计价

工程项目从开始筹划、项目决策到工程项目的实施直至竣工验收交付使用,要经历不同的阶段,工程项目是分阶段实施的。在工程项目的不同阶段,工程造价有着不同的名称,包含不同的内容,也有着不同的目的和用途。也就是说,工程造价要和工程项目所处的阶段相适应,适应项目的决策、控制和管理的要求,因此工程项目需要多次性计价。

4. 方法的多样性

工程造价的计价方法的产生取决于研究对象的客观情况。当工程项目处于可行性研究阶段时,一般采用估算指标进行投资估算;当完成初步设计时,可以采用概算定额进行设计概算;当施工图完成后,一般采用单价法和实物法来编制施工图预算。不管采用哪种计价方法,都要和项目的特点和项目所处的建设阶段相适应,计算的准确与否取决于选用的方法是否可行,计算的依据是否准确、适用和可靠。

5. 计价依据的复杂性

影响造价的因素多,计价依据复杂,种类繁多。

第三节　工程造价管理

一、工程造价管理的含义

工程造价管理是指运用科学技术原理和方法,在统一目标、各负其责的原则下,为确保建设工程的经济效益和有关各方的经济权益而对建设工程造价所进行的全过程全方位的,符合政策和客观规律的全部业务行为和组织活动。

工程造价管理由工程、工程造价、造价管理三个不同属性的关键词所组成,实际上是有具体的研究对象和内容并能解决其特殊矛盾的一门独立的学科,是以工程项目为研究对象,以工程技术、经济、管理为手段,以效益为目标,与技术、经济、管理相结合的一门交叉的、新兴的边缘学科。

相应于工程造价的两种含义,工程造价管理也有两种管理,一是建设工程投资费用管理,二是工程价格管理。

工程项目投资费用管理属于投资管理范畴,是为了实现一定的预期目标,在一定的规划、设计方案的条件下,预测、计算、确定和监控工程造价及其变动的系统活动。这一含义涵盖了微观层次的项目投资费用的管理,也涵盖了宏观层次的投资费用管理。它包括合理确定和有效控制工程造价的一系列工作。合理确定工程造价,即在建设程序的各个阶段,采用科学的、切合实际的计价依据和合理的计价方法,合理确定投资估算、设计概算、施工图预算、承包合同价、竣工结算价和竣工决算价。有效控制工程造价,即在投资决策阶段、设计阶段、工程项目发包阶段和实施阶段,把建设工程的造价控制在批准的造价限额以内,随时纠正发生的偏差,以保证项目投资控制目标的实现。

工程价格管理属于价格管理的范畴。价格管理可以分为微观层次和宏观层次两个方面。微观层次是指企业在掌握市场价格信息的基础上,为实现管理目标而进行的成本控制、计价、定价和竞价的系统活动,反映微观主体按支配价格运动的经济规律进行管理。宏观层次的价格管理是政府根据经济发展的需要,利用法律的手段、经济手段和行政手段对价格进行管理和调控以及通过市场管理,规范市场主体价格行为的系统活动。

工程建设关系国计民生,同时政府投资公共、公益性项目在今后仍然会有相当的份额,国家对工程造价的管理,不仅承担着一般商品的价格管理职能,而且在政府投资项目上也承担着微观主体的管理职能。区分两种管理职能,从而制定不同的管理目标、采用不同的管理方法是工程造价管理发展的必然趋势。

二、工程造价管理的目标、任务和特点

工程造价管理的目标是按照经济规律的要求,根据社会主义市场经济的发展形势,利用科学管理方法和先进管理手段,合理确定和有效控制造价,以提高投资效益和建筑安装企业的经营效果。

工程造价管理的任务是加强工程造价的全过程动态管理,强化工程造价的约束机制,维护有关各方的经济利益,规范价格行为,促进微观效益和宏观效益的统一。

工程造价管理的特点有以下几个方面:

1. 时效性

时效性反映的是某一时期内的价格特征,随时间的变化而不断地变化。

2. 公正性

公正性是指既要维护业主的合法权益,也要维护承包商的利益,站在公正的立场上,一手托两家。

3. 规范性

由于工程项目千差万别,构成造价的基本要素可分解为便于可比与便于计量的价定产品,因而要求标准客观、工作程序规范。

4. 准确性

准确性是指运用科学、技术原理及法律手段进行科学管理,使计量、计价、计费有理有据,有法可依。

三、工程造价管理的内容

工程造价管理包括工程造价的合理确定和有效控制两个方面。两个方面的内容相互依存、相互制约。首先,工程造价的合理确定是工程造价的基础和前提,没有工程造价的合理确定就没有工程造价的有效控制。其次,造价的控制贯穿于造价的合理确定的全过程,造价的确定过程也就是造价的控制过程,通过逐项控制、层层控制才能最终确定合理的工程造价。因此,合理确定和有效控制工程造价的最终目标是一致的,两者相辅相成。工程造价管理的主要内容具体有以下几方面:

(1)遵照价值规律、供求规律和其他支配工程造价运动的客观规律,科学地确定建筑安装工程费、设备工器具购置费和工程建设其他费用的构成。

(2)在合理确定工程造价构成和水平的基础上,在工程建设各阶段正确编制估算、概算、预算、合同价、结算价及竣工决算,并使前者控制后者,后者补充前者。

(3)在工程建设的各个阶段,对工程造价进行有效控制,使工程实际投资不超过批准的造价限额,使人力、财力、物力得到合理利用,取得最大的投资效益。

(4)为了合理确定和有效控制工程造价,要做好确定工程造价的基础工作。

四、工程造价的合理确定

工程造价的合理确定就是在建设程序的各个阶段,采用科学的计算方法和切合实际的计价依据,合理确定投资估算、设计概算、施工图预算、承包合同价、结算价以及进行竣工决算。

工程造价的合理确定是控制工程造价的前提和先决条件。

依据建设程序,工程造价的确定与工程建设阶段性工作的深度相适应。一般分为以下几个阶段:

(1)在项目建议书阶段,按照有关规定,编制初步投资估算,经有关部门批准,作为拟建项目列入国家中长期计划和开展前期工作的控制造价。

(2)在可行性研究阶段,按照有关规定编制投资估算,经有关部门批准,即为该项目国家计划控制造价。

(3)在初步设计阶段,按照有关规定编制初步设计总概算,经有关部门批准,即为控制拟建项目工程造价的最高限额。

(4)在施工图设计阶段,按有关规定编制施工图预算,用以核实工程造价是否超过批准的初步设计概算。

(5)对以施工图预算为基础招投标的工程,承包合同价也是以经济合同形式确定的建筑安装工程造价。

(6)在工程实施阶段要按照承包人实际完成的工程量,以合同价为基础,同时考虑因物价上涨所引起的造价提高,考虑设计中难以预计的而实际发生的工程和费用,合理确定结算价。

(7)在竣工验收阶段,全面汇集在工程建设过程中实际花费的全部费用,编制竣工决算。

建设程序和各阶段工程造价确定示意图见图 2-1。

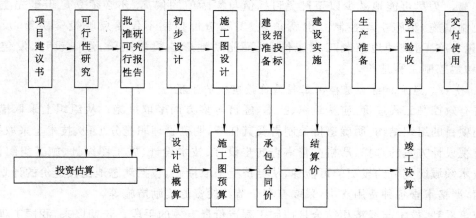

图 2-1 建设程序和各阶段工程造价确定示意图

五、工程造价的有效控制

工程造价的有效控制,是指在投资决策阶段、设计阶段、工程项目发包阶段和建设实施阶段,把发生的建设工程造价控制在批准的造价限额以内,随时纠正发生的偏差,以保证项目管理目标的实现,以求在各个工程项目中能合理地使用人力、物力、财力,取得较好的投资效益和社会效益。工程造价控制的原理和方法如下:

1. 合理设置工程造价控制目标

工程造价的控制目标应随工程项目建设实践的不断深入而分阶段设置。具体讲,投资估算应是设计方案选择和进行初步设计的工程造价控制目标;设计概算应是进行技术设计和施工图设计的工程造价控制目标;施工图预算或建筑安装工程合同价应是施工阶段控制建筑安装工程造价的目标。有机联系的阶段目标相互制约、相互补充,前者控制后者,后者补充前者,共同构成工程造价控制的目标系统。

2. 以设计阶段为重点进行全过程工程造价控制

工程造价控制贯穿于项目建设全过程,这一点是没有疑义的,但是工程造价的控制也要重点突出。根据有关资料,在初步设计阶段,影响项目造价的可能性为 75%～95%;在技术设计阶段,影响项目造价的可能性为 35%～75%;在施工阶段影响工程造价的可能性为 5%～35%。很显然,工程造价的控制关键在于施工以前投资决策阶段和设计阶段,因而在项目做出投资决策后,控制造价的重点应该是设计阶段。长期以来,我国普遍忽视工程项目前期阶段的工程造价控制,往往把控制的重点和主要精力放在施工阶段——审核施工图预算和建筑安装工程的结算价。这样做虽然有一定的效果,但属于亡羊补牢,事倍功半。要有效控制工程造价,应该将控制重点转移到设计阶段来。

3. 采取主动控制措施

长期以来,人们把控制理解为目标值与实际值的比较,以及当实际值偏离目标值时,分析其偏差产生的原因,并确定下一步的对策。在工程建设全过程进行这样的工程造价控制当然有意义,但问题在于,这种立足于调查—分析—决策基础之上的偏离—纠偏—再偏离—再纠偏的控制仅仅是一种被动控制,因为这样做只能发现偏离,不能预防可能发生的偏离。为尽可能地减少以至避免目标值与实际值的偏离,还必须立足于事先主动地采取控制措施,实施主动控制。也就是说,工程造价控制不仅要反映投资决策,反映设计、发包和施工,被动地控制工程造价,更要能动地影响投资决策,影响设计、发包和施工,主动地控制工程造价。

4. 技术与经济相结合是控制工程造价最有效的手段

要有效控制工程造价,应从组织、技术、经济等多方面采取措施。从组织上采取措施包括明确项目的组织结构,明确造价控制者及其任务,明确管理职能分工;从技术上采取措施,包括重视设计方案的选择,严格监督审查初步设计、技术设计、施工图设计、施工组织设计,深入技术领域研究节约投资的可能性;从经济上采取措施,包括动态地比较造价的计划值和实际值,严格审查各种费用支出,采取有利于节约投资的奖励措施等。

应该看到,技术与经济相结合是控制工程造价最有效的手段。长期以来,我国工程建设领域中的技术与经济是相分离的。许多国外专家指出,中国工程技术人员的技术水平、工作能力、知识面,跟外国同行相比几乎不分上下,但他们缺乏经济观念,设计思想保守,设计规范、施工规范落后。国外的工程技术人员时刻想着如何降低工程造价,而国内的工程技术人员则把它看成是与己无关的财会人员的事。而财会、概预算编制人员的主要职责是根据财务制度办事,他们往往不熟悉工程技术知识,也较少了解工程进展中的各种关系和问题,往往单纯地从财务角度审核费用开支,难以有效控制造价。为此,今后的努力方向应以提高工程效益为目的,在工程建设中把技术与经济有机结合,通过技术比较、经济分析和效果评价,正确处理技术先进和经济合理两者之间的关系,力求在技术先进条件下的经济合理,在经济合理基础上的技术先进,把控制工程造价观念渗透到各项设计和施工技术措施之中。

第四节　造价工程师管理制度

一、造价工程师

根据《注册造价工程师管理办法》(中华人民共和国建设部令第 150 号),造价工程师是指通过全国造价工程师执业资格统一考试或者资格认定、资格互认,取得中华人民共和国造价工程师执业资格(以下简称执业资格),并按照该办法注册,取得中华人民共和国造价工程师注册执业证书(以下简称注册证书)和执业印章,从事工程造价活动的专业人员。未取得注册证书和执业印章的人员,不得以注册造价工程师的名义从事工程造价活动。

1. 造价工程师的素质要求

造价工程师的职责关系到国家和社会公众利益,对其专业和身体素质的要求应包括以下几个方面:

(1)造价工程师是复合型的专业管理人才。作为工程造价管理者,造价工程师应是具备工程、经济和管理知识与实践经验的高素质复合型专业人才。

(2)造价工程师应具备技术技能。技术技能是指能使用由经验、教育及培训的知识、方法、技能及设备,来达到特定任务的能力。

(3)造价工程师应具备人文技能。人文技能是指与人共事的能力和判断力。造价工程师应具有高度的责任心与协作精神,善于与业务有关的各方面人员沟通、协作,共同完成对项目目标的控制或管理。

(4)造价工程师应具备观念技能。观念技能是指了解整个组织及自己在组织中地位的能力,使自己不仅能按本身所属的群体目标行事,而且能按整个组织的目标行事。同时,造价工程师应有一定的组织管理能力,具有面对机遇与挑战积极进取、勇于开拓的精神。

(5)造价工程师应有健康的体魄。健康的心理和较好的身体素质是造价工程师适应紧张、繁忙工作的基础。

2. 造价工程师的职业道德

造价工程师的职业道德又称职业操守,通常是指在职业活动中所遵守的行为规范的总称,是专业人士必须遵从的道德标准和行业规范。

为提高造价工程师整体素质和职业道德水准,维护和提高造价咨询行业的良好信誉,促进行业的健康持续发展,中国建设工程造价管理协会制定和颁布了《造价工程师职业道德行为准则》,其具体要求如下:

(1)遵守国家法律、法规和政策,执行行业自律性规定,珍惜职业声誉,自觉维护国家和社会公共利益。

(2)遵守"诚信、公正、精业、进取"的原则,以高质量的服务和优秀的业绩,赢得社会和客户对造价工程师职业的尊重。

(3)勤奋工作,独立、客观、公正、正确地出具工程造价成果文件,使客户满意。

(4)诚实守信,尽职尽责,不得有欺诈、伪造、作假等行为。

(5)尊重同行,公平竞争,搞好同行之间的关系,不得采取不正当的手段损害、侵犯同行的权益。

(6)廉洁自律,不得索取、收受委托合同约定以外的礼金和其他财物,不得利用职务之便谋取其他不正当的利益。

（7）造价工程师与委托方有利害关系的应当主动回避；同时，委托方也有权要求其回避。

（8）对客户的技术和商务秘密负有保密义务。

（9）接受国家和行业自律组织对其职业道德行为的监督检查。

二、造价工程师执业资格制度

1. 资格考试

国家在工程造价领域实施造价工程师执业资格制度。凡是从事工程建设活动的建设、设计、施工、工程造价咨询、工程造价管理等单位和部门，必须在计价、评估、审查（核）、控制及管理等岗位配套有造价工程师执业资格的专业技术人员。

1996年，依据《人事部 建设部关于印发〈造价工程师执业资格制度暂行规定〉的通知》（人发〔1996〕77号），国家开始实施造价工程师执业资格制度。1998年1月，人事部、建设部下发了《人事部 建设部关于实施造价工程师执业资格考试有关问题的通知》（人发〔1998〕8号），并于当年在全国首次实施了造价工程师执业资格考试。考试工作由人事部、建设部共同负责，人事部负责审定考试大纲、考试科目和试题，组织或授权实施各项考务工作，会同建设部对考试进行监督、检查、指导和确定合格标准。日常工作由建设部标准定额司承担，具体考务工作委托人事部人事考试中心组织实施。

全国造价工程师执业资格考试每年举行一次，实行全国统一大纲、统一命题、统一组织的办法，原则上只在省会城市设立考点。考试采用滚动管理，共设4个科目，单科滚动周期为2年。

2. 注册

注册造价工程师实行注册执业管理制度。取得执业资格的人员，经过注册方能以注册造价工程师的名义执业。

注册造价工程师的注册条件如下：

（1）取得执业资格。

（2）受聘于一个工程造价咨询企业或者工程建设领域的建设、勘察设计、施工、招标代理、工程监理、工程造价管理等单位。

（3）无《注册造价工程师管理办法》规定的不予注册的情形。有下列情形之一的，不予注册：

① 不具有完全民事行为能力的。

② 申请在两个或者两个以上单位注册的。

③ 未达到造价工程师继续教育合格标准的。

④ 前一个注册期内工作业绩达不到规定标准或未办理暂停执业手续而脱离工程造价业务岗位的。

⑤ 受刑事处罚，刑事处罚尚未执行完毕的。

⑥ 因工程造价业务活动受刑事处罚，自刑事处罚执行完毕之日起至申请注册之日止不满5年的。

⑦ 因前项规定以外原因受刑事处罚，自处罚决定之日起至申请注册之日止不满3年的。

⑧ 被吊销注册证书,自被处罚决定之日起至申请注册之日止不满 3 年的。

⑨ 以欺骗、贿赂等不正当手段获准注册被撤销,自被撤销注册之日起至申请注册之日止不满 3 年的。

⑩ 法律、法规规定不予注册的其他情形。

取得资格证书的人员,可自资格证书签发之日起 1 年内申请初始注册。取得执业资格的人员申请注册的,应当向聘用单位工商注册所在地的省、自治区、直辖市人民政府建设主管部门(以下简称省级注册初审机关)或者国务院有关部门(以下简称部门注册初审机关)提出注册申请。准予注册的,由注册机关核发注册证书和执业印章。

3. 执业

(1)注册造价工程师执业范围如下:

① 工程项目建议书、可行性研究投资估算的编制和审核,项目经济评价,工程概、预、结算及竣工结(决)算的编制和审核。

② 工程量清单、标底(或者控制价)、投标报价的编制和审核,工程合同价款的签订及变更、调整,工程款支付与工程索赔费用的计算。

③ 工程项目管理过程中设计方案的优化、限额设计等工程造价分析与控制,工程保险理赔的核查。

④ 工程经济纠纷的鉴定。

(2)注册造价工程师享有下列权利:

① 使用注册造价工程师名称。

② 依法独立执行工程造价业务。

③ 在本人执业活动中形成的工程造价成果文件上签字并加盖执业印章。

④ 发起设立工程造价咨询企业。

⑤ 保管和使用本人的注册证书和执业印章。

⑥ 参加继续教育。

(3)注册造价工程师应当履行下列义务:

① 遵守法律、法规、有关管理规定,恪守职业道德。

② 保证执业活动成果的质量。

③ 接受继续教育,提高执业水平。

④ 执行工程造价计价标准和计价方法。

⑤ 与当事人有利害关系的,应当主动回避。

⑥ 保守在执业中知悉的国家秘密和他人的商业、技术秘密。

注册造价工程师应当在本人承担的工程造价成果文件上签字并盖章。修改经注册造价工程师签字盖章的工程造价成果文件,应当由签字盖章的注册造价工程师本人进行;注册造价工程师本人因特殊情况不能进行修改的,应当由其他注册造价工程师修改,并签字盖章;修改工程造价成果文件的注册造价工程师对修改部分承担相应的法律责任。

(4)注册造价工程师不得有下列行为:

① 不履行注册造价工程师义务。

② 在执业过程中,索贿、受贿或者谋取合同约定费用外的其他利益。

③ 在执业过程中实施商业贿赂。

④ 签署有虚假记载、误导性陈述的工程造价成果文件。

⑤ 以个人名义承接工程造价业务。

⑥ 允许他人以自己名义从事工程造价业务。

⑦ 同时在两个或者两个以上单位执业。

⑧ 涂改、倒卖、出租、出借或者以其他形式非法转让注册证书或者执业印章。

⑨ 法律、法规、规章禁止的其他行为。

在注册有效期内,注册造价工程师因特殊原因需要暂停执业的,应当到注册初审机关办理暂停执业手续,并交回注册证书和执业印章。注册造价工程师在每一注册期内应当达到注册机关规定的继续教育要求。注册造价工程师继续教育,由中国建设工程造价管理协会负责组织。

复习与思考题

1. 工程造价的两种含义及区别与联系是什么?

2. 试阐述工程造价的主要特点。

3. 简述工程造价的主要职能。

4. 工程计价的基本含义是什么?

5. 简述工程计价的特点。

6. 简述工程计价的主要依据。

7. 工程造价管理的基本含义是什么?

8. 简述工程造价管理的目标、任务和特点。

9. 简述工程造价管理的主要内容。

10. 简述建设程序各阶段工程造价确定的特点。

第三章 工程造价构成

主要内容:我国现行工程造价的构成主要划分为设备及工器具购置费、建筑安装工程费用、工程建设其他费用、预备费、建设期贷款利息、固定资产投资方向调节税,本章主要讲述工程的造价构成各部分的内容及计算方法。

基本要求:掌握工程造价的构成内容及基本计算方法。

第一节 工程造价构成概述

一、我国现行投资构成和工程造价的构成

工程项目总投资含固定资产投资和流动资产投资两部分。工程项目总投资中固定资产投资与工程项目的工程造价在量上相等。

根据原国家计委组织编写并审定的《投资项目可行性研究指南》以及原住房和城乡建设部、财政部颁布的《建筑安装工程费用项目组成》,我国现行工程造价的构成主要划分为设备及工器具购置费、建筑安装工程费用、工程建设其他费用、预备费、建设期贷款利息、固定资产投资方向调节税等几项,如图 3-1 所示。

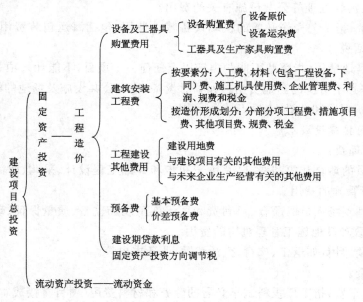

图 3-1 建设项目总投资构成

二、世界银行工程造价的构成

1978 年,世界银行、国际咨询工程师联合会对项目的总建设成本(相当于我国的工程造价)做了统一规定,其详细内容如下。

（一）项目直接建设成本

（1）土地征购费。

（2）场外设施费用，如道路、码头、桥梁、机场、输电线路等设施费用。

（3）场地费用，指用于场地准备、厂区道路、铁路、围栏、厂内设施等的建设费用。

（4）工艺设备费，包括主要设备、辅助设备及零配件的购置费用，包括海运包装费用、交货港离岸价，但不包括税金。

（5）设备安装费，指设备供应商的监理费用，本国劳务及工资费用，辅助材料、施工设备、消耗品和工具等费用，以及安装承包商的管理费用和利润等。

（6）管道系统费用，指与系统的材料及劳务相关的全部费用。

（7）电气设备费，内容与第（4）项相似。

（8）电气安装费，指设备供应商的监理费用，本国劳务及工资费用，辅助材料、电缆管道和工具等费用，以及安装承包商的管理费用和利润等。

（9）仪器仪表费，指所有自动仪表、控制板、配线和辅助材料的费用，以及供应商的监理费用、外国或本国劳务及工资费用、承包商的管理费用和利润等。

（10）机械的绝缘和油漆费，是指与机械设备及管道的绝缘和油漆相关的全部费用。

（11）工艺建筑费，指原材料、劳务费，以及与基础、建筑结构、屋顶、内外装修、公共设施等有关的全部费用。

（12）服务性建筑费，内容与第（11）项相似。

（13）工厂普通公共设施费，包括材料和劳务费，以及与供水、燃料供应、通风、蒸汽发生及分配、下水道、污物处理等公共设施有关的费用。

（14）车辆费，指工艺操作必要的机动设备零件费用，包括海运包装费用以及交货港的离岸价，但不包括税金。

（15）其他当地费用，指那些不能归类于以上任何一个项目，不能计入项目间接成本，但在建设期间又是必不可少的当地费用。如临时设备、临时公共设施及场地的维持费，营地设施及其管理、建筑保险和债券、杂项开支等费用。

（二）项目间接建设成本

（1）项目管理费：

① 总部人员的薪金和福利费，以及用于初步和详细工程设计、采购、时间和成本控制、行政和其他一般管理的费用。

② 施工管理现场人员的薪金、福利费和用于施工现场监督、质量保证、现场采购、时间和成本控制、行政和其他施工管理机构的费用。

③ 零星杂项费用，如返工、旅行、生活津贴、业务支出等。

④ 各种酬金。

（2）开工试车费，指工厂投料试车必需的劳务和材料费用（项目直接成本包括项目完工后的试车和空运转费用）。

（3）业主的行政性费用，指业主的项目管理人员费用及支出（其中某些费用必须排除在外，并在"估算基础"中详细说明）。

（4）生产前费用，指前期研究、勘测、建矿、采矿等费用（其中某些费用必须排除在外，并在"估算基础"中详细说明）。

（5）运费和保险费，指海运、国内运输、许可证及佣金、海洋保险、综合保险等费用。

（6）地方税，指地方关税、地方税及对特殊项目征收的税金。

（三）应急费

1. 未明确项目的准备金

此项准备金用于估算时不可能明确的潜在项目，包括那些在做成本估算时因缺乏完整、准确和详细的资料而不能完全预见和不能注明的项目，并且这些项目是必须完成的，或它们的费用是必须发生的，在每一个组成部分中均单独以一定的百分比确定，并作为估算的一个项目单独列出。此项准备金不是为了支付工作范围以外可能增加的项目，不是用以支付天灾、非正常经济情况及罢工等情况产生的费用，也不是用来补偿估算的任何误差，而是用来支付那些几乎可以肯定要发生的费用。因此，它是估算不可缺少的一个组成部分。

2. 不可预见准备金

此项准备金（在未明确项目的准备金外）用于在估算达到了一定的完整性并符合技术标准的基础上，由于物质、社会和经济的变化而导致估算增加的情况。此种情况可能发生，也可能不发生。因此，不可预见准备金只是一种储备，可能不动用。

（四）建设成本上升费

通常估算中使用的构成工资率、材料、设备价格基础的截止日期就是"估算日期"。必须对该日期或已知成本基础进行调整，以补偿直至工程结束时的未知价格增长。

第二节　设备及工器具购置费用的构成

设备及工器具购置费由设备购置费和工器具及生产家具购置费组成。在生产性建设中，设备及工器具购置费用占工程造价的比重增大，意味着生产技术的进步和资本有机构成的提高。

一、设备购置费用的构成及计算

设备购置费用是指为工程项目购置或自制的达到固定资产标准的各种国产或进口设备、工具、器具的购置费用。它由设备原价和设备运杂费构成。

$$设备购置费＝设备原价＋设备运杂费$$

其中，设备原价为国产设备或进口设备的原始价格；设备运杂费为除设备原价之外的关于设备采购、运输、途中包装及仓库保管等方面支出的费用总和。

（一）国产设备原价的构成及计算

国产设备原价一般指的是设备制造厂的交货价，或订货合同价。它一般根据设备生产厂家或供应商的询价、报价、合同价确定，或采用一定的方法计算确定。国产设备原价分为国产标准设备原价和国产非标准设备原价。

1. 国产标准设备原价

国产标准设备是指按照主管部门颁布的标准图纸和技术要求，由我国设备生产厂批量生产的，符合国家质量检验标准的设备。国产标准设备原价有两种，即带有备件的原价和不带有备件的原价。计算时，一般采用带有备件的原价。

2. 国产非标准设备

国产非标准设备是指国家尚无定型标准，各设备生产厂不可能在工艺过程中采用批量生产,只能按一次订货,并根据具体的设计图纸制造的设备。

国产非标准设备原价有多种不同的计算方法,如成本计算估价法、系列设备插入估价法、分部组合估价法、定额估价法等。无论哪种方法都应该使非标准设备的计价接近出厂价。下面仅介绍成本计算估价法,成本计算估价法由以下各项组成(10项):

(1) 材料费:

$$材料费＝材料净重×(1＋加工损耗系数)×每吨材料综合单价$$

(2) 加工费:包括生产工人工资和工资附加费、燃料动力费、设备折旧费、车间经营费等。计算公式为:

$$加工费＝设备总质量(吨)×设备每吨加工费$$

(3) 辅助材料费:包括焊条、焊丝、氧气、油漆等生产过程中用到的辅助材料费用。

$$辅助材料费＝设备总质量×辅助材料费指标$$

(4) 专用工具费:第(1)~(3)项之和乘以一定的百分比。

(5) 废品损失费:第(1)~(4)项之和乘以一定的百分比。

(6) 外购配套件费:按图纸所列的外购配套件的名称、型号、规格、数量,根据相应的价格加运杂费计算。

(7) 包装费:按第(1)~(6)项之和乘以一定的百分比计算。

(8) 利润:按第(1)~(5)项与第(7)项之和乘以一定的利润率计算。

(9) 税金:主要指增值税。计算公式为:

$$增值税＝当期销项税额－进项税额$$
$$当期销项税额＝销售额[第(1)~(8)之和]×适用增值税率$$

(10) 非标准设备设计费:按国家规定的收费标准计算。

综上所述,单台非标准设备的原价按下式计算:

单台非标准设备的原价＝{[(材料费＋加工费＋辅助材料费)×(1＋专用工具费率)×(1＋废品损失率)＋外购配套件费]×(1＋包装费率)－外购配套件费}×(1＋利润率)＋税金＋非标准设备设计费＋外购配套件费

[例3-1] 某工厂采购一台国产非标准设备,制造厂生产该设备所用的材料费20万元,加工费2万元,辅助材料费0.4万元,专用工具费用率1.5%,废品损失费率10%,外购配套件费5万元,包装费费率1%,利润率7%,增值税税率17%,非标准设备设计费2万元,求该非标准设备的原价。

解 专用工具费:(20＋2＋0.4)×1.5%＝0.336(万元)。

废品损失费:(20＋2＋0.4＋0.336)×10%＝2.274(万元)。

包装费:(20＋2＋0.4＋0.336＋2.274＋5)×1%＝0.300(万元)。

利润:(20＋2＋0.4＋0.336＋2.274＋0.3)×7%＝1.772(万元)。

税金:(20＋2＋0.4＋0.336＋2.274＋5＋0.3＋1.772)×17%＝5.454(万元)。

该国产非标准设备的原价:

$$20＋2＋0.4＋0.336＋2.274＋5＋0.3＋1.772＋5.454＋2＝39.536(万元)$$

(二)进口设备原价的构成及计算

进口设备原价是指进口设备的抵岸价,既抵达买方边境港口或边境车站,且交完各种手续费、税费后形成的价格。进口设备的抵岸价的构成与进口设备的交货类别有关。

1. 进口设备的交货类别

(1) 内陆交货类:卖方在出口国的内陆某个地点交货。在交货地点,卖方及时提交合同规定的货物和有关的凭证,并负担交货前的一切费用和风险;买方按时接受货物,交付货款,负担接货后的一切费用和风险,并自行办理出口手续和装运出口。货物的所有权也在交货后由卖方转移给买方。

(2) 目的地交货类:卖方在进口国的港口或内地交货,有目的港船上交货价、目的港船边交货价(FOS)和目的港码头交货价及完税后交货价(进口国的指定地点)等几种交货价。它们的特点是:买卖双方承担的责任、费用和风险是以目的地约定交货点为分界线的,只有当卖方在交货点将货物置于买方控制下才算交货,才能向买方收取货款。这种交货类别对卖方来说承担的风险较大,在国际贸易中卖方一般不愿采用。

(3) 装运港交货类:卖方在出口国的装运港交货,主要有装运港船上交货价(FOB,离岸价格),运费在内价(CFR)和运费、保险费在内价(习惯称到岸价格)(CIF)等。它们的特点是:卖方按照约定的时间在装运港交货,只要卖方把合同规定的货物装船后提供货运单据便完成交货任务,可凭单据收回货款。

装运港船上交货价是我国进口设备采用最多的一种。采用船上交货价时卖方的责任是:在规定的期限内,负责在合同规定的装运港将货物装上买方指定的船只,并及时通知买方;负担货物装船前的一切费用和风险,负责办理出口手续;提供出口国政府或有关方面签发的证件;负责提供有关装运单据。买方的责任是:负责租船或定舱,支付运费,并将船期、船名通知卖方;负担货物装船后的一切费用和风险;负责办理保险及支付保险费,办理在目的港的进口和收货手续;接收卖方提供的有关装运单据,并按合同规定支付货款。

2. 进口设备的原价(抵岸价)的构成及计算

进口设备的抵岸价(原价)通常由进口设备到岸价(CIF)和进口从属费用构成。进口设备的到岸价即设备抵达买方边境港口或边境车站所形成的价格。在国际贸易中交易双方所使用的交货类别不同,则交易价格的构成内容也有所不同。进口设备的从属费用是指进口设备在办理进口手续过程中发生的应计入设备原价的银行财务费、外贸手续费、进口关税、消费税、进口环节增值税及进口车辆的车辆购置税等。

$$进口设备的原价=进口设备到岸价(CIF)+进口从属费用$$

(1) 到岸价的构成及计算

$$进口设备到岸价(CIF)=离岸价格(FOB)+国际运费+运输保险费$$
$$=运费在内价(CRF)+运输保险费$$

① 离岸价格(FOB)指装运港船上交货价,进口设备货价分为原币货价和人民币货价。原币货价一般折算为美元来表示,人民币货价按原币货价乘以外汇市场美元兑换人民币中间价确定。进口设备货价按有关生产厂商询价、报价、订货合同价计算。

② 国际运费指装运港(站)到达我国抵达港(站)的运费。我国进口设备大部分采用海洋运输,小部分采用铁路运输,个别采用航空运输。

$$国际运费=原币货价×运输费率　或　国际运费=运量×单位运价$$

其中,运输费率或单位运价参照有关部门或进出口公司的规定执行。

③ 运输保险费:对外运输保险是由保险人与被保险人订立保险契约,在被保险人交付议定的保险费后,保险人根据保险契约的规定,对货物在运输过程中发生的承包范围内的损

失予以经济上的补偿,属于财产保险范畴。中国人民保险公司承包进口货物的保险金额一般按进口货物到岸价格计算,具体可参照中国人民保险公司有关的规定。

$$运输保险费=\frac{原币货价(FOB)+国际运输费}{1-保险费率}\times 保险费率$$

其中,保险费率按保险公司规定的进口货物保险费率进行计算。

(2) 进口从属费的构成及计算

$$进口从属费用=银行财务费+外贸手续费+进口关税+消费税+$$
$$进口环节增值税+进口车辆的车辆购置税$$

① 银行财务费:一般指中国银行手续费。

$$银行财务费=人民币货价(FOB)\times 银行财务费率$$

② 外贸手续费:指按对外经济贸易部门规定的外贸手续费率计取的费用,外贸手续费率一般按 1.5% 计算,如下式:

$$外贸手续费=[装运港船上交货价(FOB)+国际运费+运输保险费]\times 外贸手续费率$$

③ 关税:由海关对进出国境或关境的货物和物品征收的一种税,计算公式为:

$$关税=到岸价格(CIF)\times 进口关税税率$$

到岸价格作为关税的计征基数时,通常又可称为关税完税价格。到岸价格(CIF)包括离岸价格(FOB)、国际运费、运输保险费,同时它也作为关税完税价格。进口关税税率分为优惠和普通两种。优惠税率适用于与我国签订关税互惠条款的贸易条约或协定国家的进口设备;普通税率适用于与我国未签订关税互惠条款的贸易条约或协定国家的进口设备。进口关税税率按我国海关总署发布的进口关税税率计算。

④ 消费税:对部分进口设备(如轿车、摩托车等)征收,一般计算公式为:

$$应缴消费税=\frac{到岸价格(CIF)+关税}{1-消费税税率}\times 消费税税率$$

消费税税率按规定的税率计算。

⑤ 增值税:是对从事进口贸易的单位和个人,在进口商品报关进口后征收的税种。我国增值税条例规定,进口应税产品均按组成计税价格和增值税税率直接计算应纳税额,即:

$$进口产品增值税=组成计税价格\times 增值税税率$$
$$组成计税价格=关税完税价格(CIF)+关税+消费税$$

增值税税率按规定的税率计算。

⑥ 车辆购置税:进口车辆需缴进口车辆购置税。其计算公式为:

$$车辆购置税=(到岸价+关税+消费税+增值税)\times 车辆购置税税率$$

[例 3-2] 某项目进口一批工艺设备,其银行财务费为 4.25 万元,外贸手续费为 18.9 万元,关税税率为 20%,增值税税率为 17%,抵岸价为 1 792.19 万元。该批设备无消费税、海关监管手续费。求该批进口设备的到岸价格(CIF)。

解 $$到岸价格=\frac{1\ 792.19-4.25-18.9}{(1+17\%)(1+20\%)}=1\ 260(万元)$$

(三) 设备运杂费

设备运杂费为国产设备由设备制造厂交货地点或进口设备由我国到岸港口或边境车站起至工地仓库(或施工组织设计指定的需要安装设备的堆放地点)止所发生的采购、运、运输保险、保管和装卸等费用。

1．构成

（1）运费和装卸费：国产设备为由设备制造厂交货地点起至工地仓库（或施工组织设计指定的需要安装设备的堆放地点）止所发生的运费和装卸费；进口设备为由我国到岸港口或边境车站起至工地仓库（或施工组织设计指定的需要安装设备的堆放地点）止所发生的运费和装卸费。

（2）包装费：指在设备原价中没有包含的，为运输而进行的包装支出的各种费用。

（3）设备供销部门手续费：按有关部门规定的统一费率计算。

（4）采购与仓库保管费：指采购、验收、保管和收发设备所发生的各种费用，包括设备采购人员、保管人员和管理人员的工资、工资附加费、办公费、差旅交通费，设备供应部门办公和仓库所占固定资产使用费、工具用具使用费、劳动保护费、检验试验费等。这些费用可按主管部门规定的采购与保管费费率计算。

2．计算

设备运杂费按设备原价乘以设备运杂费率计算，其公式为：
$$设备运杂费 = 设备原价 \times 设备运杂费率$$
其中，设备运杂费率按各部门及省、市等的规定计取。

二、工具、器具及生产家具购置费的构成及计算

1．含义

工具、器具及生产家具购置费是指新建或扩建项目初步设计规定的，保证初期正常生产必须购置的没有达到固定资产标准的设备、仪器、工卡模具（器具）、生产家具和备品备件等的购置费用。

2．计算

工具、器具及生产家具购置费的计算一般以设备购置费为计算基数，按照部门或行业规定的工具、器具及生产家具费率计算，其计算公式为：
$$工具、器具及生产家具购置费 = 设备购置费 \times 定额费率$$

第三节　建筑安装工程费用构成

一、建筑安装工程费用内容及构成概述

（一）建筑安装工程费用内容

1．建筑工程费用内容（4项）

（1）各类房屋建筑工程和列入房屋建筑工程预算的供水、供暖、卫生、通风、煤气等设备费用及其装设、油饰工程的费用，列入建筑工程预算的各种管道、电力、电信和电缆导线敷设工程的费用。

（2）设备基础、支柱、工作台、烟囱，水塔，水池，灰塔等建筑工程以及各种炉窑的砌筑工程和金属结构工程的费用。

（3）为施工而进行的场地平整，工程和水文地质勘查，原有建筑物和障碍物的拆除以及施工临时用水、电、气、路和完工后的场地清理，环境绿化、美化等工作的费用。

（4）矿井开凿、井巷延伸，露天矿剥离，石油、天然气钻井，修建铁路、公路、桥梁、水库、堤坝、灌渠及防洪等工程的费用。

2. 安装工程费用内容(2项)

(1)生产、动力、起重、运输、传动和医疗、实验等各种需要安装的机械设备的装配费用,与设备相连的工作台、梯子、栏杆等设施的工程费用,附属于被安装设备的管线敷设工程费用,以及被安装设备的绝缘、保温、油漆等工作的材料费和安装费。

(2)为测定安装工程质量,对单台设备进行单机试运转、对系统设备进行系统联动无负荷试运转工作的调试费。

（二）构成

根据原住房和城乡建设部、财政部颁布的《建筑安装工程费用项目组成》,建筑安装工程费用项目按费用构成要素组成划分为人工费、材料费、施工机具使用费、企业管理费、利润、规费和税金;按工程造价形成顺序划分为分部分项工程费、措施项目费、其他项目费、规费和税金。下面重点介绍按构成要素划分的各项费用的含义及计算方法。按工程造价形成顺序划分的各费用将在第五章进行讲述。

二、人工费

人工费是指按工资总额构成规定,支付给从事建筑安装工程施工的生产工人和附属生产单位工人的各项费用。

（一）组成

人工费包括计时工资或计件工资、奖金、津贴补贴、加班工资和特殊情况下支付的工资。详见第四章第五节。

（二）计算方法

(1)方法1：

$$人工费 = \sum（工日消耗量 \times 日工资单价）$$

方法1主要适用于施工企业投标报价时自主确定人工费的情况,也是工程造价管理机构编制计价定额确定定额人工单价或发布人工成本信息的参考依据。

(2)方法2：

$$人工费 = \sum（工程工日消耗量 \times 日工资单价）$$

日工资单价是指施工企业平均技术熟练程度的生产工人在每工作日(国家法定工作时间内)按规定从事施工作业应得的日工资总额。

方法2适用于工程造价管理机构编制计价定额时确定定额人工费的情况,是施工企业投标报价的参考依据。

三、材料费

材料费是指施工过程中耗费的原材料、辅助材料、构配件、零件、半成品或成品以及工程设备的费用。工程设备是指构成或计划构成永久工程一部分的机电设备、金属结构设备、仪器装置及其他类似的设备和装置。

（一）组成

材料费包括材料原价、运杂费、运输损耗费、采购及保管费,详见第四章第四节。

（二）计算方法

(1)材料费 $= \sum（材料消耗量 \times 材料单价）$。

（2）工程设备费 $= \sum$（工程设备量×工程设备单价）。

其中，工程设备单价 $=$（设备原价＋运杂费）×（1＋采购保管费率）。

四、施工机具使用费

（一）组成

施工机具使用费是指施工作业所发生的施工机械、仪器仪表使用费或其租赁费。

（1）施工机械使用费：以施工机械台班耗用量乘以施工机械台班单价表示，施工机械台班单价应由折旧费、检修费、维护费、安拆费及场外运费、人工费、燃料动力费、其他费用等七项费用组成。

（2）仪器仪表使用费：是指工程施工所需使用的仪器仪表的摊销及维修费用。

（二）计算方法

1．施工机械使用费

$$施工机械使用费 = \sum（施工机械台班消耗量×机械台班单价）$$

工程造价管理机构在确定计价定额中的施工机械使用费时，应根据《建筑施工机械台班费用计算规则》结合市场调查编制施工机械台班单价。施工企业可以参考工程造价管理机构发布的台班单价，自主确定施工机械使用费的报价，如租赁施工机械，公式为：

$$施工机械使用费 = \sum（施工机械台班消耗量×机械台班租赁单价）$$

2．仪器仪表使用费

$$仪器仪表使用费＝工程使用的仪器仪表摊销费＋维修费$$

五、企业管理费

企业管理费是指建筑安装企业组织施工生产和经营管理所需的费用。

（一）组成

企业管理费包括下列内容：

（1）管理人员工资：是指按规定支付给管理人员的计时工资、奖金、津贴补贴、加班加点工资及特殊情况下支付的工资等。

（2）办公费：是指企业管理办公用的文具、纸张、账表、印刷、邮电、书报、办公软件、现场监控、会议、水电、烧水和集体取暖降温（包括现场临时宿舍取暖降温）等费用。

（3）差旅交通费：是指职工因公出差、调动工作的差旅费、住勤补助费，市内交通费和误餐补助费，职工探亲路费，劳动力招募费，职工退休、退职一次性路费，工伤人员就医路费，工地转移费以及管理部门使用的交通工具的油料、燃料等费用。

（4）固定资产使用费：是指管理和试验部门及附属生产单位使用的属于固定资产的房屋、设备、仪器等的折旧、大修、维修或租赁费。

（5）工具用具使用费：是指企业施工生产和管理使用的不属于固定资产的工具、器具、家具、交通工具，以及检验、试验、测绘、消防用具等的购置、维修和摊销费。

（6）劳动保险和职工福利费：是指由企业支付的职工退职金、按规定支付给离休干部的经费、集体福利费、夏季防暑降温、冬季取暖补贴、上下班交通补贴等。

（7）劳动保护费：是企业按规定发放的劳动保护用品的支出。如工作服、手套、防暑降温饮料费用以及在有碍身体健康的环境中施工的保健费用等。

（8）检验试验费：是指施工企业按照有关标准规定，对建筑以及材料、构件和建筑安装物进行一般鉴定、检查所发生的费用，包括自设实验室进行试验所耗用的材料等费用。不包括新结构、新材料的试验费，对构件做破坏性试验及其他特殊要求检验试验的费用和建设单位委托检测机构进行检测的费用，对此类检测发生的费用，由建设单位在工程建设其他费用中列支。但对施工企业提供的具有合格证明的材料进行检测不合格的，该检测费用由施工企业支付。

（9）工会经费：是指企业按《中华人民共和国工会法》规定的全部职工工资总额比例计提的工会经费。

（10）职工教育经费：是指按职工工资总额的规定比例计提，企业为职工进行专业技术和职业技能培训，专业技术人员继续教育、职工职业技能鉴定、职业资格认定以及根据需要对职工进行各类文化教育所发生的费用。

（11）财产保险费：是指施工管理用财产、车辆等的保险费用。

（12）财务费：是指企业为施工生产筹集资金或提供预付款担保、履约担保、职工工资支付担保等所发生的各种费用。

（13）税金：是指企业按规定缴纳的房产税、车船使用税、土地使用税、印花税、城市维护建设税、教育费附加、地方教育费附加[①]等。

（14）其他：包括技术转让费、技术开发费、投标费、业务招待费、绿化费、广告费、公证费、法律顾问费、审计费、咨询费、保险费等。

（二）计算方法

1. 以分部分项工程费为计算基础

$$企业管理费率 = \frac{生产工人年平均管理费}{年有效施工天数 \times 人工单价} \times 人工费占分部分项工程费比例$$

2. 以人工费和机械费合计为计算基础

$$企业管理费率 = \frac{生产工人年平均管理费}{年有效施工天数 \times (人工单价 + 每一工日机械使用费)} \times 100\%$$

3. 以人工费为计算基础

$$企业管理费率 = \frac{生产工人年平均管理费}{年有效施工天数 \times 人工单价} \times 100\%$$

注：上述公式适用于施工企业投标报价时自主确定管理费的情况，是工程造价管理机构编制计价定额确定企业管理费的参考依据。

工程造价管理机构在确定计价定额中企业管理费时，应以定额人工费或（定额人工费 + 定额机械费）作为计算基数，其费率根据历年工程造价积累的资料，辅以调查数据确定，列入分部分项工程和措施项目中。

六、利润

利润是指施工企业完成所承包工程获得的盈利。按如下方法进行计算：

（1）施工企业根据企业自身需求并结合建筑市场实际自主确定，列入报价中。

---

① 根据《增值税会计处理规定》（财会〔2016〕22号）全面试行营业税改征增值税后"营业税金及附加"科目名称调整为"税金及附加"科目，该科目核算企业经营活动发生的消费税、城市维护建设税、资源税、教育费附加及房产税、土地使用税、车船使用税、印花税等相关税费。

（2）工程造价管理机构在确定计价定额中利润时,应以定额人工费或（定额人工费＋定额机械费）作为计算基数,其费率根据历年工程造价积累的资料,并结合建筑市场实际确定,以单位（单项）工程测算。利润在税前建筑安装工程费的比重可按不低于5％且不高于7％的费率计算。利润应列入分部分项工程和措施项目中。

七、规费

（一）组成

规费是指按国家法律、法规规定,由省级政府和省级有关权力部门规定必须缴纳或计取的费用。包括以下几项:

（1）社会保险费:

① 养老保险费:是指企业按照规定标准为职工缴纳的基本养老保险费。

② 失业保险费:是指企业按照规定标准为职工缴纳的失业保险费。

③ 医疗保险费:是指企业按照规定标准为职工缴纳的基本医疗保险费。

④ 生育保险费:是指企业按照规定标准为职工缴纳的生育保险费。

⑤ 工伤保险费:是指企业按照规定标准为职工缴纳的工伤保险费。

（2）住房公积金:是指企业按规定标准为职工缴纳的住房公积金。

（3）工程排污费:是指按规定缴纳的施工现场工程排污费。

其他应列而未列入的规费,按实际发生计取。

（二）计算方法

1. 社会保险费和住房公积金

社会保险费和住房公积金应以定额人工费为计算基础,根据工程所在地省、自治区、直辖市或行业建设主管部门规定费率计算。

$$社会保险费和住房公积金 = \sum（工程定额人工费 \times 社会保险费和住房公积金费率）$$

其中,社会保险费和住房公积金费率可以每万元发承包价的生产工人人工费和管理人员工资含量与工程所在地规定的缴纳标准综合分析取定。

2. 工程排污费

工程排污费等其他应列而未列入的规费应按工程所在地环境保护等部门规定的标准缴纳,按实计取列入。

八、税金

建筑安装工程费中的税金是指国家税法规定的应计入建筑安装工程造价内的增值税额,按税前造价乘以增值税税率确定。增值税的计税方法,包括一般计税方法和简易计税方法。

1. 一般计税方法

一般计税方法下,建筑业增值税税率为11％（税率会有变动,计税时以当时实际税率计取）。

$$增值税 = 税前工程造价 \times 11％$$

其中,税前工程造价中不包含增值税可抵扣进项税额,即组成建设工程造价的要素价格中,除无增值税可抵扣项的人工费、利润、规费外,材料费、施工机具使用费、管理费均按扣除增值税可抵扣进项税额后的价格（简称除税价格）计入。

2. 简易计税方法

简易计税方法下,建筑业增值税税率为 3%。

$$增值税＝税前工程造价×3\%$$

其中,税前工程造价中不包含增值税可抵扣进项税额,即组成建设工程造价的要素价格中,除无增值税可抵扣项的人工费、利润、规费外,材料费、施工机具使用费、管理费均按扣除增值税可抵扣进项税额后的价格(简称除税价格)计入。

纳税人分为一般纳税人和小规模纳税人。应税行为的年应征增值税销售额(以下称应税销售额)超过财政部和国家税务总局规定标准的纳税人为一般纳税人,未超过规定标准的纳税人为小规模纳税人。年应税销售额超过规定标准的其他个人不属于一般纳税人。年应税销售额超过规定标准但不经常发生应税行为的单位和个体工商户可选择按照小规模纳税人纳税。

根据《营业税改征增值税试点实施办法》和《营业税改征增值税试点有关事项的规定》,简易计税方法主要适用以下几种情况:

(1) 小规模纳税人发生应税行为适用简易计税方法计税。纳税人提供建筑服务规定的年应税销售额标准为 500 万元(含本数)。财政部和国家税务总局可以对年应税销售额标准进行调整。未超过规定标准的纳税人为小规模纳税人。年应税销售额超过规定标准但不经常发生应税行为的单位和个体工商户可选择按照小规模纳税人纳税。

(2) 一般纳税人以清包工方式提供的建筑服务,可以选择适用简易计税方法计税。

以清包工方式提供建筑服务,是指施工方不采购建筑工程所需的材料或只采购辅助材料,并收取人工费、管理费或者其他费用的建筑服务。

(3) 一般纳税人为甲供工程提供的建筑服务,可以选择适用简易计税方法计税。

甲供工程,是指全部或部分设备、材料、动力由工程发包方自行采购的建筑工程。

(4) 一般纳税人为建筑工程老项目提供的建筑服务,可以选择适用简易计税方法计税。

建筑工程老项目,是指如下两种:

① 建筑工程施工许可证注明的合同开工日期在 2016 年 4 月 30 日前的建筑工程项目。

② 未取得建筑工程施工许可证的,建筑工程承包合同注明的开工日期在 2016 年 4 月 30 日前的建筑工程项目。

第四节 工程建设其他费用

工程建设其他费用,是指从工程筹建起到工程竣工验收交付使用止的整个建设期间,除建筑安装工程费用和设备及工器具购置费用以外的,为保证工程建设顺利完成和交付使用后能够正常发挥效用而发生的各项费用。

按其内容,大体分为三类:建设用地费、与工程建设有关的其他费用和与未来企业生产经营有关的其他费用。

一、建设用地费

建设用地费是指通过划拨方式取得土地使用权而支付的土地征用及迁移补偿费,或者通过土地使用权出让方式取得土地使用权而支付的土地使用权出让金。

1. 征地补偿费

土地征用及迁移补偿费，是指工程项目通过划拨方式取得无限期的土地使用权，依照《中华人民共和国土地管理法》等的规定所支付的费用。土地补偿费和安置补助费的总和不得超过土地被征收前三年平均年产值的 30 倍。具体含以下 6 项：

(1) 土地补偿费

征用耕地（包括菜地）的补偿标准，按政府规定，为该耕地被征用前三年平均产值的 6～10 倍，具体补偿标准由省、自治区、直辖市人民政府在此范围内制定。征用园地、鱼塘、藕塘、苇塘、宅基地、林地、牧场草原等的补偿标准，由省、自治区、直辖市人民政府参照征用耕地的土地补偿标准制定。征收无收益的土地，不予补偿。土地补偿费归农村集体经济组织所有。

(2) 青苗补偿费和地上附着物补偿费

青苗补偿费是指国家征用土地时，农作物正处在生长阶段而未能收获，国家应给予土地承包者或土地使用者的经济补偿或其他方式的补偿。在农村实行承包责任制后，农民自行承包土地的青苗补偿费应付给本人，属于集体种植的青苗补偿费可纳入当年集体收益。地上附着物补偿费指国家建设依法征用土地时由用地单位支付给被征地单位的对地上物损失的补偿数额。其具体标准由各省、自治区、直辖市规定。计算地上附着物补偿费，按照拆什么补偿什么，拆多少补偿多少，并且不低于原有水平为原则。各省、自治区、直辖市根据当地建筑材料、劳动力和运输等费用，按各类建筑物和构筑物的等级和结构进行测算，制定符合当地物价水平的地上附着物补偿标准。林木补偿费按树木的大小进行补偿，如已成材的，可以由原所有者砍伐，但不再支付林木补偿费而发给砍伐费。果树、经济林等则根据投入情况予以补偿。地上附着物及青苗补偿费归地上附着物及青苗的所有者所有。但是，在征地方案协商签订以后抢种的青苗、抢建的地上附着物，一律不予补偿。

(3) 安置补助费

安置补助费是指国家在征用土地时，为了安置以土地为主要生产资料并取得生活来源的农业人口的生活，所给予的补助费用。征用耕地、菜地的，其安置补助费按照需要安置的农业人口数计算。每一个需要安置的农业人口的安置补助标准，为该耕地被征用前三年平均年产值的 4～6 倍。但是，每公顷被征用耕地的安置补助费最高不得超过耕地被征用前三年平均年产值的 15 倍。土地补偿费和安置补助费，尚不能使需要安置的农民保持原有生活水平的，经省、自治区、直辖市人民政府批准，可以增加安置补助费。但是，土地补偿费和安置补助费的总和不得超过土地被征收前三年平均年产值的 30 倍。

(4) 新菜地开发建设基金

新菜地开发基金是指国家为保证城市人民生活需要，向被批准使用城市郊区的用地单位征收的一种建设基金。它是在征地单位向原土地所有者缴纳的征地补偿费、安置补助费、地上建筑物和青苗补偿费等费用外，用地单位按规定向国家缴纳的一项特殊用地费用。新菜地开发，关系到我国城镇居民的日常生活食品的供应问题，有着重要的意义。因而新菜地开发基金的使用，应由城市人民政府责成农业和蔬菜生产主管部门，根据批准的资金使用计划，与有条件承担开发建设任务的单位或个人签订合同。新菜地开发基金，是城市人民政府用于开发建设新菜地的专项基金，任何单位和个人不得挪作他用。每亩 1 000～10 000 元，各省、区、市规定不同时从其规定。

（5）耕地占用税

耕地占用税是国家对占用耕地建房或者从事其他非农业建设的单位和个人,依据实际占用耕地面积,按照规定税额一次性征收的一种税。耕地占用税属行为税范畴。中国的不同地区之间人口和耕地资源的分布极不均衡,有些地区人口稠密,耕地资源相对匮乏,而有些地区则人烟稀少,耕地资源比较丰富。各地区之间的经济发展水平也有很大差异。考虑到不同地区之间客观条件的差别以及与此相关的税收调节力度和纳税人负担能力方面的差别,耕地占用税在税率设计上采用了地区差别定额税率。税率规定如下:

① 人均耕地不超过 1 亩的地区(以县级行政区域为单位,下同),每平方米为 10～50 元;

② 人均耕地超过 1 亩但不超过 2 亩的地区,每平方米为 8～40 元;

③ 人均耕地超过 2 亩但不超过 3 亩的地区,每平方米为 6～30 元;

④ 人均耕地 3 亩以上的地区,每平方米为 5～25 元。

经济特区、经济技术开发区、经济发达地区、人均耕地特别少的地区,适用税额可以适当提高,但提高幅度最多不得超过上述规定税额的 50%。

（6）土地管理费

土地管理费是中国土地管理部门从征地费中提取的用于征地事务性工作的专项费用。土地管理费由县、市人民政府统一负责组织征用,包干使用。县、市提取的土地管理费,按一定比例上交给上级土地管理部门,作为征地服务所必需的费用。土地管理费上缴的具体比例由省、自治区、直辖市人民政府确定。土地管理费专款专用,主要用于征地、拆迁、安置工作的办公、会议费,招聘人员的工资、差旅、福利费,业务培训、宣传教育、经验交流和其他必要的费用。县、市土地管理机关从征地费(土地补偿费、青苗费、地上附着物补偿费、安置补助费四项费用之和)中提取土地管理费的比率,要按征地工作量的大小,视不同情况,在 1%～4% 的幅度内提取。

2. 拆迁补偿费用

拆迁补偿费是指在城市规划区内国有土地上实施房屋拆迁,拆建单位依照规定标准向被拆迁房屋的所有权人或使用人支付的各种补偿金。包括下列内容:

（1）拆迁补偿

拆迁补偿的方式可以实行货币补偿,也可以实行房屋产权调换。

（2）搬迁、安置补助费

拆迁人应当对被拆迁人或房屋承租人支付搬迁补助费。对于在规定的搬迁期限届满前搬迁的,拆迁人可以付给提前搬家奖励费;在过渡期限内,被拆迁人或者房屋承租人自行安排住处的,拆迁人应当支付临时安置补助费;被拆迁人或者房屋承租人使用拆迁人提供的周转房的,拆迁人不支付临时安置补助费。

搬迁、安置补助费的标准由省、自治区、直辖市人民政府确定。

3. 土地使用权出让金、土地转让金

国有土地使用权出让金又叫国有土地使用权出让收入,简称土地出让收入或土地出让金,是政府以出让等方式配置国有土地使用权取得的全部土地价款,包括受让人支付的征地和拆迁补偿费用、土地前期开发费用和土地出让收益等。具体模式如下:

（1）国家是城市土地的唯一所有者,并分层次、有偿、有限期地出让、转让城市土地。

（2）城市土地的出让、转让可采用协议、招标、公开拍卖等方式。

（3）在有偿出让土地和转让土地时，政府对地价不做统一规定，但应坚持以下原则：地价对目前的投资环境不产生大的影响；地价与当地的社会经济承受能力相适应；地价要考虑已投入的土地开发费用、土地市场供求关系、土地用途和使用年限。

（4）关于政府有偿出让土地使用权的年限，各地可根据时间、区位等各种条件做不同的规定。根据《中华人民共和国城镇国有土地使用权出让和转让条例》，土地使用权出让最高年限根据用途按下列标准确定：居住用地 70 年；工业用地 50 年；教育、科技、文化、卫生、体育用地 50 年；商业、旅游、娱乐用地 40 年；综合或其他用地 50 年。

（5）土地有偿出让和转让，土地使用者和所有者要签约，明确使用者对土地享有的权利和对土地所有者应承担的义务。

二、与项目建设有关的其他费用

项目不同，与项目建设有关的其他费用的构成也不尽相同，一般包括以下几项。

（一）建设管理费

1. 组成

建设管理费是指建设单位从项目筹建开始至工程竣工验收合格或交付使用为止发生的项目建设管理费用，主要包括建设单位管理费、工程监理费、招标代理费、工程造价咨询费。

（1）建设单位管理费

建设单位管理费是指项目建设单位从项目筹建之日起至办理竣工财务决算之日止发生的管理性质的支出。包括不在原单位发工资的工作人员工资及相关费用、办公费、办公场地租用费、差旅交通费、劳动保护费、工具用具使用费、固定资产使用费、招募生产工人费、技术图书资料费（含软件）、业务招待费、施工现场津贴、竣工验收费和其他管理性质开支。不包括应计入设备、材料预算价格的建设单位采购及保管设备材料所需的费用。具体包括以下两类：

① 建设单位开办费：指新建项目为保证筹建和建设工作正常进行所需办公设备、生活家具、用具、交通工具等购置费用。

② 建设单位经费：包括工作人员的基本工资、工资性补贴、职工福利费、劳动保护费、劳动保险费、办公费、差旅交通费、工会经费、职工教育经费、固定资产使用费、工具用具使用费、技术图书资料费、生产人员招募费、工程招标费、合同契约公证费、工程质量监督检测费、工程咨询费、法律顾问费、审计费、业务招待费、排污费、竣工交付使用清理及竣工验收费、后评估费用等。不包括应计入设备、材料预算价格的建设单位采购及保管设备材料所需的费用。

（2）工程监理费

工程监理费是指依据国家有关机关规定和规程规范要求，工程建设单位（项目法人）委托工程监理机构对建设项目全过程实施监理所支付的费用。按照国家发展和改革委员会《关于进一步放开建设项目专业服务价格的通知》（发改价格〔2015〕299 号）的规定，此项费用实行市场调节价。

（3）工程造价咨询费

它是指建设单位委托具有相应资质的工程造价咨询企业代为进行工程建设项目的投资估算、设计概算、施工图预算、标底和招标控制价制定、工程结算等，或进行工程建设全过程造价控制与管理所发生的费用。

（4）招标代理费

它是指建设单位委托招标代理机构进行工程、设备材料和服务招标支付的服务费用。

（5）工程承包费

它是指具有总承包条件的工程公司，对工程建设项目从开始至竣工投产全过程的总承包所需的管理费用。具体内容包括组织勘查设计、设备材料采购、非标设备设计制造与销售、施工招标、发包、工程预（决）算、项目管理、施工质量监督、隐蔽工程检查、验收和试车直至竣工投产的各种管理费用。该费用按国家主管部门或省、自治区、直辖市协调规定的工程总承包费取费标准计算。如无规定，一般工业建设项目为投资估算的 6％～8％，民用建筑和市政项目为 4％～6％。不实行工程总承包的工程不计算该费用。

2. 计算

建设单位管理费按单项工程费用之和（包括设备工器具购置费和建筑安装工程费用）乘以建设单位管理费率计算。建设单位管理费率按照建设项目的不同性质、不同规模确定。有的建设项目按照建设工期和规定的金额计算建设单位管理费。

（二）可行性研究费

可行性研究费是指在工程项目投资决策阶段，依据调研报告对有关建设方案、技术方案或生成经营方案进行的技术经济论证，以及编制、评审可行性研究报告所需的费用。此项费用应依据前期研究委托合同列，按照国家发展和改革委员会《关于进一步放开建设项目专业服务价格的通知》（发改价格〔2015〕299 号）的规定，此项费用实行市场调节价。

（三）研究试验费

研究试验费是指为建设项目提供和验证设计参数、数据、资料等所进行的必要的试验费用及设计规定在施工中必须进行试验、验证所需的费用。包括自行或委托其他部门研究试验所需人工费、材料费、试验设备及仪器使用费等。这项费用按照设计单位根据本工程项目的需要提出的研究试验内容和要求计算。

（四）勘查设计费

勘查设计费是指对工程项目进行工程水文、地质勘查，工程设计所发生的费用。按照国家发展和改革委员会《关于进一步放开建设项目专业服务价格的通知》（发改价格〔2015〕299 号）的规定，此项费用实行市场调节价。

（五）专项评价及验收费用

专项评价及验收费用包括环境影响评价费、安全预评价及验收费、职业病危害预评价及控制效果评价费、地震安全性评价费、地质灾害危险性评级费、水土保持评价及验收费、压覆矿产资源评价费、节能评估及评审费、危险与可操作性分析及安全完整性评价费以及其他专项评价及验收费。环境影响评价费按照国家发展和改革委员会《关于进一步放开建设项目专业服务价格的通知》（发改价格〔2015〕299 号）的规定，此项费用实行市场调节价。其他各项费用一般也实行市场调节价。

（六）场地准备及临时设施费

1. 组成

（1）场地准备费

场地准备费是指建设项目为使工程项目的建设场地达到工程开工条件所发生的场地平

整和对建设场地余留的有碍于施工建设的设施进行拆除清理等的费用。

（2）建设单位临时设施费

建设单位临时设施费是指建设单位为满足工程建设、生活、办公的需要，用于临时设施建设、维修、租赁、使用或摊销的费用。

2. 计算

场地准备及临时设施应尽量与永久性工程统一考虑。建设场地的大型土石方工程应进入工程费用中的总图运输费用中。新建项目的场地准备和临时设施费应根据实际工程量估算，或按工程费用的比例计算。改扩建项目一般只计拆除清理费。发生拆除清理费时可按新建同类工程造价或主材费、设备费的比例计算。凡可回收材料的拆除工程采用以料抵工方式冲抵拆除清理费。此项费用不包括已列入建筑安装工程费用中的施工单位临时设施费用。计算公式为：

$$场地准备和临时设施费＝工程费用×费率＋拆除清理费$$

（七）引进技术和进口设备其他费用

引进技术及进口设备其他费用是指引进技术和设备发生的但未计入设备购置费中的费用。主要包括下列费用：

（1）引进项目图纸资料翻译复制费：根据引进项目的具体情况计列或按引进货价（FOB）的比例估列；引进项目发生备品备件测绘费时按具体情况估列。

（2）出国人员费用：依据合同规定的出国人次、期限以及相应的费用标准计算。生活费按照财政部、外交部规定的现行标准计算，旅费按中国民航公布的票价计算。

（3）来华人员费用：依据引进合同或协议有关条款及来华技术人员派遣计划进行计算。来华人员接待费用可按每人次费用指标计算。引进合同价款中已包括的费用内容不得重复计算。

（4）银行担保及承诺费：应按担保或承诺协议计取。投资估算和概算编制时可以担保金额或承诺金额为基数乘以费率计算。

（八）工程保险费

工程保险费是指建设项目在建设期间根据需要实施工程投保所需的费用。包括以各种建筑工程及其在施工过程中的物料、机器设备为保险标的的建筑工程一切险，以安装工程中的各种机器、机械设备为保险标的的安装工程一切险，以及机器损坏保险和人身意外伤害险等。

根据不同的工程类别，分别以其建筑、安装工程费乘以建筑、安装工程保险费率计算。民用建筑（住宅楼、综合性大楼）占建筑工程费的千分之二到千分之四；其他建筑（工业厂房、仓库、道路、码头、水坝、隧道、桥梁、管道等）占建筑工程费的千分之三到千分之六；安装工程（农业、工业、机械、电子、电器、纺织、矿山、石油、化学及钢铁工业、钢结构桥梁）占建筑工程费的千分之三到千分之六。

（九）特殊设备安全监督检验费

特殊设备安全监督检验费是指在施工现场组装的锅炉及压力容器、压力管道、消防设备、燃气设备、电梯等特殊设备和设施，由安全监察部门按照有关安全监察条例和实施细则以及设计技术要求进行安全检验，应由建设工程项目支付的，向安全监察部门缴纳的费用。特殊设备安全监督检验费按照建设工程项目所在省（区、市）安全监察部门的规定标准计算。无具体规定的,在编制投资估算和概算时可按受检设备现场安装费的比例估算。

(十)市政公用设施费

市政公用设施费是指使用市政公用设施的工程项目,按照项目所在地省级人民政府有关规定建设或缴纳的市政公用设施建设配套费用,以及绿化工程补偿费用。此项费用按工程所在地人民政府规定标准计列。

三、与未来企业生产经营有关的其他费用

(一)联合试运转费

联合试运转费是指新建或新增加生产能力的工程项目,在交付生产前按照设计文件规定的工程质量标准和技术要求,对整个生产线或装置进行负荷联合试运转所发生的费用净支出(试运转支出大于收入的差额部分费用)。试运转支出包括试运转所需原材料、燃料及动力消耗、低值易耗品、其他物料消耗、工具用具使用费、机械使用费、保险金、施工单位参加试运转人员工资以及专家指导费等;试运转收入包括试运转期间的产品销售收入和其他收入。联合试运转费不包括应由设备安装工程费用开支的调试及试车费用,以及在试运转中暴露出来的因施工原因或设备缺陷等而发生的处理费用。

(二)专利及专有技术使用费

1. 专利及专有技术使用费的主要内容

(1) 国外设计及技术资料费,引进有效专利、专有技术使用费和技术保密费。

(2) 国内有效专利、专有技术使用费。

(3) 商标权、商誉和特许经营权费等。

2. 专利及专有技术使用费的计算

在专利及专有技术使用费计算时应注意以下问题:

(1) 按专利使用许可协议和专有技术使用合同的规定计列。

(2) 专有技术界定应以省、部级鉴定批准为依据。

(3) 项目投资中只计算需在建设期支付的专利及专有技术使用费。协议或合同规定在生产期支付的使用费应在生产成本中核算。

(4) 一次性支付的商标权、商誉及特许经营权费按协议或合同规定计列。协议或合同规定在生产期支付的商标权或特许经营权费应在生产成本中核算。

(5) 为项目配套的专有设施投资,包括专有铁路线、专用公路、专用通信设施、送变电站、地下管道、专用码头等,如由项目建设单位负责投资但产权不归属本单位,应做无形资产处理。

(三)生产准备及开办费

1. 生产准备及开办费的内容

它指在建设期内,建设单位为保证项目正常生产而发生的人员培训费、提前进厂费、投产使用必备的办公和生活家具用具及工器具等购置费用。具体包括以下几项:

(1) 人员培训费及提前进厂费。包括自行组织培训或委托其他单位培训的人员工资、工资性补贴、职工福利费、差旅交通费、劳动保护费、学习资料费等。

(2) 为保证初期正常生产(或营业、使用)所必需的生产办公、生活家具用具购置费。

(3) 为保证初期正常生产(或营业、使用)所必需的第一套不够固定资产标准的生产工

具、器具、用具购置费。不包括备品备件费。

2. 生产准备及开办费的计算

(1) 新建项目按设计定员为基数计算,改扩建项目按新增设计定员为基数计算:

$$生产准备费=设计定员×生产准备费指标(元/人)$$

(2) 可采用综合的生产准备费指标进行计算,也可以按费用内容的分类指标计算。

第五节 预备费、建设期贷款利息、固定资产投资方向调节税

一、预备费

预备费是指在编制投资估算或设计概算时,考虑到投资决策阶段或设计阶段与工程实施阶段相比较,可能发生设计变更、工程量增减、价格变化、工程风险等诸因素,而对原有投资的预测预留费用。按我国现行规定,预备费包括基本预备费和价差预备费。

(一) 基本预备费

基本预备费是指在初步设计及概预算内难以预料的工程费用。包括以下几项:

(1) 在批准的初步设计范围内,技术设计、施工图设计及施工过程中所增加的费用;设计变更、局部地基处理等增加的费用。

(2) 一般自然灾害造成的损失,和预防自然灾害所采取的措施费用。实行工程保险的工程项目费用应适当降低。

(3) 竣工验收时为鉴定工程质量对隐蔽工程进行必要的挖掘和修复费用。

基本预备费是按设备及工器具购置费、建筑安装工程费用和工程建设其他费用三者之和为计取基础,乘以基本预备费费率进行计算的。

基本预备费费率编制投资估算时的参考费率为10%~15%;编制设计概算时的参考费率为7%~10%。

(二) 价差预备费

价差预备费是指建设项目在建设期间内由于价格变化等而引起工程造价变化的预测预留费用。

费用内容包括:人工、设备、材料、施工机械的价差费,建筑安装工程费及工程建设其他费用调整,利率、汇率调整等增加的费用。

价差预备费的测算方法:一般根据国家规定的投资综合价格指数,按估算年份价格水平的投资为基数,采用复利方法计算。

计算公式为:

$$PF = \sum_{t=1}^{n} I_t \left[(1+f)^m (1+f)^{0.5} (1+f)^{t-1} - 1 \right]$$

式中 PF——价差预备费;

n——建设期年份;

I_t——建设期第 t 年的投资额,包括设备及工器具购置费、建筑安装工程费、工程建设其他费用及基本预备费,即第 t 年的静态投资计划额;

f——年平均投资价格上涨率;

m——建设前期年限(从编制估算到开工建设);

$(1+f)^{0.5}$——建设期第 t 年当年投资分期均匀投入考虑涨价的幅度,对于建设周期较短的项目计算公式可以简化处理。

[例3-3] 某建设项目建筑安装工程费5 000万元,设备购置费3 000万元,工程建设其他费2 000万元,已知基本预备费费率5%,项目建设前期年限为1年,建设期3年,各年投资计划额为第一年完成投资的20%,第二年60%,第三年20%。年均投资价格上涨率为6%。求建设项目建设期价差预备费。

解　　基本预备费=(5 000+3 000+2 000)×5%=500(万元)

静态投资=5 000+3 000+2 000+500=10 500(万元)

建设期第一年完成的投资=105 000×20%=2 100(万元)

第一年价差预备费为:

$$PF_1=I_1[(1+f)(1+f)^{0.5}(1+f)^0-1]=191.8(万元)$$

建设期第二年完成的投资=105 000×60%=6 300(万元)

第二年价差预备费为:

$$PF_2=I_2[(1+f)(1+f)^{0.5}(1+f)^{2-1}-1]=987.9(万元)$$

同理,计算第三年价差预备费为475.1万元。

所以,建设期的涨价预备费为:

$$PF=191.8+987.9+475.1=1 654.8(万元)$$

二、建设期贷款利息

建设期贷款利息包括向国内银行和其他非银行机构贷款、出口信贷、外国政府贷款、国际商业银行贷款以及在境内外发行的债券等在建设期间内应偿还的借款利息。

当总贷款是分年均衡发放时,建设期利息的计算可按当年借款在年中支用考虑,即当年贷款按半年计息,上年贷款按全年计息。计算公式为:

$$q_j=\left(P_{j-1}+\frac{1}{2}A_j\right)\cdot i$$

式中　q_j——建设期第 j 年应计利息;

P_{j-1}——建设期第 $j-1$ 年年末贷款累计金额与利息累计金额之和;

A_j——建设期第 j 年贷款金额;

i——年利率。

国外贷款利息的计算中,还包括国外贷款银行根据贷款协议向贷款方以年利率的方式收取的手续费、管理费、承诺费,以及国内代理机构经国家主管部门批准的以年利率的方式向贷款单位收取的转贷费、担保费、管理费等。

三、固定资产投资方向调节税

为了贯彻国家产业政策,控制投资规模,引导投资方向,调整投资结构,加强重点建设,促进国民经济持续、稳定、协调发展,对在我国境内进行固定资产投资的单位和个人征收固定资产投资方向调节税。投资方向调节税实行差别税率。

为贯彻国家宏观调控政策,扩大内需,鼓励投资,根据国务院的决定,对《中华人民共和国固定资产投资方向调节税暂行条例》规定的纳税义务人,自2000年1月1日起新发生的投资额暂停征收固定资产投资方向调节税,但该税种并未取消。

复习与思考题

1. 建设项目总投资、固定资产投资及工程造价的区别是什么？它们之间的相互关系是什么？

2. 设备及工器具购置费用的构成内容有哪些？分别如何计算？

3. 建筑安装工程费用构成内容有哪些？分别如何计算？

4. 工程建设其他费包括的内容有哪些？分别如何计算？

5. 预备费的构成内容有哪些？分别如何计算？

6. 建设期贷款利息如何计算？

7. 从某国进口质量为1 000 t的设备，装运港船上交货价为400万美元，国际运费标准为300美元/t，运输保险费费率为0.3%。求该设备的到岸价。

8. 某热电厂建设项目设备及工器具购置费为3 000万元，建筑安装工程费为2 000万元，工程建设其他费按设备及工器具购置费和建筑安装工程费两者之和的20%计算。基本预备费费率为10%。建设期共三年，第一年投入30%，第二年投入50%。预计建设期物价平均上涨率为8%，不计取固定资产投资方向调节税。本项目贷款总额为4 000万元，贷款年利率为6%，建设期内每年的贷款比例和每年的投资比例相同，其余为建设单位自有资金。

(1) 本项目的基本预备费是多少？

(2) 本项目的建设期贷款利息是多少？

第四章　工程造价的定额计价方法

　　主要内容:简述建设工程定额的产生与发展过程,定额的作用、分类和定额的特点,重点讲述定额计价的基本原理和方法,建筑安装工程定额人工、材料和机械台班数量及单价的确定方法,施工定额和预算定额的编制,并对概算定额和概算指标的编制及投资估算指标的概念做了简单论述。

　　基本要求:

　　(1)熟悉定额的定义、分类及特点。

　　(2)掌握定额计价的基本方法。

　　(3)掌握施工定额、预算定额的编制原则,各消耗量(人、材、机)及单价的确定方法。

　　(4)了解概算定额、概算指标及估算指标的基本概念。

第一节　建设工程定额概论

一、定额的概念

　　所谓"定"就是规定,"额"就是额定或限度。从广义理解,定额就是规定的额度或限度,是处理特定事物的数量界限。

　　在社会生产中,为了生产某一合格产品,都要消耗一定数量的人工、材料、机械设备台班和资金。这种消耗的数量由于受到各种生产条件的影响而各不相同。消耗越大,产品成本越高,因而当价格一定时,企业的盈利就会越少,对社会的贡献也会越少。因此降低产品生产过程中的消耗,有着十分重要的意义。但是,这种消耗不可能无限制地降低,在一定的生产条件下,必有一个合理的数量,为此规定出完成某一单位合格产品的合理消耗标准,这就是生产性定额。

　　建设工程定额是专门为建设生产而制定的一种定额,是生产建设产品消耗资源的限额规定。具体而言,建设工程定额就是在正常施工条件下,在合理的劳动组织、合理使用材料和机械的条件下,完成建设工程单位合格产品所必需消耗的人工、材料、机械和资金的数量标准。所谓正常施工条件,是指生产过程按生产工艺和施工验收规范操作,施工条件完善,劳动组织合理,机械运转正常,材料储备合理。

　　定额水平是规定单位合格产品所需各种资源消耗的数量水平,它是一定时期社会生产力水平的反映,代表一定时期的施工机械化和构件工厂化程度,以及工艺、材料等建筑技术发展的水平,一定时期的定额水平应是在相同的生产条件下,大多数人员经过努力可以达到而且可能超过的水平。定额水平并不是一成不变的,而是随着社会生产力水平的提高而提高,但是定额水平在一定时期内是相对稳定的。

二、定额的产生及发展

　　定额和企业管理成为科学是从泰勒制开始的,它的创始人是美国人泰勒(F. W. Taylor,

1856～1915)。当时,美国资本主义发展正处于上升时期,但是受制于传统的、凭经验管理的方法,工人的劳动生产率很低,生产能力得不到充分的发挥。在这一时代背景下,泰勒适应了客观要求,开始了企业管理的研究:他突破了当时传统管理方法的羁绊,通过大量的科学实验,对工人工作时间的合理利用进行了细致研究,制定出一系列的工时定额;在研究了最原始、最简单的操作动作后,他又提出了实现定额的标准操作方法并对工人进行训练,要求工人取消不必要的操作程序,用工时定额评价工人工作的好坏,提倡实行有差别的计件工资制度;为了使工人能达到定额要求,提高工作效率,他还给出了使工具、设备、材料和作业环境规格化和制度化的标准化原理。19 世纪 90 年代末,泰勒当时受雇于宾夕法尼亚的伯利恒钢铁公司从事顾问工作。当时,企业家往往采用低工资、延长劳动时间、提高劳动强度等手段来剥削工人,追求利润。工人如果提高了效率,增加了工资收入,管理人员就单方面降低工资率,由此劳资双方之间的对立加深,发生了有组织的怠工。泰勒发现,由于怠工,工人的实际劳动生产率只有他们可发挥的劳动生产率的三分之一左右。而因循守旧、放任自流的管理是造成有组织怠工的原因。泰勒认为,通过科学的管理,可以提高劳动生产率,管理者应科学研究工人的工作,以科学的操作方法代替过去单凭经验的老方法。因此泰勒进行了有名的搬运生铁块实验:由该公司 75 名工人负责把 92 磅重的生铁块搬运 30 m 的距离装到铁路货车上,他们每人每天平均搬运 12.5 t,日工资 1.15 美元。泰勒找了一名工人进行试验,试验各种搬运姿势、行走的速度、持握的位置对搬运量的影响,以及多长的休息时间为好。经过分析确定了装运生铁块的最佳方法和 57% 的时间用于休息,使每个工人的日搬运量达到 47～48 t,大大提高了工作效率,工人的工资收入也有了提高,日工资达到了 1.85 美元。泰勒制的核心包括两个方面,第一,科学的工时定额;第二,工时定额与有差别的计件工资相结合。

但是泰勒的研究基于的是“经济人”的人性假说,完全没有考虑人作为价值的创造者的主观能动性和创造性,且研究的范围较小、内容狭窄,具有很大的局限性。继泰勒的科学管理之后,西方管理理论又有了许多新发展。20 世纪 20 年代出现的行为科学,将社会学和心理学引入企业管理的研究领域,从社会学和心理学的角度对工人在生产中的行为及这些行为产生的原因进行分析研究,强调重视社会环境、人际关系对人的行为的影响。行为科学弥补了以泰勒为代表人物的科学管理在人性假设上的不足,但它并不能取代科学管理,不能取消定额。

定额符合社会化大生产对效率的追求。就工时定额而言,它不仅是一种强制力量,也是一种引导和激励的力量。而且定额所包含的信息,对于计划、组织、指挥、协调、控制等管理活动,以至决策都是不可或缺的。同时,一些新的技术方法在制定定额中得到应用,制定定额的范围大大突破了工时定额的内容。

综上所述,定额与科学管理是不可分的,定额伴随着管理科学的产生而产生,伴随着管理科学的发展而发展;定额是科学管理的基础,科学管理的发展又极大地促进了定额的发展。

三、定额的作用

定额的基本作用是组织生产、决定分配。

定额是管理科学的基础,是现代管理科学中的重要内容和基本环节。定额既不是计划经济的产物,也不是与市场经济相悖的体制改革对象。

定额与市场经济的共融性是与生俱来的。在市场经济中,每一个商品生产者和商品经营者都被推向市场,在竞争中求生存、求发展。他们要努力提高自己的竞争力,必然要利用定额手段加强管理,提高工作效率,降低生产和经营成本,提高市场竞争能力。

定额的作用体现在以下几个方面:

1. 在工程建设中,定额具有节约社会劳动和提高劳动生产率的作用

节约劳动消耗,提高劳动生产率,是社会发展的普遍要求和基本条件。定额建立了评价劳动成果的标准尺度,使工人明确了自己在工作中应该达到的具体目标,从而增强责任感和自我完善的意识,自觉地节约社会劳动消耗,努力提高劳动生产率。

2. 定额是组织和协调社会化大生产的工具

任何一件产品都是许多企业、许多劳动者共同完成的社会产品,必须借助定额实现生产要素的合理配置;以定额作为组织、指挥协调社会化大生产的科学依据和有效手段,可以保证社会生产顺利发展。

3. 定额是宏观调控的依据

定额可为预测、计划、调节和控制经济发展提供有技术根据的参数和可靠的计量标准。

4. 定额在实现分配、兼顾效率与社会公平方面有巨大的作用

定额可作为评价劳动成果的尺度,也可作为个人消费分配的依据。充分发挥定额的作用,是实现按劳分配的前提条件。

四、工程建设定额的分类

1. 按定额反映的物质消耗内容分

(1)劳动消耗定额

劳动消耗定额简称劳动定额(也称人工定额),是指完成一定的合格产品(工程实体或劳务)规定的活劳动消耗的数量标准。为了便于综合和核算,劳动定额大多采用工作时间消耗量来计算劳动消耗的数量。所以劳动定额主要表现形式是时间定额,但同时也表现为产量定额。时间定额与产量定额互为倒数。

(2)机械消耗定额

我国机械消耗定额是以一台机械一个工作班为计量单位的,所以又称为机械台班定额。机械消耗定额是指为完成一定合格产品(工程实体或劳务)所规定的施工机械消耗的数量标准。机械消耗定额主要表现形式是机械时间定额,但同时也以产量定额表现。

(3)材料消耗定额

材料消耗定额简称材料定额,是指完成一定合格产品所需消耗材料的数量标准。材料是工程建设中使用的原材料、半成品、构配件、燃料以及水电等动力资源的统称。材料作为劳动对象构成工程的实体,需用数量很大,种类很多。所以材料消耗量多少、消耗是否合理,不仅关系到资源的有效利用,影响市场供求状况,而且对建设工程的项目投资、建筑产品的成本控制都起着决定性的影响。

材料消耗定额在很大程度上可以影响材料的合理调配和使用。在产品生产和材料质量一定的情况下,材料的供应计划和需求都会受到材料定额的影响。重视和加强材料定额管理,制定合理的材料消耗定额,是组织材料的正常供应,保证生产顺利进行,以及合理利用资源,减少积压、浪费的必要前提。

2. 按定额的编制程序和用途分

（1）施工定额

施工定额是完成一定计量单位的某一施工过程或基本工序所需的人工、材料和机械台班数量标准。施工定额是施工企业（建筑安装企业）为组织生产和加强管理在企业内部使用的一种定额，属于企业定额的性质。施工定额是以某一施工过程或基本工序作为研究对象，表示生产产品数量与生产要素消耗综合关系而编制的定额。为了适应组织生产和管理的需要，施工定额的项目划分很细，是工程建设定额中分项最细、定额子目最多的一种定额，也是工程建设定额中的基础性定额。

施工定额本身由劳动定额、机械定额和材料定额三个相对独立的部分组成，主要直接用于工程的施工管理，作为编制工程施工设计、施工预算、施工作业计划、签发施工任务单、限额领料卡及结算计件工资或计量奖励工资等。它同时也是编制预算定额的基础。

（2）预算定额

预算定额是以建筑物或构筑物各个分部分项工程为对象编制的定额，规定在正常施工条件下，完成一定计量单位合格分项工程和结构构件所消耗的人工、材料、施工机械台班数量及其费用标准。预算定额是一种计价定额，是编制施工图预算的基本依据。从编制程序上看，预算定额是以施工定额为基础综合扩大编制的，同时也是编制概算定额的基础。

（3）概算定额

概算定额是以扩大的分部分项工程为对象编制的，规定完成单位合格扩大分项工程或扩大结构构件所需要消耗人工、材料、施工机械台班数量及其费用标准。概算定额也是一种计价性定额，是编制设计概算的基本依据。概算定额项目划分得粗细，与扩大初步设计的深度相适应，一般在预算定额的基础上综合扩大而成，每一综合分项概算定额都包含了数项预算定额。

（4）概算指标

概算指标是概算定额的扩大与合并，它是以单位工程为对象，反映完成一个规定计量建筑安装产品的经济消耗量指标，包括劳动、机械台班、材料定额三部分，同时也列有各结构分部的工程量及单位工程的造价，是一种计价定额。概算指标是概算定额的扩大与合并，以更为扩大的计量单位来编制的。

（5）投资估算指标

它是项目建议书和可行性研究阶段编制投资估算、计算投资需要量时使用的一种定额。它非常概略，往往以独立的建设项目、单项工程或单位工程为计算对象，反映建设总投资及其各项费用构成的经济指标。它的概略程度与可行性研究阶段相适应。投资估算指标是确定和控制建设项目全过程各项投资支出的技术经济指标，其范围涉及建设前期、建设实施期和竣工验收交付使用期等各个阶段的费用支出，内容因行业不同而各异，一般可分为建设项目综合指标、单项工程指标和单位工程指标3个层次。建设项目综合指标一般以项目综合生产能力的单位投资表示。单项工程指标一般以单项工程生产能力的单位投资表示。单位工程指标按专业性质的不同采用不同的方法表示。

3. 按照专业划分

工程建设涉及众多的专业，不同的专业所含的内容也不同，建筑工程定额按专业对象分为建筑及装饰工程定额、房屋修缮工程定额、市政工程定额、铁路工程定额、公路工程定额、矿山井巷工程定额等。安装工程定额按专业分为机械设备安装工程定额,电气设备安装工程定额,热力设备安装工程定额,炉窑砌筑工程定额,静置设备与工艺金属结构制作安装工程定额,工业管道工程定额,消防及安全防范设备安装工程定额,给排水、采暖、燃气工程定额,通风空调工程定额,自动化控制仪表安装工程定额,刷油、防腐蚀、绝热工程定额,建筑智能化系统设备安装工程定额等。

4. 按主编单位和管理权限分

(1)全国统一定额:由国家建设行政主管部门综合全国工程建设中的技术和施工组织管理情况编制,并在全国范围内执行的定额。

(2)行业统一定额:考虑到各行业部门专业工程技术特点,以及施工生产和管理水平编制的。一般只在本行业和相同专业性质范围内使用。

(3)地区统一定额:包括省、自治区、直辖市定额,主要是考虑地区性特点和全国统一定额水平做适当调整和补充编制的。

(4)企业定额:是由施工企业考虑本企业的具体情况,参照国家、部门或地区定额的水平编制的。企业定额在企业内部使用,是企业素质的一个标志。企业定额水平一般应高于国家现行定额,这样才能满足生产技术发展、企业管理和市场竞争的需要。在工程量清单方式下,企业定额正发挥着越来越大的作用。

(5)补充定额:是指随着设计、施工技术的发展,现行定额不能满足需要的情况下,为了补充缺陷所编制的定额。补充定额只能在指定的范围内使用,可以作为以后修订定额的基础。

五、工程建设定额特点

1. 科学性

工程建设定额的科学性包括两重含义:一重含义是指工程建设定额和生产力发展水平相适应,反映出工程建设中生产消费的客观规律;另一重含义是指工程建设定额管理在理论、方法和手段上适应现代科学技术和信息社会发展的需要。工程建设定额科学性具体表现在以下三方面:

(1)用科学的态度制定定额,尊重客观规律和实际,力求定额水平合理。

(2)在技术方法上,制定定额要利用科学管理的成就,形成一套系统的、完整的、在实践中行之有效的方法。

(3)定额制定和贯彻的一体化。制定定额是为了提供贯彻的依据,贯彻是为了实现管理的目标,也是对定额信息的反馈。

2. 系统性

工程建设定额是相对独立的系统,它是由多种定额结合而成的有机整体。它的结构复杂、层次鲜明、目标明确。

工程建设定额系统性是由工程建设的特点决定的。按照系统论的观点,工程建设是庞大的系统。工程建设定额是为这个实体系统服务的。因而工程建设本身的多种类、多层次决定了以它为服务对象的工程建设定额的多种类、多层次。从整个国民经济来看,进行固定资产和再生产的工程建设,是一个有多项工程集合体的整体,其中包括农林、水利、轻纺、机械、煤炭、电力、石油、冶金、化工、建材工业、交通运输、邮电工程,以及商业物资、科学教育文化、卫生体育、社会福利和住宅工程等。这些工程的建设又有严格的项目划分,如建设项目、单项工程、单位工程、分部分项工程；在计划和实施过程中有严密的逻辑阶段，如规划、可行性研究、设计、施工、竣工交付使用，以及投入使用后的维修。与此相适应必然形成工程建设定额的多种类、多层次。

3. 统一性

工程建设定额的统一性，主要是由国家对经济发展的有计划的宏观调控职能决定的。为了使国民经济按照既定的目标发展，需要借助某些标准、定额、参数等对工程建设进行规划、组织、调节、控制。

工程建设定额的统一性按照其影响力和执行范围来看，有全国统一定额、地区统一定额和行业统一定额等；按照定额的制定、颁布和贯彻使用来看，有统一的程序、统一的原则、统一的要求和统一的用途。

4. 指导性

随着我国建设市场的不断成熟和规范，工程建设定额尤其是统一定额原具有的法令性特点逐渐弱化，转而成为对整个建设市场和具体建设产品交易的指导作用。

工程建设定额的指导性的客观基础是定额的科学性。只有科学的定额才能正确地指导客观的交易行为。工程建设定额的指导性体现在两个方面：一方面，工程建设定额作为国家、各地区和行业颁布的指导性依据，可以规范建设市场的交易行为，在具体的建设产品定价过程中也可以起到相应的参考作用，同时统一定额还可以作为政府投资项目定价以及造价控制的重要依据；另一方面，在现行的工程量清单计价方式下，体现交易双方自主定价的特点，承包商报价的主要依据是企业定额，但企业定额的编制和完善仍然离不开统一定额的指导。

5. 稳定性和时效性

工程建设定额中任何一种都是一定时期技术发展和管理水平的反映，因而在一段时间内都表现出稳定的状态。稳定的时间有长有短，一般在 5～10 年之间。保持定额的稳定性是维持定额的权威性所必需的，更是有效贯彻定额所必需的。如果某种定额处于经常修改变动之中，那么必然造成执行中的困难和混乱，使人们感到没有必要去认真地对待它，很容易导致权威性的丧失。工程建设定额的不稳定也会给定额的编制工作带来很大的困难。但是工程建设定额的稳定是相对的。当生产力向前发展时，定额就会与生产力不相适应。这样，它原有的作用就会逐步减弱以至消失，需要重新制定或修订。

第二节 工程建设定额计价的基本方法

我国在很长一段时间内采用单一的定额计价模式形成工程价格，即按照预算定额规定的分部分项子目，逐项计算工程量，套用预算定额单价（或单位估价表）确定直接工程费，然后按照规定的取费标准确定措施费、间接费、利润和税金，加上材料调差系数和适当的不可预见费，经汇总后即为工程预算或标底，而标底则作为评标定标的主要依据。

以定额单价法确定工程造价，是我国采用的一种与计划经济性适应的工程造价管理制度。定额计价实际是国家通过颁布统一的计价定额或指标，对建筑产品价格进行有计划的管理。国家以假定的建筑安装产品为对象，制定统一的预算和概算定额。计算出每一个单元子项的费用后，再综合形成整个工程的价格。

一、工程定额计价的基本程序

工程造价计价的主要思路就是将建设项目细分至最基本的构造单元，确定适当的计量单位及当时当地的单价，采用一定的计价方法，进行分部组合汇总，计算出相应的工程造价。采用工程定额计价编制建设工程的造价最基本的过程有两个：工程量计算和工程计价，即按照概预算规定的分部分项子目，逐项计算工程量，套用概预算定额单价（或单位估价表）确定直接工程费，然后按规定的取费标准确定措施费、间接费、利润和税金，经汇总形成工程造价。这里的建筑安装工程直接工程费是指在工程施工过程中耗费的构成工程实体的各种费用，包括人工费、材料费和施工机械费；措施费是指为完成建设工程施工，发生于该工程施工前和施工过程中的技术、生活、安全、环境保护等方面的费用；间接费指虽不直接由施工的工艺过程所引起，但却与工程的总体条件有关，建筑安装企业为组织施工和进行管理，以及间接为建筑安装生产服务的各项费用，由规费和企业管理费组成。

为统一口径，工程量计算均按照统一的项目划分和工程量计算规则计算。工程量确定后，就可以按照统一的方法确定出工程的成本及盈利，最终确定出工程造价。定额计价方法的特点就是量与价的结合。概预算的单位价格的形成过程，就是依据概预算定额所确定的消耗量乘以定额单价或市场价，经过不同层次的计算达到量与价的最优结合过程。

可以用统一的公式进一步表明确定建筑产品价格的基本方法和程序。

(1) 基本构造要素（假定建筑产品）的直接工程费单价：

$$假定建筑产品的直接工程费单价＝人工费＋材料费＋施工机械使用费$$

式中

$$人工费 = \sum（人工工日数量 \times 人工日工资标准）$$

$$材料费 = \sum（材料用量 \times 材料预算单价）$$

$$机械使用费 = \sum（机械台班用量 \times 台班单价）$$

(2) 单位工程直接费 $= \sum$（假定建筑产品的工程量 $\times$ 直接工程费单价）＋措施费。

(3) 单位工程概预算造价 $=$ 单位工程直接费＋间接费＋利润＋税金。

(4) 单项工程概预算造价 $= \sum$ 单位工程概预算造价＋设备工器具购置费。

(5) 建设项目全部工程概预算造价 $= \sum$ 单项工程的概预算造价＋预备费＋有关的其他费用。

二、工程定额计价方法的性质

在不同的经济发展时期，建筑产品有不同的价格形式、不同的定价主体、不同的价格形成机制，而一定的建筑产品价格形式产生、存在于一定的工程建设管理体制和一定的建筑产品交换方式之中。我国建筑产品价格市场化经历了"国家定价—国家指导价—国家调控价"三个阶段。定额计价是以概预算定额、各种费用定额为基础依据，按照规定的计算程序确定工程造价的特殊计价方法。因此，利用工程建设定额计算工程造价就价格形成而言，介于国家定价和国家指导价之间。

1. 国家定价阶段

在我国传统经济体制下，工程建设任务是由国家主管部门按计划分配的，建筑业不是一个独立的物质生成部门,建设单位、施工单位的财务收支实行统收统支,建筑产品价格仅仅是一个经济核算的工具,而不是工程价值的货币反映。实际上,这一时期的建筑产品并不具有商品性质,所谓的"建筑产品价格"也是不存在的。在这种工程管理体制下,建筑产品价格实际上是在建设过程的各个阶段利用国家或地区所颁布的各种定额进行投资费用的预估和计算,也可以说是概预算加签证的形式。

这种价格分为设计概算、施工图预算、工程费用签证和竣工结算,属于国家定价的价格形式,国家是这一价格形式的决策主体。建筑产品价格形成过程中建设单位、设计单位、施工单位都按照国家有关部门规定的定额标准、材料价格和取费标准,计算、确定工程价格,工程价格水平由国家规定。

2. 国家指导价阶段

改革开放以来,传统的建筑产品价格形式已经逐步为新的建筑产品价格形式所取代。这一阶段是国家指导定价,出现了预算包干价格形式和工程招标投标价格形式。预算包干价格形式与概预算加签证形式相比,两者都属于国家计划价格形式,企业只能按照国家有关规定计算,执行工程价格。包干额是按照国家有关部门规定的包干系数、包干标准及计算方法确定的。但是,由于预算包干价格对施工过程中费用变动采取了一次包死的形式,对提高工程价格管理水平有一定的作用。工程招标投标价格是在建筑产品的招投标交易过程中形成工程价格,表现为标底价、投标报价、中标价、合同价、结算价格等形式。这一阶段的工程投标价格属于国家指导性价格,是在最高限价范围内,国家指导下的竞争性价格。在这种价格形成过程中,国家和企业是价格的双重决策主体。其价格形成的特点如下:

(1)计划控制性。作为评标基础的标底价格要按照国家工程造价管理部门规定的定额和有关取费标准制定,标底价格的最高数额受到国家批准的工程概算控制。

(2)国家指导性。国家工程招标管理部门对标底的价格进行审查,管理部门组成的监督小组直接监督,指导大中型工程招标、投标、评标和决标过程。

(3)竞争性。投标单位可以根据本企业条件和经营状况确定投标报价,并以价格作为竞争承包工程的手段。招标单位可以在标底价格的基础上,择优确定中标单位和工程中标价格。

3. 国家调控价格阶段

国家调控的招标投标价格形式,是一种由市场形成价格为主的价格机制。它是在国家有关部门调控下,由工程发承包双方根据工程市场中建筑产品供求关系变化自主确定工程价格。其价格形成可以不受国家工程造价管理部门的直接干预,而是根据市场的具体情况,竞争形成价格。与国家指导的招标投标价格形式相比较,国家调控招标投标价格形成的特征如下:

(1)竞争形成。应由工程发承包双方根据工程本身的物质劳动消耗、供求状况等市场因素经过竞争形成,不受国家计划调控。

(2)自发波动。随着工程市场供求关系的不断变化,工程价格经常处于上升或下降的波动之中。

(3)自发调节。价格的波动自发调节着建筑产品的品种和数量,以保持工程投资和工程生产能力的平衡。

三、工程定额计价方法的改革和发展

定额计价制度从产生到完善的数十年中,对中国内地的工程造价管理发挥了巨大的作用,为政府进行工程项目的投资和控制提供了良好的工具。但随着市场经济体制改革的深度和广度不断增加,传统的定额计价制度也不断受到冲击,改革势在必行。

自 20 世纪 80 年代末 90 年代初开始,建设要素市场放开,各种建筑材料不再统购统销;随后人力、机械市场等也逐步放开,人工、材料、机械台班的要素价格随着市场供求的变化而上下浮动。"动态要素"的动态管理拉开了传统定额计价改革的序幕。

工程定额计价制度第一阶段的改革核心思想是"量价分离",即由国务院建设行政主管部门制定符合国家有关标准、规范,并反映一定时期施工水平的人工、材料、机械等消耗量标准,实现国家对消耗量标准的宏观管理。对人工、材料、机械单价等,由工程造价管理机构依据市场价格的变化发布工程造价相关信息和指数,将过去完全由政府计划统一管理的定额计价变为"控制量、指导价、竞争费"。

工程定额计价制度改革的第二阶段的核心是工程造价计价方式的改革。20 世纪 90 年代中后期,是中国内地建设市场迅猛发展的时期。1999 年《招标投标法》的颁布实施标志着中国内地建设市场的基本形成,建筑产品的商品属性得到了充分认识。在招投标已经成为工程发包的主要方式之后,工程项目需要新的、更适应市场经济发展的、更有利于建设项目通过市场竞争的造价计价方式来确定其建造价格。2003 年 2 月,国家标准《建设工程工程量清单计价规范》(GB 50500—2003)发布并从 2003 年 7 月 1 日开始实施,这是中国工程计价方式改革的里程碑,标志着我国工程造价的计价方式实现了从传统定额计价向工程量清单计价的转变。

在我国建筑市场逐步放开的改革中,虽然已经制定并推广了工程量清单计价,但由于各地实行情况的差异,目前的工程造价计价方式不可避免地出现了双轨并行的局面——在保留传统定额计价方式的基础上,又参照国际惯例引入了工程量清单计价方式。目前,我国的建设工程定额还是工程造价管理的重要手段。随着我国工程造价管理体制的改革不断深入以及国际管理的深入了解,市场自主定价模式必将逐渐占据主导地位。

第三节　建筑安装工程人工、材料、
机械台班定额消耗量确定方法

一、建筑安装工程施工工作研究及工作时间研究

(一)动作研究和时间研究

工程建设中消耗的生产要素可以分为两类,一类是以工作时间计量的活劳动的消耗,另一类是各种物质资料和资源的消耗。工作研究最初由泰勒倡导,它包括动作研究和时间研究两部分。

1. 动作研究

动作研究也称之为工作方法研究。它包括对多种过程的描写、系统的分析和对工作方法的改进。目的在于制定出一种最可取的工作方法。通常判定可取性的根据是货币节约量以及工作效率、人力舒适程度、人力的节约、时间的节约和材料的节约等。

2. 时间研究

时间研究也称为时间衡量，它是在一定标准测定的条件下，确定人们作业活动所需时间总量的一套程序和方法。时间研究的直接结果是制定时间定额。

动作研究和时间研究有密切关系。作为一种专门方法，它们是互为条件，相互补充的，研究的目的，从根本上来说也是一致的。

（二）施工过程

1. 施工过程的含义

施工过程就是在建设工地范围内所进行的生产过程。其最终目的是要建造、修复、改建、移动或拆除工业、民用建筑物和构筑物的全部或一部分。

建筑安装施工过程和其他物质生产过程一样，也包括一般所说的生产力三要素：劳动者、劳动对象、劳动工具，也就是说施工过程是由不同工种、不同技术等级的建筑安装工人完成的，并且必须有一定的劳动对象——建筑材料、半成品、配件、预制品等，以及一定的劳动工具——手动工具、小型工具和机械等。

每个施工过程结束，获得了一定的产品，这种产品或者改变了劳动对象的外表形态、内部结构或性质（制作和加工的结果），或者是改变了劳动对象在空间的位置（运输和安装的结果）。

2. 施工过程分类

对施工过程进行分类，目的是通过对施工过程的组成部分进行分解，并按其性质不同的劳动分工、工艺特点、复杂程度来区别和认识施工过程的性质和包含的全部内容。而且对施工过程的分类还可以使我们在技术上有可能采用不同的现场观察方法，研究和测定工时消耗和材料消耗的特点，从而取得详尽、精确的资料，查明达不到定额或超额的具体原因，以便进一步调整和修订定额。

分析施工过程的目的，在于研究各部分在组成安排上的必要性与合理性，以便设计、制定最合理的工序结构；研究机械化程度的可能性，以便改善劳动条件，减轻工人的劳动强度；研究各项操作或动作是否可以取消、简化或改进，以便制定出科学的操作方法或工作规程；研究如何组织好工序之间的衔接配合及交叉作业，以便达到整个施工过程的连续性、均衡性、平行性和比例性要求，实现施工周期短、劳动效率高、产品质量优、工程成本低的目标。在实际工作中，施工过程的分解及工序本身的分解并无固定的标准，主要是根据施工工艺、技术特点和施工组织形式来确定，可粗可细。施工过程可以按以下不同的标准进行分类：

（1）按施工过程组织上的复杂程度，可以分解为工序、工作过程和综合工作过程。

① 工序是施工过程中一个基本的施工活动单元，即一个工人或一个工人班组在一个工作地点对同一劳动对象连续进行的生产活动。它是在组织上不可分割的，在操作过程中技术上属于同类的施工过程。特征是：劳动者、劳动对象和使用的劳动工具均不发生变化。在工作中如有一项发生变化，就是由一项工序转入下一工序。

工序又可分解为操作和动作。操作是指劳动者使用一定的方法，为完成某一作业而进行的若干动作的完整行动。操作可以分解为一系列连续的动作。所谓动作，是指工人在完成某一操作时的一举一动。在编制施工定额时，工序是基本的施工过程，是主要的研究对象。测定定额时只要分解和标定到工序即可。如果进行某项先进技术或新技术的工时研究，就要分解到操作甚至动作为止，从中研究可改进操作或节约工时的因素。

② 工作过程是同一工人或同一小组所完成的在技术操作上相互有机联系的工序综合体。其特点是劳动者和劳动对象不发生变化,而使用的劳动工具可以变换。一个工作过程可以分解为若干个工序。

③ 综合工作过程是同时进行的,在组织上有机联系在一起的,并且最终获得一种产品的施工过程的总和。

(2)根据工艺特点,施工过程可以分解为循环施工过程和非循环工作过程。

凡各个组成部分按一定顺序一次循环进行,并且每经一次重复都可以生产出同一种产品的施工过程,称为循环施工过程。反之,则称为非循环工作过程。

(3)根据使用的工具设备的机械化程度,施工过程可以分为手工操作过程(手动过程)、机械化过程(机动过程)和机手并动过程(半自动化过程)。

(三)工作时间分类

研究施工过程中的工作时间,最主要的目的是确定施工的时间定额和产量定额。研究施工中工作时间的前提,是对工作时间按其消耗性质进行分类,以便研究工时消耗的数量及其特点。

工作时间指的是工作班延续时间。对工作时间消耗的研究,可以分为两个系统进行,即工人工作时间的消耗和工人所用机器工作时间的消耗。

1. 工人工作时间的消耗

工人在工作班内消耗的工作时间,按其性质基本可分为两类:必须消耗的时间和损失的时间。

必须消耗的时间是工人在正常施工条件下,为完成一定的合格产品(工作任务)所消耗的时间。它是制定定额的主要依据。

必须消耗的时间包括有效工作时间、休息和不可避免中断时间的消耗。有效工作时间是从生产效果来看与产品生产直接有关的时间消耗,又包括基本工作时间、辅助工作时间、准备与结束工作时间。

基本工作时间是工人能完成生产一定产品的施工工艺过程所消耗的时间。通过这些工艺过程可以使材料改变外形、改变结构与性质等。基本工作时间的长短和工作量大小成正比。

辅助工作时间是为保证基本工作的顺利完成所消耗的时间。在辅助工作时间里不能使产品的形状、性质或位置发生变化。辅助工作时间的结束,往往就是基本工作时间的开始。辅助工作时间的长短与工作量的大小有关。

准备与结束工作时间是执行任务前或任务完成后所消耗的工作时间。如工作地点、劳动工具和劳动对象的准备工作时间,工作结束后的整理工作时间。准备和结束工作时间的长短和所担负的工作量大小无关,往往和工作内容有关。

不可避免的中断所消耗的时间是由于施工工艺特点引起的工作中断所消耗的时间。与施工过程工艺特点有关的工作中断时间,应包括在定额内,但应尽量缩短此项时间的消耗。与工艺特点无关的工作中断所占用的时间,是由于劳动组织不善、不合理而引起的,属于损失的时间,不能计入定额。

休息时间是工人在工作过程中为恢复体力所必需的短暂的休息和生理需要的时间消耗。这种时间是为保证工人精力充沛地进行工作,在定额时间中必须进行计算。休息时间的长短和劳动条件有关,劳动越繁重紧张、劳动条件越差,休息时间越长。

损失时间是和产品生产无关,而和施工组织与技术上的缺点有关,与工人在施工过程中的过失或某些偶然因素有关的时间。

损失时间包括多余和偶然工作、停工、违反劳动纪律所引起的工时损失。

多余工作就是工人进行了任务以外的工作而又不能增加产品数量的工作,如重干不合格工序的工作。多余工作时间一般都是由于工程技术人员和工人的差错引起的,因此不应计入时间定额。

偶然工作时间也是工人在任务外进行的工作,但能够获得一定的产品。从偶然工作的性质看,在定额中不应考虑它所占用的时间,但由于偶然工作能够获得一定产品,拟定定额时要适当考虑它的影响。

停工时间是工作班内停止工作造成的工时损失。停工时间按其性质可分为施工本身造成的停工时间和非施工本身造成的停工时间两种。施工本身造成的停工是由施工组织不善、材料供应不及时、工作面准备工作做得不好、工作地点组织不良等情况引起的。非施工本身造成的停工时间,是由水源、电源中断等所引起的停工时间。施工本身造成的停工时间在拟定时间定额时不应该计算,非施工本身造成的停工时间定额中应给予合理的考虑。

违反劳动纪律造成的工作时间损失,是指工人在工作班开始和午休后的迟到、午饭前和工作班结束时的早退、擅自离开工作岗位、工作时间内聊天或办私事等造成的工时损失。由于个别工人违反劳动纪律而造成其他工人无法工作的时间损失也包括在内。此项工时损失是不允许存在的,在定额中不能考虑。

工人工作时间的分类见图 4-1。

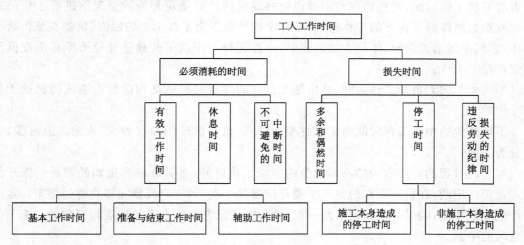

图 4-1　工人工作时间分类图

2. 机器工作时间消耗的分类

在机械化施工过程中,对工作时间消耗的分析和研究,除了要对工人工作时间的消耗进行分类研究外,还需要分类研究机器工作时间的消耗。

机器工作时间的消耗按其性质分类见图 4-2。

机器工作时间的消耗也可分为必须消耗的时间和损失的时间。

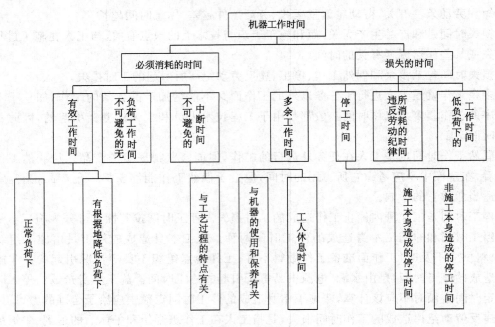

图 4-2　机器工作时间分类图

在必须消耗的时间里,包括有效工作、不可避免的无负荷工作和不可避免的中断三项时间消耗。在有效工作的时间消耗中又包括正常负荷下、有根据地降低负荷下工时消耗。正常负荷下的工作时间,是机器在与机器说明书规定的计算负荷相符的情况下进行工作的时间。有根据地降低负荷下的工作时间,是在个别情况下由于技术上的原因,机器在低负荷下工作,如汽车运输重量轻、体积大的货物时,不能充分利用汽车的载重吨位而不得不在低于额定负荷下工作。

不可避免的无负荷工作时间,是由施工过程的特点和机械结构的特点造成的机械无负荷工作时间。

不可避免的中断工作时间与工艺过程的特点、机器的使用和保养、工人的休息有关,它又分为三种:

与工艺过程的特点有关的不可避免的中断工作时间,有循环的和定期的两种。循环的不可避免的中断,在机器工作的每一个循环中重复一次,如汽车装货和卸货时的停车。定期不可避免的中断,经过一定时期重复一次,比如把灰浆泵由一个工作地点转移到另一个工作地点时的中断。

与机器有关的不可避免的中断工作时间是工人进行准备与结束工作或辅助工作时,机器停止工作而引起的中断工作时间。它是与机器的使用与保养有关的不可避免的中断时间。

工人休息时间,前面已经说明。对机器工作时间而言,应尽量利用与工艺过程的特点有关的和与机器有关的不可避免的中断时间进行休息,以充分利用工作时间。

损失的时间包括多余工作、停工和违反劳动纪律所消耗的时间以及低负荷下的工作时间。

多余工作时间是指产品生产中超过工艺规定所用的时间,如搅拌机超过规定的搅拌时间而多余运转的时间等。

停工时间指由于施工组织不善和外部原因所引起的机械停止运转的时间损失,如机械停工待料,保养不好的临时损坏,未及时给机械供水或燃料而引起的停工时间,水源、电源的突然中断,大风、暴雨、冰冻等影响而引起的机械停工时间损失。

违反劳动纪律所消耗的时间是指由于工人迟到、早退或擅离岗位等原因而引起的机器停工时间。

低负荷下的工作时间是由于工人或技术人员的过错所造成的施工机械在低负荷下工作损失的时间,如工人装车时装的货物量低于额定负荷所损失的时间。

二、测定时间消耗的基本方法——计时观察法

定额测定是制定定额的一个主要步骤。测定定额是用科学的方法观察、记录、整理、分析施工过程,为制定建筑工程定额提供可靠的依据。测定定额通常使用计时观察法。

1. 含义

计时观察法是研究工作时间消耗的一种技术测定方法。它以研究工时消耗为对象,以观察测时为手段,通过密集抽样和粗放抽样等技术进行直接的时间研究。计时观察法运用于建筑施工中,是以现场观察为特征的,所以也称之为现场观察法。计时观察法适宜于研究人工手动过程和机手并动过程的工时消耗。

计时观察法的特点是能够把现场工时消耗情况和施工组织技术条件联系起来加以观察。它在施工过程分类和工作时间分类的基础上,利用一整套的方法,对选定的过程进行全面的观察、测时、计量、记录、整理和分析研究,以获得该施工过程的技术组织条件和工时消耗的有技术根据的基础资料,分析出工时消耗的合理性和影响工时消耗的具体因素,以及各个因素对工时消耗的影响程度。所以,它不仅为制定定额提供基础数据,而且也能为改善施工组织管理、改善工艺过程和操作方法、消除不合理的工时损失和进一步挖掘生产潜力提供技术依据。计时观察法的局限性在于考虑人的因素不够。

2. 目的

在施工中运用计时观察法的主要目的如下:

(1) 查明工作时间消耗的性质和数量。

(2) 查明和确定各种因素对工作时间消耗数量的影响。

(3) 找出工时损失的原因和研究缩短工时、减少损失的可能性。

3. 用途

(1) 取得编制施工的劳动定额的和机械定额的基础资料与技术根据。

(2) 研究先进工作法和先进技术操作对提高劳动效率的具体影响,并推广应用先进工作法和先进技术操作。

(3) 研究减少工时消耗的潜力。

(4) 研究定额的执行情况,包括研究大面积、大幅度超定额和达不到定额的原因,积累资料、反馈信息。

4. 计时观察法的准备工作

(1) 确定需要进行计时观察的施工过程

计时观察之前的第一个准备工作,是研究并确定哪些施工过程需要进行计时观察。对于需要进行计时观察的施工过程要编出详细的目录,拟订工作进度计划,制定组织技术措施,并组织编制定额的专业技术队伍,按计划认真开展工作。在选择观察对象时,必须注意所选择的施工过程要完全符合正常施工条件。所谓正常施工条件,是指绝大多数企业和施工队、组,在合理组织施工的条件下所处的施工条件。与此同时,还需调查影响施工过程的技术因素、组织因素和自然因素等。

(2)对施工过程进行预研究

对已确定的施工过程的性质进行充分的预研究,目的是正确地安排计时观察和收集可靠的原始资料。研究的方法是全面地对各个施工过程及所处的技术组织条件进行实际调查和分析,以便设计正常的(标准的)施工条件和分析研究测试数据。

预研究施工过程应该把施工过程划分为若干个组成部分(一般划分到工序),目的在于便于观察。划分组成部分,要特别注意确定定时点和各个组成部分,以及整个施工过程的产品计量单位。所谓定时点,即上、下两个相衔接的组成部分之间的分界点。确定的产品计量单位要能反映产品的数量并保证最大限度的稳定性。

(3)选择正常施工条件

选择正常施工条件,是技术测定中的一项重要内容,也是确定定额的依据。

选择正常的施工条件应改考虑下列问题:

① 所完成的工作和产品的种类,以及对质量的技术要求。

② 所采用的建筑材料、制品和装配式结构配件的类型。

③ 采用的劳动工具和机械类型。

④ 工作的组成,包括施工过程各个组成部分。

⑤ 工人的组成,包括小组成员的专业、技术等级和人数。

⑥ 施工方法和劳动组织,包括工作地点的组织、工人装备和劳动分工、技术操作过程、完成主要工序的方法等。

(4)选择观察对象

所谓观察对象,就是指进行计时观察的施工过程和完成该施工过程的工人。选择计时观察对象必须注意:所选择的施工过程要完全符合正常施工条件;所选择的建筑安装工人应具有与技术等级相符的工作技能和熟练程度,所承担的工作与其技术等级相适应,同时应该能够完成或超额完成现行的施工定额。

(5)其他准备工作

还必须准备好必要的用具和表格,如测时用的秒表或电子计时器、测量产品数量的器具、记录和整理测时资料用的表格等。如有条件,还可配备电子摄像和电子记录设备。

5. 计时观察法的分类

对施工过程进行观察、测时,计算实物和劳务产量,记录施工过程所处的施工条件和确定影响工时消耗的因素,是计时观察法的三项主要内容和要求。计时观察法种类很多,最主要的有三种。

(1)测时法

测时法主要适用于测定定时重复循环工作的工时消耗,是精确度比较高的一种计时观察法,一般可达到 0.2～15 s。测时法只用来测定施工过程中循环组成部分工作的时间消耗,不研究工人休息、准备与结束即非循环的工作时间。测时法分选择法和接续法两种。

采用选择法测时时,当被观察的某一循环工作的组成部分开始时,观察者立即启动秒表;当组成部分终止时,立即停止秒表,此刻秒表显示的就是所测工作组成部分的持续时间。当下一个工作组成部分开始时,再启动秒表。如此依次观察,并依次记录延续时间。

接续法测时较选择法测时准确、完善,但观察技术也较之复杂。它的特点是:在工作进行中和非循环组成部分出现之前一直不停止秒表,秒针走动过程中,观察者根据各组成部分之间的定时点,记录每项组成部分的开始和持续时间。由于这个特点,在观察时要使用双针秒表,以便使其辅助针停止在某一组成部分的结束时间上。

对每一组成部分进行多次测时的记录所形成的数据序列,称之为测时数列。对测时数据需要加以修正,以剔除那些不正常的数值,并在此基础上求出算术平均值。

(2) 写实记录法

写实记录法是一种研究各种性质工作时间消耗的方法。采用这种方法,可以获得分析工作时间消耗的全部资料,是一种值得提倡使用的方法。

写实记录法的观察对象可以是一个工人,也可以是一个工人小组。测时用普通表进行,详细记录在一段时间内观察对象的各种活动及其时间消耗(起止时间),以及完成的产品数量。写实记录法按记录时间的方法不同分为数示法、图示法和混合法三种。

数示法写实记录其特征是用数字记录工时消耗,是三种写实记录法中精确度较高的一种,精确度达 5 s,可以同时对两个工人进行观察,观察的工时消耗记录在专门的数示法写实记录表中。数示法用来对整个工作班和半个工作班进行长时间观察,因此能反映工人或机器工作日全部情况。

图示法写实记录是在规定格式的图表上用时间进度线条表示工时消耗量的一种记录方式,精确度可达 30 s,可同时对三个以内的工人进行观察。观察资料记录在图示法写实记录表中。

混合法吸取数字和图示两种方法的优点,以时间进度线条表示工序的延续时间,在进度线的上部加写数字表示各时间区段的工人数。混合法适用于三个以上工人小组工时消耗的测定分析。

(3) 工作日写实法

工作日写实法是一种研究整个工作班内的各种工时消耗的方法。运用该法的主要目的有两个:一是取得编制定额的基础资料;二是检查定额的执行情况,找出缺点,改进工作。当用来达到第一个目的时,工作日写实的结果要获得观察对象在工作班内工时消耗的全部情况,以及产品数量和影响工时消耗的影响因素,其中工时消耗应按其性质分类记录。当用来达到第二个目的时,通过工作日写实应该做到:查明工时损失量和引起工时损失的原因,以制定消除工时损失、改善劳动组织和工作地点组织措施;查明熟练工人是否能发挥自己的专长,以确定合理的小组编制和合理的小组分工;确定机器在时间利用和生产率方面的情况,以找出使用不当的原因,提出改善机器使用情况的技术组织措施;计算工人或机器完成定额的实际百分比和可能的百分比。

工作日写实法与测时法、写实记录法相比较,具有技术简便、费力不多、应用面广和资料全面的优点,在我国是一种采用较普遍的编制定额的方法。

工作日写实法利用写实记录表记录观察资料。记录时间时不需要将有效工作时间分为各个组成类别,只需划分适合于技术水平和不适合于技术水平两类。但是工时消耗还需按性质分类记录。

三、确定人工定额消耗量的基本方法

劳动定额是指在一定的技术装备和劳动组织条件下,生产单位合格产品或完成一定的工作所必需的劳动消耗量的额度或标准,或在单位时间内生产合格产品的数量标准。

（一）分析基础资料,拟订编制方案

1. 影响工时消耗因素的确定

对单位建筑产品工时消耗产生影响的各种因素,称之为施工过程的影响因素。

施工过程中各个工序工时的消耗数值,即使在同一工地、同一工作内容条件下,也常常会由于施工组织,劳动组织,施工方法,工人劳动态度、思想、技术水平的不同有很大的差别。

根据施工过程影响因素的产生和特点,施工过程的影响因素可以分为技术因素和组织因素两类。技术因素包括完成产品的类别,材料、构配件的种类和型号等级,机械和机具的种类、型号、尺寸、产品质量等。组织因素包括操作方法和施工组织管理与组织,人员组成和分工,工资与奖励制度,原材料和构配件的质量和供应组织,气候条件等。

根据施工过程影响因素对工时消耗数值的影响程度和性质,可分为系统性因素和偶然性因素。系统因素是指对工时消耗数值引起单一方面的（只降低或只升高）、重大影响的因素。偶然因素是指对工时消耗数量可能引起双向的（可能降低,也可能升高）、微小影响的因素。

2. 计时观察资料的整理

对每次计时观察资料进行整理之后,要对整个施工过程的观察资料进行系统的分析研究和整理。整理观察资料的方法大多采用平均修正法。

平均修正法就是在对测时数列进行修正的基础上,求出平均值的方法。修正测时数列就是剔除或修正那些偏高、偏低的可疑数值,目的是保证不受那些偶然因素的影响。

3. 日常积累资料的整理和分析

日常积累的资料主要有四类:一是现行定额的执行情况及存在的问题的资料;二是企业和现场补充定额的资料;三是已采用的新工艺和新的操作方法的资料;四是现行的施工技术规范、操作规程、安全规程和质量标准等。应对上述日常积累的资料加以系统地整理和分析,为制订编制方案提供依据。

4. 拟订定额的编制方案

内容包括以下几项:

（1）提出对拟编定额的定额水平的设想。

（2）拟定定额分章、分节、分项的目录。

（3）选定产品和人工、材料、机械的计量单位。

（4）设定定额表格的形式和内容。

（二）确定正常的施工条件

（1）拟定工作地点的组织

工作地点是工人施工活动的场所。拟定工作地点的组织要特别注意使工人在操作时不受妨碍,所使用的工具和材料能按使用顺序放置于工人最便于取用的场所,以减少疲劳和提高工作效率。

（2）拟定工作组成

拟定工作组成就是将工作过程按照劳动分工的可能划分为若干工序,以达到合理使用技术工人的目的。可以采用两种基本方法:一种是把工作过程中简单的工序划分给技术熟练程度较低的工人去完成;另一种是分出若干个技术程度较低的工人去帮助技术程度较高的工人工作。采用后一种方法就是把个人完成的工作变成小组完成的工作。

（3）拟定施工人员编制

拟定施工人员编制即确定小组人数、技术工人的配备以及劳动的分工和协作。原则是使每个工人都能充分发挥作用,均衡地担负工作。

（三）确定人工定额消耗量的方法

时间定额和产量定额是人工定额的两种表现形式。拟定出时间定额也就可以计算出产量定额,二者互为倒数。时间定额是在拟定基本工作时间、辅助工作时间、不可避免中断时间、准备与结束的工作时间和休息时间的基础上制定的。

1. 确定工序作业时间

根据计时观察资料的分析和选择,获得各种产品的基本工作时间和辅助工作时间,这两种时间之和称为工序作业时间。

（1）拟定基本工作时间

基本工作时间在必须消耗的工作时间中占的比重最大。基本工作时间的消耗一般应根据计时观察资料来确定。其做法是:首先确定工作过程每一组成部分的工时消耗,然后再综合出工作过程的工时消耗。在确定基本工作时间时必须细致、精确。

（2）拟定辅助工作时间

辅助工作时间的确定方法与基本工作时间相同。如果计时观察时不能取得足够的资料,也可采用工时规范或经验数据确定。

2. 确定规范时间

规范时间包括工序作业时间之外的准备与结束工作时间、不可避免的中断时间和休息时间。

（1）确定准备与结束工作时间

准备与结束工作时间的确定方法与基本工作时间相同。如果不能取得足够的测定资料来确定准备与结束工作的时间,可采用工时规范和经验数据来确定。如具有现行的工时规范,可以直接利用工时规范规定的准备与结束工作时间的百分比来计算。

（2）拟定不可避免的中断时间

确定不可避免中断时间的定额,必须注意区别两种不同的工作中断情况。一种是由小组施工人员所担负的任务不均衡引起的,这种工作中断应该通过改善小组人员编制、合理进行劳动分工来克服;另一种情况是由工艺特点所引起的不可避免中断,此项工作消耗应列入工作过程的时间定额。

不可避免中断时间也需要根据测时资料整理分析获得。由于手动过程中不可避免的中断发生较少,也不易获得充足的资料,可以根据经验数据,以占工作班百分比计算此项工时消耗。

（3）拟定休息时间

休息时间是工人恢复体力所必需的时间,应列入时间定额。休息时间根据工作班作息制度、经验资料、计时观察资料以及对工作疲劳程度的全面分析来确定。同时应考虑尽可能利用不可避免中断时间作为休息时间。

3. 拟定时间定额

确定的基本工作时间、辅助工作时间、准备与结束时间、不可避免的中断时间和休息时间之和,就是时间定额。根据时间定额可计算出产量定额,时间定额和产量定额互为倒数。准备与结束、休息、不可避免中断时间占工作班时间的百分率参考表见表 4-1。

表 4-1　　　　准备与结束、休息、不可避免中断时间占工作班时间的百分率参考表

序号	工种	准备与结束时间占工作时间/%	休息时间占工作时间/%	不可避免中断占工作时间/%
1	材料运输及材料加工	2	13～16	2
2	现浇混凝土工程	6	10～13	3
3	钢制品制作及安装工程	4	4～7	2
4	水暖电气工程	5	7～10	3

工序作业时间＝基本工作时间＋辅助工作时间＝基本工作时间/(1－辅助时间百分比)

规范时间＝准备与结束时间＋不可避免的中断时间＋休息时间

时间定额＝工序作业时间＋规范时间＝工序作业时间/(1－规范时间百分比)

四、确定施工机械台班定额消耗量的基本方法

(一) 概念

施工机械台班消耗量定额指在正常施工条件下某种机械为生产单位合格产品所需消耗的机械工作时间,或在单位时间内该机械应该完成的产品数量。施工机械台班消耗量定额以一台施工机械一个工作班为计量单位。机械的时间定额和机械的产量定额互为倒数。

(二) 施工机械台班定额编制的主要工作

1. 拟定机械工作的正常条件

机械工作和人工操作相比,劳动生产率在更大的程度上受到施工条件的限制。拟定机械工作的正常条件,主要是拟定工作地点的合理组织和合理的工人编制。

工作地点的合理组织是对施工地点机械和材料的放置位置、工人从事操作的场所做出科学合理的平面布置和空间安排。它要求施工机械和操纵机械的工人在最小的范围内移动,但又不阻碍机械运转和工人操作;应使机械的开关和操纵装置尽可能集中装在操纵工人的近旁,以节省工作时间和减轻劳动强度;应最大限度地发挥机械的效能,减少工人的手工操作。

拟定合理的工人编制,是根据施工机械的性能和设计能力、工人的专业分工和劳动工效,合理确定操作和维护机械的工人编制人数及配合机械施工的工人编制。工人编制要通过计时观察、理论计算和经验资料来合理确定。

2. 确定机械纯工作 1 h 的正常生产率

机械纯工作时间就是指机械的必需消耗时间,包括在满载和有根据地降低负荷下的工作时间、不可避免的无负荷工作时间和必要的中断时间。

机械纯工作 1 h 正常生产率,是指在正常施工组织条件下具有必需的知识和技能的技术工人操作机械 1 h 的生产率。根据机械的工作特点的不同,机械纯工作 1 h 正常生产率

的确定方法也有所不同。

（1）循环动作机械纯工作 1 h 正常生产率

循环动作机械，如单斗挖掘机、起重机等，生产率计算如下：

$$机械一次循环的正常延续时间 = \sum（循环各组成部分正常延续时间）- 交叠时间$$

$$机械纯工作 1 h 循环次数 = \frac{60 \times 60}{一次循环的正常延续时间}（s）$$

机械纯工作 1 h 正常产量＝机械纯工作 1 h 正常循环次数×一次循环生产的产品数量

（2）连续动作机械纯工作 1 h 正常生产率

对于工作中只做某一动作的连续动作机械，纯工作 1 h 正常生产率要根据机械的类型、结构特征以及工作过程的特点来确定。

连续动作机械纯工作 1 h 正常生产率＝工作时间内生产的产品数量÷工作时间（h）

工作时间内的产品数量和工作时间的消耗，要通过多次现场观察和机械说明书来取得数据。

3．确定施工机械的正常利用系数

施工机械的正常利用系数指机械在工作班内对工作时间的利用率。机械的利用系数和机械在工作班内的工作状况有着密切的关系，所以，要确定机械的正常利用系数首先要拟定机械工作班的正常工作状况，保证合理利用工时。

（1）拟定机械工作班的正常工作状况，应注意以下几点：

① 尽量利用不可避免中断时间或工作开始前与结束后的时间进行机械的维护和保养。

② 尽量利用不可避免中断时间作为工人休息时间。

③ 根据机械工作特点，对担负不同工作内容的工人规定不同的工作开始与结束时间。

④ 合理组织施工现场，排除由于施工管理不善而造成机械停歇。

（2）计算工作班正常状况下，准备与结束工作、机械启动、机械维护等工作时间以及机械有效工作的开始与结束时间，从而计算出机械在工作班内的纯工作时间和机械的正常利用系数。计算公式如下：

机械正常利用系数＝机械在工作班内纯工作时间÷一个工作班的延续时间

4．计算施工机械台班定额

在确定了机械工作正常条件、机械纯工作 1 h 的正常生产率和机械正常利用系数之后，按如下公式计算机械台班定额：

施工机械台班产量定额＝机械纯工作 1 h 正常生产率×工作班纯工作时间

或

$$\begin{matrix} 施工机械台班 \\ 产量定额 \end{matrix} = 机械纯工作 1 h 正常生产率×工作班延续时间×机械正常利用系数$$

施工机械时间定额和产量定额互为倒数。

五、确定材料定额消耗量的基本方法

材料消耗定额是指在正常施工条件下完成单位合格产品所需消耗材料的数量标准。材料是指工程中使用的原材料、成品、半成品、构配件、燃料以及水电等资源的统称。材料消耗定额是编制材料需用量计划、运输计划、供应计划、签发限额领料单和经济核算的依据。

（一）材料消耗的性质

合理确定材料消耗定额,必须研究和区分材料在施工过程中消耗的性质。施工中消耗的材料可分为必须消耗的材料和损失的材料两类。

必须消耗的材料,是指在合理用料的条件下,生产合格产品所需消耗的材料。包括直接用于建筑和安装工程的材料(材料净用量)、不可避免的施工废料和不可避免的材料损耗(材料损耗量)。必须消耗的材料属于施工正常消耗,是确定材料消耗定额的基本数据。其中,直接用于建筑和安装工程的材料,编制材料净用量定额;不可避免的施工废料和材料损耗,编制材料损耗定额。

$$材料总耗用量＝材料净用量＋材料损耗量$$

（二）确定材料消耗的基本方法

1. 现场技术测定法

它又称为观测法,是根据对材料消耗过程的测定与观察,通过完成产品数量和材料消耗量的计算,确定各种材料消耗定额的一种方法。主要是提供编制材料定额损耗量的数据,也可以提供编制材料定额净用量的数据。

特点:通过现场观察、测定,取得产品产量和材料消耗的情况,为编制材料消耗定额提供技术数据。

2. 实验室试验法

它是在实验室内通过专门的仪器设备测定材料消耗量的一种方法。主要是提供编制材料定额净用量的数据。其优点是能够深入细致地研究各种因素对材料消耗的影响,缺点是无法估计施工过程中某些因素对材料消耗量的影响。

3. 现场统计法

它通过对现场进料、用料的大量统计资料进行分析计算,获得材料消耗的数据。这种方法由于不能区分材料消耗的性质,因而不能作为确定材料净用量和材料损耗量定额的依据。

4. 理论计算法

理论计算法是通过对施工图纸及建筑材料、建筑构配件的研究,利用一定理论计算公式计算材料消耗定额的一种方法。

第四节　建筑安装工程人工、材料、机械台班单价确定方法

一、人工单价的组成和确定方法

（一）人工单价的组成

1. 概念

日工资单价是指施工企业平均技术熟练程度的生产工人在每工作日(国家法定工作时间内)按规定从事施工作业应得的日工资总额。

它基本上反映了建筑安装生产工资水平和一个工人在一个工作日中可以得到的报酬。合理确定人工工日单价是正确计算人工费和工程造价的前提和基础。

2. 组成

（1）计时工资或计件工资:是指按计时工资标准和工作时间或对已做工作按计件单价支付给个人的劳动报酬。

（2）奖金：是指因超额劳动和增收节支支付给个人的劳动报酬。如节约奖、劳动竞赛奖等。

（3）津贴补贴：是指为了补偿职工特殊或额外的劳动消耗和因其他特殊原因支付给个人的津贴，以及为了保证职工工资水平不受物价影响支付给个人的物价补贴。如流动施工津贴、特殊地区施工津贴、高温（寒）作业临时津贴、高空津贴等。

（4）加班加点工资：是指按规定支付的在法定节假日工作的加班工资和在法定工作时间外延时工作的加点工资。

（5）特殊情况下支付的工资：是指根据国家法律、法规和政策规定，因病、工伤、产假、计划生育假、婚丧假、事假、探亲假、定期休假、停工学习、执行国家或社会义务等原因按计时工资标准或计时工资标准的一定比例支付的工资。

（二）人工单价的确定方法

1. 年平均每月法定工作日

日工资单价是每一个法定工作日的工资总额，因此需要对年平均每月的法定工作日进行计算。

$$年平均每月法定工作日 = \frac{全年日历日 - 法定节假日}{12}$$

2. 日工资单价计算

$$日工资单价 = \frac{生产工人平均月工资（计时、计件） + 平均每月的（奖金 + 津贴补贴 + 特殊情况下支付的工资）}{平均每月法定工作日}$$

虽然施工企业可以自主确定人工费，但是由于人工日工资单价在我国具有一定的政策性，因此工程造价管理部门也需要确定人工工资单价。工程造价管理机构确定日工资单价应通过市场调查，根据工程项目的技术要求，参考实物工程量人工单价综合分析确定，最低日工资单价不得低于工程所在地人力资源和社会保障部门所发布的最低工资标准的：普工 1.3 倍、一般技工 2 倍、高级技工 3 倍。

（三）影响人工单价的因素

（1）社会平均工资水平。

（2）生活消费指数。

（3）人工单价的组成内容。例如住房消费、养老保险、医疗保险、失业保险等计入人工单价，会使人工单价提高。

（4）劳动力市场供求变化。

（5）政府推行的社会保障和福利政策。

二、材料单价的组成和确定方法

（一）材料单价的组成

在建筑工程中，材料费占总造价的比重一般为 60%～70%，在金属结构工程中所占的比重还要大，是直接工程费的主要组成部分。因此，合理确定材料的价格构成有利于合理确定和有效控制工程造价。

材料单价（材料预算价格）是指材料（工程实体的原材料、辅助材料、构配件、零件、半成品等）从其来源地（或交货地点）到达施工工地仓库（或施工现场材料存放点）后出库的综合平均价格。具体包括以下四项内容：

（1）材料原价（或供应价格），是指材料的出厂价格，进口材料抵达买方边境、港口或车站并交纳完各种手续费、税费（不含增值税）后形成的价格。

（2）材料运杂费，是指材料自来源地运至工地仓库或指定堆放地点所发生的全部费用（不含增值税）。材料运输流程见图4-3。

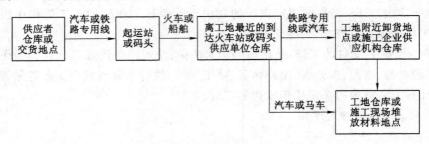

图 4-3　材料运输流程示意图

（3）运输损耗费，指材料在运输过程中不可避免的损耗折合的费用。

（4）采购及保管费，指为组织采购、供应和保管材料过程中所需的各项费用，具体包括采购费、仓储费、工地保管费、仓储损耗费等。

（二）材料单价的计算方法

材料单价的计算公式为：

材料单价 ＝（供应价格＋运杂费）×（1＋运输损耗费率）×（1＋采购保管费率）

1. 材料原价

在确定原价时，一般采用询价的方法确定该材料的出厂价或供应商的批发牌价和市场采购价。从理论上讲，不同的材料应分别确定其单价。凡同一种材料因来源地、交货地、供货单位、生产厂家不同，有几种价格时，根据不同来源地供货数量比例，采用加权平均的方法确定其加权平均原价。

若材料的供货价格为含税价格，则材料原价应以购进货物适用的税率或征收率扣减增值税进项税额。

材料价格（含税）＝材料价格（不含税）＋材料价格（不含税）×适用的税率

材料价格（不含税）＝材料价格（含税）/（1＋适用的税率）

2. 材料运杂费

材料运杂费是指国内采购材料自来源地、国外采购材料自到岸港运至工地仓库或指定堆放地点发生的费用（不含增值税）。含外埠中转运输过程中所发生的一切费用和过境过桥费用，包括调车和驳船费、装卸费、运输费及附加工作费等。

运杂费的取费标准应根据材料的来源地、运输里程、运输方法，并根据国家有关部门或地方政府交通运输部门规定的运价标准计算。

同一品种的材料有若干个来源地，材料运杂费应加权平均。材料运杂费通常按外埠运费和市内运费两段计算。

外埠运费是指材料由来源地运至本市仓库的全部费用，包括调车费、装卸费、车船运费、保险费等。一般采用水路、铁路、公路运输或采用混合运输方式，公路、水路运输按交通部门的规定的运价计算,铁路运输按铁路部门的规定运价计算。

市内运费是由本市仓库至工地仓库的运费。根据不同的运输方式按有关规定计算。

另外在运杂费中需要考虑为了便于材料运输和保护而发生的包装费。材料包装费用分两种情况:一种是包装费已计入材料原价,此种情况不再计算包装费,如袋装水泥;另一种情况是材料原价中不含包装费,如需包装时包装费应计入材料价格。

若运输费用为含税价格,则需要按"两票制"和"一票制"两种支付方式分别调整。

(1)所谓"两票制"材料,是指材料供应商就收取的货物销售价款和运杂费向建筑业企业分别提供货物销售和交通运输两张发票的材料。在这种方式下,运杂费以接受交通运输与服务适用税率扣减增值税进项税额。

(2)所谓"一票制"材料,是指材料供应商就收取的货物销售价款和运杂费合计金额向建筑业企业仅提供一张货物销售发票的材料。在这种方式下,运杂费采用与材料原价相同的方式扣减增值税进项税额。

3. 运输损耗费

在材料的运输过程中应考虑一定的场外运输损耗费用。它是指材料在运输装卸过程中不可避免的损耗。运输损耗费的计算公式是:

$$运输损耗=(材料原价+运杂费)×相应材料损耗率$$

4. 采购及保管费

它是指材料供应部门在组织采购、供应和保管材料过程中所需的各项费用。包含各级材料部门的职工工资、职工福利费、办公费、差旅及交通费、固定资产使用费、工具用具使用费、劳动保护费、工地材料仓库的保管费、货物过秤费、材料储存损耗及其他费用。

采购及保管费一般按照材料到库价格以费率取定。材料采购及保管费计算公式如下:

$$采购及保管费=材料运到工地仓库价格×采购及保管费率$$

$$材料运到工地仓库价格=材料原价+运杂费+运输损耗费$$

(三)影响材料预算价格的因素

(1)市场供需变化。材料原价是材料预算价格中最基本的组成。市场供大于求,价格就会下降;反之,价格就会上升,从而也就会影响材料预算价格的涨落。

(2)材料生产成本的变动直接涉及材料预算价格的波动。

(3)流通环节的多少和材料供应体制也会影响材料的预算价格。

(4)运输距离和运输方法的改变会影响材料运输费用的增减,从而也会影响材料预算价格。

(5)国际市场行情对进口材料的价格产生影响。

三、施工机械台班单价的组成和确定方法

(一)施工机械台班单价的组成

施工机械使用费是根据施工中耗用的机械台班数量和机械台班单价确定的。施工机械台班耗用量按预算定额规定计算;施工机械台班单价指一台施工机械在一个工作班中所发生的全部费用,每台班按八小时工作制计算。

施工机械台班单价由折旧费、检修费、维护费、安拆费及场外运费、人工费、燃料动力费和其他费用等七项费用组成。

(二)施工机械台班单价的计算方法

1. 折旧费

折旧费指机械设备在规定的使用年限内，陆续收回其原值的费用。

$$折旧费＝机械的预算价格×(1－残值率)/耐用总台班$$

（1）机械预算价格

机械的预算价格指机械出厂价加上从生产厂家（或销售单位）交货地点运至使用单位库房的全部费用。

国产机械预算价格按机械原值、供销部门手续费、一次运杂费及车辆购置税之和计算。

进口机械预算价格按到岸价格、关税、消费税、相关手续费和国内一次运杂费、银行财务费以及车辆购置税之和计算。

（2）残值率

残值率是指施工机械报废时回收的残值占机械原值的百分比。残值率按目前有关规定执行。目前各类施工机械均按 5% 计算。

（3）耐用总台班

耐用总台班指机械使用寿命，是在正常施工条件下，从投入使用到报废为止，按规定应达到的使用台班数。机械的使用寿命一般可分为机械技术使用寿命和经济使用寿命。

2. 检修费用

检修费是指施工机械在规定的耐用总台班内，按照规定的检修间隔进行必要的检修，以恢复其正常功能所需的费用。检修费是机械使用期限内全部检修费之和在台班费用中的分摊额，它取决于一次检修费、检修次数和耐用总台班的数量，按下式计算：

$$台班检修费＝\frac{一次检修费×检修次数}{耐用总台班}×除税系数$$

一次检修费指施工机械一次检修发生的工时费、配件费、辅料费、油燃料费及送修运杂费。一次检修费应以施工机械保养修理相关技术指标和参数为基础，结合编制期市场价格综合确定。可按其占预算价格的百分率确定。

$$除税系数＝自行检修比例＋委外检修比例/(1＋税率)$$

税率按照增值税修理修配劳务适用税率计取。

3. 维护费

维护费是指施工机械在规定的耐用总台班内，按规定的维护间隔进行各级维护和临时故障排除所需的费用。包括为保障机械正常运转所需替换设备与随机配备工具附具的摊销和维护费用、机械运转中日常保养所需润滑与擦拭的材料费用及机械停滞期间的维护和保养费用等。

$$台班维护费＝\frac{临时故障排除费＋\sum(各级维护一次费用×除税系数×寿命期各级维护次数)}{耐用总台班}$$

各级维护一次费用应以施工机械的相关技术指标为基础，结合编制期市场价格综合确定。寿命期各级维护次数应按施工机械的相关技术指标确定。临时故障排除费可按各级维护费用之和的百分比取定，一般取 3%。替换设备和工具附具台班摊销费、例保辅料费的计算应以施工机械的相关技术指标为基础，结合编制期市场价格综合确定。

除税系数计算同检修费用。

为了简化计算，台班维护费可按台班检修费乘以系数确定，如载重汽车系数为 3.93～

5.61,自卸汽车系数为 3.34～4.44,塔式起重机系数为 2.10 等。

4. 安拆费及厂外运输费

安拆费指施工机械(大型机械除外)在现场进行安装与拆卸所需的人工、材料、机械和试运转费用,以及机械辅助设施的折旧、搭设、拆除等费用;场外运费指施工机械整体或分体自停放地点运至施工现场或由一施工地点运至另一施工地点的运输、装卸、辅助材料及架线等费用。

台班安拆费及场外运费＝一次安拆费及场外运费×年平均安拆次数/年工作台班

(1) 一次安拆费应包括施工现场机械安装和拆卸一次所需的人工费、材料费、机械费及试运转费。

(2) 一次场外运费应包括运输、装卸、辅助材料和架线等费用。

(3) 年平均安拆次数应以施工机械的相关技术指标为基础,由各地区(部门)结合具体情况确定。

(4) 运输距离均按平均 30 km 计算。

(5) 移动有一定难度的特大、大型(包括少数中型)机械,其安拆费及场外运费应单独计算。单独计算的安拆费及场外运费除应计算安拆费、场外运费外,还应计算辅助设施(包括基础、底座、固定锚桩、行走轨道枕木等)的折旧、搭设和拆除等费用。

(6) 不需安装、拆卸且自身又能开行的机械和固定在车间不需安装、拆卸及运输的机械,其安拆费及场外运费不计算。

(7) 自升式塔式起重机安装、拆卸费用的超高起点及其增加费,各地区(部门)可根据具体情况确定。

5. 燃料动力费

燃料动力费指施工机械在运转作业中所消耗的各种燃料及水、电等费用。

$$台班燃料动力费＝台班燃料动力消耗量×相应的单价$$

燃料动力消耗量应根据施工机械技术指标及实测资料综合确定。例如可采用下列公式:

$$台班燃料动力消耗量＝(实测数×4＋定额平均值＋调查平均值)/6$$

燃料动力单价应执行定额编制期间工程造价管理部门的有关规定。

6. 人工费

该费用是指机上司机、司炉及其他操作人员的人工费用。计算公式如下:

$$台班人工费＝定额机上人工工日×日工资单价$$

$$定额机上人工工日＝人工消耗量×\left(1＋\frac{年制度工作日－年工作台班}{年工作台班}\right)$$

7. 其他费用

其他费用是指施工机械按照国家规定应缴纳的车船使用税、保险费及检测费用等,按各省、自治区、直辖市规定标准计算后列入定额。计算公式如下:

$$其他费用＝\frac{年车船使用税＋年保险费＋年检测费用}{年工作台班}$$

(三) 影响机械台班单价的因素

(1) 施工机械的价格。这主要影响折旧费。

(2) 机械使用年限。机械使用年限不仅影响折旧费的提取,也会影响检修费和维护费用的开支。

(3) 机械使用效率和管理水平。

(4) 政府征收税费的规定变化。

第五节 施 工 定 额

一、施工定额(企业定额)的基本概念

施工定额是在正常的施工条件下为完成一定计量单位的某一施工过程或工序所需要的人工、材料和机械台班消耗的数量标准。

施工定额是根据专业施工的作业对象和工艺制定的,它以同一性质的施工过程为标定对象,以工序定额为基础编制,具有企业生产定额的性质,是直接用于建设工程施工管理中的定额。为适应生产组织和管理的需要,施工定额划分得很细,是建设工程定额中分项最细、定额子目最多的一种定额。因此,施工定额是建筑安装企业管理工作的基础,也是工程建设定额体系中的基础定额。施工定额一般由劳动定额、材料消耗定额和机械台班使用定额三部分组成。其中,劳动定额由全国统一指导并分级管理,如《全国建筑安装工程统一劳动定额》《全国统一市政工程劳动定额》等,而材料消耗定额和机械台班使用定额则由各地方或企业根据需要进行编制和管理。

1. 劳动定额

劳动定额,又称人工定额,是指在一定的技术装备和劳动组织条件下,生产单位合格施工产品或完成一定的施工作业过程所必需的劳动消耗量的额度或标准,或在单位时间内生产合格产品或施工作业过程的数量标准。劳动定额有两种表现形式:时间定额和产量定额,两者互为倒数。

2. 材料消耗定额

材料消耗定额是指在节约和合理使用材料的条件下,生产单位合格产品所必须消耗的一定规格的材料、半成品或管件的数量,包括原材料、辅助材料、零件、半成品、构配件等的规定。它是企业确定材料需要量和储备量的依据,是企业编制材料需要计划和材料供应计划不可缺少的数据,是施工队向工人签发限额领料单、实行材料核算的标准,是实行经济责任制、进行经济活动分析、促进材料合理使用的重要资料。

3. 机械台班使用定额

机械台班使用定额是指在正常施工组织条件下,生产单位合格产品所必须消耗的机械台班数量标准,其基本的表现形式为机械时间定额和机械产量定额,两者互为倒数。机械台班使用定额是企业编制机械需要量计划的依据,是考核机械生产率的尺度,是推行经济责任制、实行计件工资、签发施工任务书的依据。

随着工程量清单计价模式的推广,施工定额更多地体现为企业自生的定额,是施工企业根据本企业的技术水平和管理水平,编制完成单位合格产品生产所必需的人工、材料和施工机械台班的消耗量,以及其他生产要素消耗的数量标准,是施工企业生产力水平的体现,反映企业生产与消费之间的数量关系,是施工企业进行施工管理和投标报价的基础和依据。

所谓企业定额,就是指建筑安装企业根据企业自身的技术水平和管理水平,所确定的在

正常施工条件下完成单位合格安装工程产品所消耗的人工、材料和机械台班的数量以及其他生产要素消耗的数量标准。

企业定额不仅能体现企业个别的劳动生产率和技术装备水平,同时也是衡量企业管理水平的尺度,制定企业定额是企业加强集约经营、精细管理的前提和重要手段。在工程量清单计价模式下,每个企业均应拥有反映自己企业能力的企业定额,企业定额的定额水平与企业的技术和管理水平相适应,企业的技术和管理水平不同,企业定额的定额水平也就不同。从一定意义上讲,企业定额是企业的商业秘密,是企业参与市场竞争的核心竞争力的具体表现。

作为企业定额,应该具备以下特点:

(1) 其各项平均消耗要比社会平均水平低,体现其先进性。

(2) 可以表现本企业某些方面的技术优势。

(3) 可以表现本企业局部或全面管理方面的优势。

(4) 所有匹配的单价都是动态的,具有市场性。

(5) 与施工方案能全面接轨。

二、企业定额的作用

1. 企业定额是施工企业进行建设工程投标报价的重要依据

2003年7月1日起我国开始实行《建设工程工程量清单计价规范》。工程量清单计价是一种与市场适应,通过市场形成工程价格的计价模式,它要求各投标企业必须通过能综合反映企业施工技术、管理水平、机械设备工艺能力、工人操作能力的企业定额来进行投标报价。这样才能真正体现出个别成本的差别,真正实现市场竞争。因此,实现工程量清单计价的关键和核心就在于企业定额的编制和使用。

2. 企业定额的建立和运用可以提高企业管理水平和生产力水平

随着我国加入WTO以及经济全球化的加剧,企业要在激烈的市场竞争中占据有利的地位,就必须降低管理成本,加强管理。企业定额能直接对企业的技术、经营管理水平及工期、质量、价格等因素进行准确测算和控制,进而控制工程成本。而且,企业定额作为企业内部生产管理的标准文件,能够结合企业自身的技术力量和科学管理方法,使企业的管理水平在企业定额制定和使用的实践中不断提高。企业定额的编制是企业进行科学管理,开展管理创新,促进企业管理水平提高的一个重要环节。

同时,企业定额是企业生产力的综合反映。通过编制企业定额可以摸清企业生产力状况,发挥优势,弥补不足,促进企业生产力水平的提高。企业编制管理性定额是加强企业内部监控、进行成本核算的依据,是有效控制造价的手段。

3. 企业定额是业内推广先进技术和鼓励创新的工具

企业定额代表企业先进施工技术水平、施工机具和施工方法。因此,企业在建立企业定额后,会促使自己主动学习先进企业的技术,这样就达到了推广先进技术的目的。同时,各个企业要想超过其他企业的定额水平,就必须进行管理创新或技术创新。因此,企业定额实际上也就成为企业推动技术和管理创新的一种手段。

4. 企业定额的建立和使用可以规范建筑市场秩序,规范发承包行为

施工企业的经营活动应通过工程项目的承建谋求质量、工期、信誉的最优化。唯有如此,企业才能走向良性循环的发展道路,建筑业也才能走向可持续发展的道路。企业定额的

应用,促使企业在市场竞争中按实际消耗水平报价。这就避免了施工企业为了在竞标中取胜,无节制地压价、降价,造成企业效率低下、生产亏损、发展滞后的现象发生,也就避免了业主在招标中腐败的发生。

企业定额适应了我国工程造价管理的改革,是实现工程造价管理改革最终目标不可或缺的一个重要环节。实现工程造价管理市场化,由市场形成价格是关键。如果以全国或行业统一定额为依据来报价,不仅不能体现市场竞争,也不能真正确定工程成本。而以企业定额为基础报价,就能真实反映企业成本的差异,在施工企业之间形成实力竞争,从而真正达到市场形成价格的目的。因此,企业定额的编制和运用是我国工程造价领域改革的关键一步。

三、企业定额的编制

企业定额的编制是一项复杂的系统工程,国内尚无一个成熟的模式,也没有统一的标准(由于其独特性也不需统一的标准)。但各企业的企业定额因为具有相同的内涵、共同的特性等,因此在编制时应该有其必须共同遵循的原则、依据、内容,也有可以通用的方法。

1. 编制的原则

(1)执行国家、行业的有关规定,适应《建设工程工程量清单计价规范》的原则

各类相关的法律、法规、标准等是制定企业内部定额的基础,在建立企业定额的过程中,细分工程项目、明确工艺组成、确定定额消耗构成均必须以此为依据。同时,企业定额的建立必须与《建设工程工程量清单计价规范》的具体要求相适应,以保证投标报价的实用性和可操作性。

(2)真实、平均先进性原则

企业定额应当能够真实地反映企业管理的现状,真实地反映企业人工、机械装备、材料储备情况。同时,还要依据成熟的以及推广应用的先进技术和先进经验确定定额水平,它应该是大多数的生产者必须经过努力才能达到的水平,以促使生产者努力提高技术操作水平、珍惜劳动时间、节约物料消耗,起到鼓励先进、勉励中间、鞭策后进的作用。

(3)简明适用原则

适用性要求是指企业定额必须满足适用于企业内部管理和对外投标报价等多种需要。简明性要求是指企业定额必须做到项目齐全,划分恰当,步距合理,正确选择产品和材料的计量单位,适当确定系数,提供必要的说明和附注,达到便于查阅、便于计算、便于携带的目的。简明适用是就企业定额的内容和形式而言的,要方便于定额的贯彻和执行。

(4)时效性和相对稳定性原则

企业定额是一定时期内技术发展和管理水平的反映,所以在一段时期内表现出稳定的状态。这种稳定性又是相对的,它还有显著的时效性,当企业定额不再适应市场竞争和成本监控的需要时,就需要进行重新编制和修订,否则就会产生负效应。所以,持续改进是企业定额能否长期发挥作用的关键。同时,及时地将新技术、新结构、新材料、新工艺的应用编入定额中,满足实际施工需要也体现了时效性原则。

(5)独立自主原则

施工企业作为具有独立法人地位的经济实体,应根据企业的具体情况,结合政府的价格政策和产业导向,自行编制企业定额。贯彻这一原则有利于企业自主经营,有利于推行现代企业财务制度,使企业更好地面对建筑市场的竞争环境。

（6）以专为主、专群结合的原则

编制企业定额的人员结构，应以专家、专业人员为主，并吸收工人和工程技术人员参与。这样既有利于制定出高质量的企业定额，也为定额的实行奠定了良好的群众基础。

2. 编制的内容

从表现形式上看，企业定额的编制内容包括编制方案、总说明、工程量计算规则、定额项目划分、定额水平测定（工、料、机消耗水平和管理成本的测算和制定）、定额水平测算（类似工程的对比测算）、定额编制基础资料的整理归类和编写。

根据《建设工程工程量清单计价规范》要求，编制的内容具体包括以下几项：

（1）工程实体消耗定额，即构成工程实体的分部分项工程的工、料、机的定额。实体消耗量就是构成工程实体的人工、材料、机械的消耗量，其中人工消耗量要根据本企业工人的操作水平确定。材料消耗量不仅包括施工材料的净耗量，还应包括施工损耗。机械消耗量应考虑机械的摊销率。

（2）措施性消耗定额，即有助于工程实体形成的临时设施、技术措施等的定额。措施性消耗量是指为保证工程正常施工所采用的措施的消耗，应根据工程当时当地情况以及施工经验进行合理的配置。应包括模板的选择、配置与周转，脚手架的合理使用与搭拆，各种机械设备的合理配置等措施性项目。

（3）由计费规则、计价程序、有关规定及相关说明组成的编制规定。

制定各种费用标准是为了计算施工准备、组织施工生产和管理所需的各项费用，如企业管理人员的工资、各种基金、保险、办公费、工会经费、财务费用、经营费用等。

企业定额的构成及表现形式应视编制的目的而定，可参照统一定额，也可以采用灵活多变的形式，以满足需要和便于使用为准。例如，企业定额的编制目的如果是为了控制工耗和计算工人劳动报酬，应采取劳动定额的形式；如果是为了企业进行工程成本核算，以及为投标报价提供依据，应采取施工定额或定额估价表的形式。

3. 编制的方法

编制企业定额的方法很多，与其他类型的定额编制方法基本一致。概括起来，主要有定额修正法、经验统计法、现场观察测定法、理论计算法等。

（1）定额修正法的思路是以已有的全国或地区定额、行业定额等为蓝本，结合企业实际情况和工程量清单计价规范的要求，调整定额的结构、项目范围等，在自行测算的基础上形成企业定额。这种方法的优点是继承了原有定额的精华，使企业定额有模板可依，有改进的基础。

（2）经验统计法是企业对在建和完工项目的资料数据中运用抽样统计的方法，对有关项目的消耗数据进行统计测算，最终形成自己的定额消耗数据。这种方法充分利用了企业实际数据，依赖性强，一旦数据有误，造成的误差相当大。

（3）现场观察测定法是我国多年来专业测定定额的常用方法。这种方法的特点是能够把现场工时消耗的情况和施工组织技术条件联系起来加以观察、测时、计量和分析，以获得该施工过程的技术组织条件下的有技术根据的基础资料。这种方法简便、应用面广和资料全面，适用于影响工程造价大的主要项目及新技术、新工艺、新施工方法的劳动力消耗和机械台班水平的测定。但这种方法费时、费工，需要大量的人力、物力，需要较长的周期才能建立起企业定额。

（4）理论计算法是根据施工图纸、施工规范及材料规格，用理论计算的方法求出定额中理论消耗量，将理论消耗量加上合理的损耗，得出定额实际消耗水平的方法。实际的损耗量需要经过现场统计测算才能得出，所以理论计算法在编制定额时不能独立使用，只有与统计分析法（用来测算损耗率）相结合才能共同完成定额子目的编制。所以，理论计算法编制施工企业定额有一定的局限性。但这种方法可以节省大量的人力、物力和时间。

这些方法各有特点，它们不是绝对独立的，实际工作中可以结合起来使用，互为补充，互为验证。企业可以根据自己的需要，确定适合自己的方法体系。

第六节　预算定额

一、预算定额的用途及编制原则

预算定额是指在合理的施工组织设计、正常施工条件下，生产一个规定计量单位合格产品所需的人工、材料和机械台班的社会平均消耗量标准，是计算建筑安装产品价格的基础。

预算定额是工程建设中的一项重要的技术经济文件，它的各项指标，反映了在完成规定计量单位符合设计标准和施工验收规范要求的分项工程消耗的活劳动和物化劳动的数量限度。这种限度最终决定着单项工程和单位工程的成本和造价。

（一）用途

（1）是编制施工图预算、确定建筑安装工程造价的基础。施工图设计一经确定，工程预算造价就取决于预算定额水平和人工、材料及机械台班的价格。预算定额起着控制劳动消耗、材料消耗和机械台班使用量的作用，进而起着控制建筑产品价格的作用。

（2）是编制施工组织设计的依据。施工组织设计的重要任务之一是确定施工所需要的人力、物力的供求量，并做出最佳安排。施工单位在缺乏本企业的企业定额的情况下，根据预算定额亦能比较精确地计算出施工中各项资源的需要量，为有计划地组织材料采购和预制件加工、劳动力和施工机械的调配，提供可靠的计算依据。

（3）是工程结算的依据。工程结算是建设单位和施工单位按照工程进度对已完成的分部分项工程实现货币支付的行为。按进度支付工程款，需要根据预算定额将已完成的工程的造价算出。单位工程竣工验收后，再按竣工工程量、预算定额和施工合同规定进行结算，以保证建设单位建设资金的合理使用和施工单位的经济收入。

（4）是国家对工程进行投资控制，设计单位对设计方案进行技术经济分析比较，以及对新结构、新材料进行技术经济分析的依据。

（5）是施工企业进行经济活动分析的依据。预算定额规定的物化劳动和劳动消耗量是施工单位在生产经营中允许消耗的最高标准。

（6）是编制概算定额和概算指标的基础资料。

（7）是合理编制招标控制价以及施工企业进行投标报价的基础。

在深化改革中，预算定额的指令性作用日益削弱，而对施工单位按照个别工程成本报价的指导性作用仍然存在，因此预算定额作为编制标底的依据和施工企业报价的基础性作用仍将存在，这是由预算定额本身的科学性和权威性决定的。

（二）预算定额的编制原则

1. 按社会平均水平确定预算定额的原则

预算定额是确定和控制建筑安装工程造价的主要依据。因此,它必须遵照价值规律的客观要求,即按生产过程所消耗的社会必要劳动时间确定定额水平,即按照"在现有的社会正常的生产条件下,在社会平均的劳动熟练程度和劳动强度下制造某种使用价值所需要的劳动时间"来确定定额水平。所以,预算定额的水平是在正常的施工条件下,合理的施工组织和工艺条件、平均劳动熟练程度和劳动强度下,完成单位分项工程基本构造要素所需的劳动时间。

预算定额的水平以大多数施工单位的施工定额水平为基础,但是,预算定额绝不是简单地套用施工定额的水平。首先,在比施工定额的工作内容综合扩大的预算定额中,也包含了更多的可变因素,需要保留合理的幅度差。其次,预算定额应当是平均水平,而施工定额是平均先进水平,两者相比,预算定额水平相对要低一些,但应限制在一定范围之内。

2. 简明适用的原则

简明适用原则是指预算定额应具有可操作性,便于掌握,有利于简化预算的编制工作和开发应用计算机的计价软件。

简明适用就是在保证定额消耗相对正确的前提下,定额项目划分粗细恰当,简单明了,定额在内容和形式上具有多方面的适应性。

预算定额要项目齐全。要注意补充那些因采用新技术、新结构、新材料而出现的新的定额项目,如果项目不全、缺项多,就会使计价工作缺少充足可靠的依据。

对定额的活口也要设置适当。所谓活口,即在定额中规定当符合一定条件时,允许该定额另行调整。在编制中要尽量不留活口,对实际情况变化较大、影响定额水平幅度较大的项目,确需留的,也应该从实际出发尽量少留;即使留有活口,也要注意尽量规定换算方法,避免采取按实计算。

简明适用原则还要求合理确定预算定额的计量单位,简化工程量计算,尽可能地避免同一种材料用不同的计量单位和一量多用。尽量减少定额附注和换算系数。

(三)预算定额和施工定额的关系

预算定额是在施工定额的基础上制定的,两者都是施工企业实现科学管理的工具,但是两者又有不同之处。

1. 定额作用不同

施工定额是施工企业内部管理的依据,直接用于施工管理;是编制施工组织设计,施工作业计划及劳动力、材料、机械台班使用计划的依据;是编制单位工程预算、加强企业成本管理和经济核算的依据;是编制预算定额的基础。预算定额是一种计价性的定额,其主要作用表现在对工程造价的确定和计量方面,以及用于进行国家、建设单位和施工单位之间的拨款和结算。建设单位编制标底也多以预算定额为依据。

2. 定额水平不同

编制施工定额的目的在于提高企业管理水平,进而推动社会生产力向更高的水平发展,因而作为管理依据和标准的施工定额规定的活劳动和物化劳动消耗量标准,应是平均先进水平的标准。编制预算定额的目的主要在于确定建筑安装工程每一单位分项工程的预算基价,而任何产品的价格都是按照生产该产品所需要的社会必要劳动时间来确定的,所以预算定额中规定的活劳动和物化劳动消耗量标准,应体现社会平均水平。这种水平的差异,主要体现在预算定额比施工定额考虑了更多的实际存在的可变因素,如工序衔接、机械停歇、质量检查等,为此,在施工定额的基础上增加了一个附加额,即幅度差。

3. 项目划分和定额内容不同

施工定额的编制主要以工序或工作过程为研究对象,所以定额项目划分详细,定额工作内容具体;预算定额是在施工定额的基础上经过综合扩大编制而成的,所以定额项目划分更加综合,每一个定额项目的工作内容包括了若干个施工定额的工作内容。

二、预算定额编制的依据及步骤

(一)依据

(1)现行施工定额和劳动定额。预算定额是在现行劳动定额和施工定额的基础上编制的,预算定额中人工、材料、机械台班消耗水平,需要根据劳动定额或施工定额取定;预算定额的计量单位的选择,也要以施工定额为参考,从而保证两者间的协调和可比性,减轻预算定额的编制工作。

(2)现行设计规范、施工及验收规范、操作规程、质量评定标准和安全操作规程。

(3)具有代表性的典型施工图及有关标准图。对这些图纸进行仔细分析研究,并计算出工程量,作为编制定额时选择施工方法、确定定额含量的依据。

(4)新技术、新结构、新材料和先进的施工方法等。这类资料是调整定额水平和增加新定额项目所必需的依据。

(5)有关科学试验、技术测定和统计与经验资料。这类资料是确定定额水平的重要依据。

(6)现行预算定额、材料预算价格及有关文件规定等。包括过去编制定额过程中积累的基础资料,也是编制预算定额的依据和参考。

(二)编制步骤

预算定额的编制,大致可分为准备工作、收集资料、编制定额、报批和修改稿整理五个阶段。各阶段的工作相互有交叉,有些工作还有多次反复。

1. 准备工作阶段

(1)拟订编制方案。

(2)抽调人员,根据专业需要划分编制小组和综合组。

2. 收集资料阶段

(1)普遍收集资料。应在已确定的范围内,采用表格收集定额编制基础资料,以统计资料为主,注明所需的资料内容、填表要求和时间范围,以便于资料整理,并使之具有广泛性。

(2)专题座谈。邀请建设单位、设计单位、施工单位及其他有关单位的有经验的专业人员开座谈会,就以往定额存在的问题提出意见和建议,以便在编制新定额时改进。

(3)收集现行规定、规范和政策法规资料。

(4)收集定额管理部门积累的资料。主要包括日常定额解释资料,补充定额资料,新结构、新工艺、新材料、新机械、新技术用于工程实践的资料。

(5)专项查定及试验。

3. 编制阶段

(1)确定编制细则。主要包括统一编制表格及编制方法,统一计算口径、计量单位和小数点位数的要求。有关统一性规定,包括名称统一、用字统一、专业用语统一、符号代码统一。此外,简化字要规范,文字要简练明确。

（2）确定定额项目划分和工程量计算规则。

（3）定额人工、材料、机械台班耗用量的计算、复核和测算。

4. 定额报批阶段

（1）审核定稿。

（2）预算定额水平测定。新定额编制成稿,必须与原定额进行对比测算,分析水平升降原因。一般新定额水平应该不低于历史上已经达到过的水平,并略有提高。在定额水平测算前,必须编出统一工资、材料价格、机械台班费的新旧两套定额的工程单价。

5. 修改定稿、整理资料阶段

（1）印发征求意见

定额编制初稿完成后,需要征求各有关方面的意见和组织讨论,反馈意见。在统一意见的基础上整理分类,制订修改方案。

（2）修改、整理、报批

按修改方案的决定,将初稿按照定额的顺序进行修改,并经审核无误后形成报批稿,经批准后交付印刷,然后报送相关部门批准。

（3）撰写编制说明

为顺利地贯彻定额,需要撰写新定额的编制说明。其内容包括:项目、子目数,人工、材料、机械的内容范围,资料的依据和综合取定情况,定额中允许换算和不允许换算规定的计算资料,人工、材料、机械单价的计算依据和资料,施工方法、工艺的选择及材料运距的考虑,各种材料损耗率的取定资料,调整系数的使用,其他应该说明的事项与计算数据、资料。

（4）立档、成卷

定额编制资料是贯彻执行定额中需要查对资料的唯一依据,也为修编定额提供历史资料数据,应作为技术档案永久保存。

（三）定额编制中的主要工作

1. 确定预算定额的计量单位

预算定额与施工定额计量单位往往不同。施工定额的计量单位一般按照工序或施工过程确定,而预算定额的计量单位主要是根据分部分项工程和结构构件的形体特征及其变化确定。由于工作内容综合,预算定额的计量单位亦具有综合性。工程量计算规则的规定应确切反映定额项目所包含的工作内容。

预算定额的计量单位关系到预算工作的繁简和准确性。因此,要正确地确定各分部分项工程的计量单位。一般依据建筑结构构件的形状特点确定。

预算定额中各项人工、材料、机械的计量单位选择,相对比较固定。人工、机械按工日、台班计量,各种材料的计量单位与产品的计量单位基本一致。精确度要求高、材料贵重的,多取三位小数。

2. 按典型设计图纸和资料计算工程数量

计算工程数量,就是计算出典型设计图纸所包括的施工过程的工程量,以便在编制预算定额时,可以利用施工定额的人工、机械和材料消耗指标确定预算定额所含工序的消耗量。

3. 确定预算定额各项目人工、材料和机械台班消耗指标

确定预算定额人工、材料、机械台班消耗指标时，必须先按施工定额的分项逐项计算出消耗指标，然后再按预算定额的项目加以综合。但是，这种综合不是简单合并和相加，而需要在综合过程中增加两种定额之间的适当的水平差。预算定额的水平，首先取决于这些消耗量的合理确定。

人工、材料、机械台班消耗量指标，应根据定额编制原则和要求，采用理论与实际相结合、图纸计算与施工现场测算相结合、编制人员与现场工作人员相结合等方法进行计算和确定，使定额既符合政策要求，又与客观情况一致，便于贯彻执行。

4. 编制定额表和拟定有关的说明

定额项目表的一般格式是：横向排列为各分项工程的项目名称，竖向排列为分项工程的人工、材料和施工机械消耗量指标。有的项目表下部，还有附注以说明设计有特殊要求时怎样进行调整和换算。

预算定额的说明包括定额总说明、分部工程说明及分项工程说明。设计各分部需要说明的共性问题列入总说明，属于某一分部需要说明的事项列章节说明。说明要简明扼要，但是必须分门别类注明。尤其是对特殊的变化，力求简洁，避免争议。

（四）预算定额中人工工日消耗量、材料消耗量、机械台班消耗量的计算

1. 人工工日消耗量的计算

预算定额中人工工日消耗量是指在正常施工条件下，生产单位合格产品所必须消耗的人工工日数量，是由分项工程所综合的各个工序劳动定额包括的基本用工、其他用工两部分组成的。

人工工日的确定方法有两种：一种是以劳动定额为基础确定；另一种是以现场观察测定资料为基础计算，主要用于遇到劳动定额缺项时。

（1）基本用工

基本用工是指完成单位合格产品所必须消耗的技术工种用工，具体包括以下几项：

① 完成定额计量单位的主要用工。按综合取定的工程量和劳动定额进行计算，计算公式如下：

$$基本用工 = \sum(综合取定的工程量 \times 劳动定额)$$

② 按劳动定额规定应增加计算的用工量。例如砖基础埋深超过 1.5 m，超过部分要增加用工，预算定额中应按一定比例给予增加。

③ 由于预算定额是以施工定额子目综合扩大的，包括的内容较多，施工的效果视具体的部位而不一样，需另外增加用工，列入基本用工。

（2）其他用工

其他用工是辅助基本用工消耗的工日，通常包括超运距用工、辅助用工和人工幅度差三部分。

① 超运距用工：超运距是指劳动定额中已包括的材料、半成品场内水平搬运距离与预算定额所考虑的现场材料、半成品堆放地点到操作地点的水平运输距离的差值。

$$超运距 = 预算定额取定运距 - 劳动定额已包括的运距$$

需要指出，实际工程现场运距超过预算定额取定运距时，可另行计算现场二次搬运费。

② 辅助用工，指技术工种劳动定额内不包括而在预算定额内又必须考虑的用工。如

机械土方工程配合用工、材料加工（筛沙、洗石、淋化石膏）、电焊点火用工等。计算公式如下：

$$辅助用工 = \sum（材料加工数量 \times 相应的加工劳动定额）$$

③ 人工幅度差，即预算定额与劳动定额的差额，主要是指在劳动定额中未包括而在正常施工情况下不可避免但又很难准确计量的用工和各种工时损失。内容包括以下几项：

a. 各工种间的工序搭接及交叉作业互相配合或影响所发生的停歇用工。

b. 施工机械在单位工程之间转移及临时水电线路移动所造成的停工。

c. 质量检查和隐蔽工程验收工作影响的用工。

d. 班组操作地点转移用工。

e. 工序交接时对前一工序不可避免的修整用工。

f. 施工中不可避免的其他零星用工。

$$人工幅度差 =（基本用工＋辅助用工＋超运距用工）\times 人工幅度差系数$$

人工幅度差系数一般为 10％～15％。在预算定额中，人工幅度差的用工量列入其他用工量中。

2. 材料消耗量的计算

材料消耗量是完成单位合格产品所必须消耗的材料数，按用途划分为以下三种：

（1）主要材料：指直接构成工程实体的材料，其中包括成品、半成品的材料。

（2）辅助材料：指构成工程实体除主要材料以外的其他材料，如垫木钉子、铅丝等。

（3）其他材料：指用量较少，难以计量的零星用料，如棉纱、编号用油漆等。

材料损耗量，指在正常条件下不可避免的材料损耗，如现场内材料运输及施工操作过程中的损耗等。其关系式如下：

$$材料损耗率 = 损耗量/净用量 \times 100％$$
$$材料损耗量 = 材料净用量 \times 损耗率$$
$$材料消耗量 = 材料净用量 ＋ 损耗量$$
$$材料消耗量 = 材料净用量 \times（1＋损耗率）$$

3. 机械台班消耗量的计算

预算定额中的机械台班消耗量是指在正常施工条件下，生产单位合格产品必须消耗的某种型号施工机械的台班数量。

（1）根据施工定额确定机械台班消耗量的计算

根据施工定额确定机械台班消耗量是指以施工定额或劳动定额中机械台班用量加机械幅度差计算预算定额的机械台班消耗量。

$$预算定额机械耗用台班 = 施工定额机械耗用台班 \times（1＋机械幅度差系数）$$

机械台班幅度差包括正常施工组织条件下，因机械不可避免的停歇因素而另外增加的机械台班消耗量。主要包括不可避免的机械空转时间、施工技术原因造成的及合理的停滞时间、因供水电线路移动检修而发生的运转中断时间、因气候变化或机械故障而影响工时利用的时间、施工机械转移及配套机械相互影响损失的时间、配合机械施工的工人因与其他工种交叉造成的停歇时间、因检查工程质量造成的机械停歇时间、工程收尾和工作量不饱满造成的机械停歇时间等。

占比重不大的零星小型机械按劳动定额小组产量计算出机械台班使用量，以"机械费"

或"其他机械费"表示,不再列台班数量。

（2）以现场测定资料为基础确定机械台班消耗量

如遇施工定额或劳动定额缺项者,则需依单位时间完成的产量测定,具体方法可见本章第三节。

根据上述方法确定出的人工、材料和机械台班消耗量,在预算定额中予以发布。例如,《江苏省安装工程计价定额》第十册"给排水、采暖、燃气工程"第 3.6.1 节螺纹水表定额示例见表 4-2。

表 4-2　　　　　　　　　　　　　　　　　　**螺 纹 水 表**

工作内容:切管、套丝、制垫、安装、水压试验　　　　　　　　　　　　　　　　计量单位:组

定额项目				10-626		10-627	
项目		单位	单价	公称直径(mm 以内)			
				DN15		DN20	
				数量	合计	数量	合计
综合单价		元		52.48	63.28		
其中	人工费	元		23.26	28.12		
	材料费	元		16.24	20.25		
	机械费	元		—	—		
	管理费	元		9.24	10.97		
	利润	元		3.32	3.94		
二类工		工日	74	0.32	23.68	0.38	28.12
材料	20110303　螺纹水表 DN15	只		(1.00)			
	21010304　螺纹水表 DN20	只				(1.00)	
	16030503　螺纹闸阀 Z15T-10K DN15	只	15.41	1.01	15.56		
	16030504　螺纹闸阀 Z15T-10K DN20	只	19.38			1.01	19.57
	02010106　橡胶板 $\delta=1\sim15$	kg	9.00	0.05	0.45	0.05	0.45
	11112524　厚漆	kg	10.00	0.01	0.10	0.01	0.10
	12050311　机油	kg	9.00	0.01	0.09	0.01	0.09
	02290103　线麻	kg	12.00	0.001	0.01	0.001	0.01
	03652422　钢锯条	根	0.24	0.11	0.03	0.13	0.03

三、补充定额的编制

（一）基本概念

补充定额是指随着设计、施工技术的发展在现行定额不能满足需要的情况下,为了补充缺项所编制的定额。补充定额只能在指定的范围内使用,一般由施工企业提出测定资料,与建设单位或设计部门协商议定,只作为一次使用,并同时报主管部门备查。以后陆续遇到此种同类项目时,经过总结和分析,往往成为补充或修订正式统一定额的基本资料。

目前各省使用的工程预算定额大部分是参照全国统一定额编制的,基本上能够满足民用项目的工程预算需要,但针对具体项目,随着近年新材料、新技术和新工艺的发展和

应用,往往不能完全满足工程预算需要,此时需要编制补充定额以满足实际工程预算的编制需求。

（二）编制的原则

（1）定额组成内容与现行定额同类项目相一致的原则。

（2）人、材、机消耗的计算口径与现行定额相一致的原则,单价与现行定额统一。

（3）工程主要材料的损耗率应符合现行定额,周转材料的计算应与现行定额保持一致。

（4）施工中的相互关联的可变因素考虑周全。

（5）各项数据必须是试验结果或实际情况的统计。

（三）准备的资料

（1）设计要求。

（2）施工概况。

（3）测定资料。

（4）有关的试验报告。

（四）有关消耗量的计算方法

1. 劳动力消耗量的计算

采用统计法,按投入的总工日及总工程量计算。
$$合计工日＝投入的总工日/总工程量$$

2. 材料消耗量的计算

采用统计法,按施工过程的实际总耗用量和总工程量计算。
$$材料耗用量＝总耗用量/总工程量$$

3. 机械台班耗用量的计算

采用统计法,按施工过程中投入的作业台班数与总工程量计算。
$$机械台班耗用量＝作业台班总数/总工程量$$

第七节 概算定额与概算指标

一、概算定额

（一）概念

概算定额是以扩大的分部分项工程为对象编制的,规定完成单位合格扩大分项工程或扩大结构构件所需要消耗人工、材料、施工机械台班数量及其费用标准。概算定额也是一种计价性定额,是编制设计概算的基本依据。概算定额项目划分得粗细,与扩大初步设计的深度相适应,一般在预算定额的基础上综合扩大而成,每一综合分项概算定额都包含了数项预算定额。概算定额是在预算定额的基础上合并相关的分项工程,进行综合、扩大而成,所以概算定额称为扩大结构定额。

为适应建筑业的改革,原国家计委、中国建设银行总行在计标〔1985〕352 号文件中指出,概算定额和概算指标由省、区、市在预算定额的基础上组织编写,分别由主管部门审批,报国家计划委员会备案。

（二）作用

（1）是设计部门编制初步设计概算和修正概算的依据。

(2) 是对设计项目进行技术经济分析比较的基础资料之一。

(3) 是编制概算指标的依据。

(4) 是建设工程主要材料计划编制的依据。

（三）概算定额的编制

1. 编制原则

(1) 社会平均水平原则

概算定额是一种社会标准，其定额水平为社会平均水平。概算定额与预算定额应保持一致水平，即在正常条件下，反映大多数企业的设计、生产及施工管理水平。为保证概算定额质量，必须把定额水平控制在一定的范围之内，使预算定额和概算定额之间的幅度差的极限值控制在 5％以内，一般控制在 3％左右。以便使根据概算定额编制的概算能够控制施工图预算。

(2) 简明适用原则

相对于施工图预算定额而言，概算定额应本着扩大综合和简化计算的原则进行编制。"简化计算"是指在综合内容、工程量计算、活口处理和不同项目的换算等问题的处理上力求简化。

"简明"就是在章节的划分、项目的排列、说明、附注、定额内容和表现形式等方面，清晰醒目，一目了然；"适用"就是针对本地区，综合考虑到各种情况都能用。

"细算粗编"也是"简明适用"的体现。"细算"是指在含量取定上一定要正确地选择有代表性的且质量高的图纸和可靠的资料，精心计算，全面分析。"粗编"就是指在综合内容时要贯彻以主代次的指导思想，以影响水平较大的项目为主，并将影响水平较小的项目综合进去。换句话说，综合的内容可以尽量多一些和宽一些，尽量不留活口。

2. 概算定额的编制依据

概算定额的编制依据主要有以下几个方面：

(1) 现行的设计标准、规范和施工技术规范、规程等。

(2) 有代表性的设计图纸和标准设计图集、通用图集。

(3) 现行建设工程预算定额和概算定额。

(4) 现行人工工资标准、材料预算价格、机械台班预算价格及各项取费标准。

(5) 有关的施工图预算和工程结算等经济资料。

(6) 有关的国家和省、区、市文件。

3. 概算定额的编制

编制概算定额特别要注意以下三个方面：

(1) 定额项目划分

应以简明和便于计算为原则，在保证一定准确度的前提下，以主要结构分部工程为主，合并相关联的项目。

(2) 定额的计量单位

基本上按预算定额的规定执行，但是扩大该单位中包含的工程内容。

(3) 定额数据的综合取定

由于概算定额是在预算定额的基础上综合扩大而成的，因此，在工程的标准和施工方法的确定、工程量计算和取值上都需要综合考虑，并结合概、预算定额水平的幅度差而适当扩大,还要考虑到初步设计的深度条件来编制。如对混凝土和砂浆的强度等级、钢筋用量等,可根据工程结构的不同部位,通过综合测算、统计而取定合理的数据。

4. 概算定额的内容

各地区概算定额的形式、内容各有特点,但是一般都包括下列主要内容:

(1) 总说明

主要阐述概算定额的编制原则、编制依据、适用范围、有关的规定、取费标准和概算造价计算方法等。

(2) 分章说明

主要阐明本章所包括的定额项目及工程内容、规定的工程量计算规则等。

(3) 定额项目表

这是概算定额的主要内容,它由若干分节定额表组成。各节定额表表头注有工作内容,定额表中列有计量单位、概算基价、各种资源消耗量指标,以及所综合的预算定额的项目与工程量等。

二、概算指标

1. 概念

概算指标是概算定额的扩大与合并,它以单位工程为对象,反映完成一个规定计量建筑安装产品的经济消耗量指标,包括劳动、机械台班、材料定额三部分,同时也列有各结构分部的工程量及单位工程的造价,是一种计价定额。

建筑安装工程概算指标通常是以单位工程为对象,以建筑面积、体积或成套设备装置的台或组为计量单位而规定的人工、材料、机械台班的消耗量标准和造价指标。从上述定义中可以看出概算定额和概算指标的主要区别为:

(1) 概算定额以单位扩大分项工程或单位扩大结构构件为对象,而概算指标则以单位工程为对象。因此概算指标比概算定额更加综合与扩大。

(2) 确定各种消耗量指标的依据不同。概算定额以现行预算定额为基础,通过计算之后才综合确定出各种消耗量指标,而概算指标中各种消耗量指标的确定,则主要来自各种预算和结算资料。

概算指标和概算定额、预算定额一样,都是与各个设计阶段相适应的多次计价的产物,它主要用于投资估算、初步设计阶段。

2. 作用

(1) 在初步设计阶段,特别是当工程形象尚不具体时,计算分部分项工程量有困难,无法查用概算定额,同时又必须提出建筑工程概算的情况下,可以使用概算指标编制设计概算。

(2) 是在建设项目可行性研究阶段编制项目投资估算的依据。

(3) 是建设单位编制基本建设计划、申请投资贷款和编写主要材料计划的依据。

(4) 是设计和建设单位进行技术经济分析、衡量设计水平、考核投资效果的标准。

3. 概算指标的分类

概算指标可分为两大类,一类是建筑工程概算指标,另一类是安装工程概算指标,如图4-4所示。

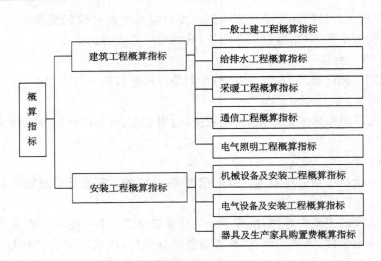

图 4-4　概算指标分类图

第八节　投资估算指标

一、投资估算指标及作用

工程建设投资估算指标是编制项目建议书、可行性研究报告等前期工作阶段投资估算的依据,也可以作为编制固定资产长远规划投资额的参考。它非常概略,往往以独立的建设项目、单项工程或单位工程为计算对象,编制内容是所有项目费用之和。它的概略程度与可行性研究阶段相适应。

投资估算指标为完成项目建设的投资估算提供依据和手段,在固定资产的形成过程中起着投资预测、投资控制、投资效益分析的作用,是合理确定项目投资的基础。投资估算指标中的主要材料消耗量也是一种扩大材料消耗量指标,可以作为计算建设项目主要材料消耗量的基础。投资估算指标的正确制定对于提高投资估算的准确度、对建设项目的合理评估、正确决策具有重要的意义。

二、投资估算指标的内容

投资估算指标是确定和控制建设项目全过程各项投资支出的技术经济指标,其范围涉及建设前期、建设实施期和竣工验收交付使用期等各个阶段的费用支出,内容因行业不同各异,一般分为建设项目综合指标、单项工程指标和单位工程指标三个层次。

1. 建设项目综合指标

建设项目综合指标指按规定应列入建设项目总投资的从立项筹建开始至竣工验收交付使用的全部投资额,包括单项工程投资、工程建设其他费和预备费等。

建设项目综合指标一般以项目的综合生产能力单位投资表示,如"元/t""元/kW",或以使用功能表示,如医院床位"元/床"。

2. 单项工程指标

单项工程指标指按规定应列入能独立发挥生产能力或产生使用效益的单项工程的全部

投资额,包括建筑工程费、安装工程费、设备工器具及生产家具购置费和其他费用。

单项工程指标一般以单项工程生产能力单位投资表示,如"元/t",或其他单位,如变配电站"元/(kV·A)",锅炉房"元/蒸汽吨"等。

3. 单位工程指标

单位工程指标指按规定应列入能独立设计、施工的工程项目的费用,即建筑安装工程费用。

单位工程指标一般以如下方式表示:如房屋区别不同结构形式以"元/m²"表示;道路区别不同结构层、面层以"元/m²"表示;管道区别不同材质、管径以"元/m"表示。

复习与思考题

1. 建设工程定额的定义是什么?

2. 建设工程定额的作用表现在哪些方面?

3. 建设工程定额主要有哪些类型?

4. 比较施工定额、预算定额、概算定额、概算指标和投资估算指标的编制对象、用途、项目划分、定额水平及定额性质等的不同。

5. 简述工程定额计价的基本方法和基本程序。

6. 施工过程的含义是什么? 主要有哪些分类?

7. 工人工作时间的消耗和工人所用的机器工作时间主要包括哪些内容? 各部分时间的特点是什么?

8. 简述如何运用计时观察法测定时间消耗。

9. 施工定额和预算定额中人工、材料和机械台班消耗量是如何确定的?

10. 施工定额和预算定额中人工、材料和机械台班单价是如何确定的?

11. 施工定额或企业定额的作用表现在哪些方面?

12. 施工定额或企业定额的编制原则有哪些?

13. 简述施工定额的编制内容和编制方法。

14. 预算定额的作用表现在哪些方面?

15. 预算定额的编制原则有哪些?

16. 简述施工定额的编制内容和编制方法。

17. 简述预算定额的编制依据有哪些。

18. 补充定额的编制原则是什么? 人工、材料和机械台班消耗量是如何确定的?

19. 简述概算定额和概算指标的基本概念。

20. 简述投资估算指标的基本概念。

21. 某分项工程,经测定施工过程需基本用工 1.5 工日,辅助用工 0.2 工日,超运距用工 0.3 工日,人工幅度差系数取 15%,则定额人工工日消耗量为多少?

22. 某工程需采购钢材 100 t,出厂价为 5 800 元/t,材料运杂费 500 元/t,采购及保管费率为 8%,则该批钢材的预算价为多少?

第五章　工程造价工程量清单计价方法

主要内容:在讲述工程量清单计价的基本概念、实施的背景、目的与意义的基础上,重点讲述建设工程工程量清单计价规范的内容和特点、工程量清单计价的基本原理与程序,并以江苏省为例介绍了工程量清单计价的实施情况。

基本要求:

(1)掌握工程量清单的基本概念。

(2)掌握《建设工程工程量清单计价规范》的基本术语、实施范围与主要内容。

(3)掌握工程量清单计价的基本原理、特点和基本程序。

(4)掌握江苏省实行工程量清单计价的基本规定和相应的费用定额。

(5)熟悉工程量清单计价实施的背景、目的与意义。

(6)熟悉《建设工程工程量清单计价规范》的特点。

(7)熟悉工程量清单计价和定额计价的区别与联系。

第一节　工程量清单计价概述

工程量清单计价是改革和完善工程价格的管理体制的一个重要组成部分。工程量清单计价方法相对于传统的定额计价方法是一种新的计价模式,是一种市场定价模式,是由建设产品的买方和卖方在建设市场上根据供求状况、信息状况进行自由竞价,从而最终能够确定工程合同价格的方法。在工程量清单的计价过程中,工程量清单为建设市场的交易双方提供了一个平等的交易平台,其内容和编制原则的确定是整个计价方式改革中的重要工作。因此,可以说工程量清单计价是建设市场建立、发展和完善过程的必然产物,是投标人在投标报价活动中进行公正、公平、公开竞争的基础。

一、工程量清单及工程量清单计价方法

1. 工程量清单

工程量清单是建设工程的分部分项工程项目、措施项目、其他项目、规费项目和税金项目的名称和相应数量等的明细清单。在工程建设承发包及实施过程的不同阶段,可分为招标工程量清单和已标价工程量清单。

招标工程量清单是招标人依据国家标准、招标文件、设计文件以及施工现场实际情况编制的,随招标文件发布供投标报价的工程量清单,包括对其的说明和表格。它是招标阶段供投标人报价的工程量清单。招标工程量清单应由具有编制能力的招标人或受其委托、具有相应资质的工程造价咨询人编制,必须作为招标文件的组成部分,其准确性和完整性应由招标人负责,是工程量清单计价的基础,应作为编制招标控制价、投标报价,计算或调整工量,索赔等的依据之一。招标工程量清单应以单位(项)工程为单位编制,应由分部分项工程项目清单、措施项目清单、其他项目清单、规费项目清单和税金项目清单组成。

已标价工程量清单是构成合同文件组成部分的投标文件中已标明价格,经算术性错误

修正(如有)且承包人已确认的工程量清单,包括对其的说明和表格。它表示的是投标人对招标工程量清单已标明价格,并被招标人接受,构成合同文件组成部分的工程量清单。

2. 工程量清单计价方法

工程量清单计价方法是指在建设工程招标投标中,招标人按照国家统一的《建设工程工程量清单计价规范》的要求编制和提供工程量清单,投标人依据工程量清单、拟建工程的施工方案,结合自身实际情况并考虑风险后自主报价的工程造价计价模式。工程量清单计价是市场形成工程造价的主要形式。在我国,工程量清单计价主要在招投标阶段使用。

二、实行工程量清单计价的背景

(一)国际工程造价管理模式

1. 英联邦国家(地区)工程造价管理

英联邦成员遍布世界各大洲,虽然它们所处的地域不同,经济社会政治发展状态各异,但它们的工程造价管理制度有着千丝万缕的联系。英国是英联邦的核心,其工程造价管理体系最完善,许多英联邦国家(地区)的工程造价管理制度以此为基础,再融合了各自的实际情况而形成。英国传统的建筑工程计价模式,一般情况下都在招标时附带由业主委托工料测量师编制的工程量清单,其工程量按照 SMM(Standard Method of Measurement of Building Works)规定进行编制、汇总成工程量清单。工程量清单通常按分部分项工程划分,工程量清单的粗细程度主要取决于设计深度,与图纸对应,也与合同形式有关。在工程招标投标阶段,工程量清单是为投标者提供共同竞争性投标报价的基础;其次,工程量清单中的单价或价格是施工过程中支付工程进度款的依据;另外,当工程变更时,其单价或价格也是合同价格调整或索赔的重要参考资料。承包商的估价师参照工程量清单进行成本要素分析,根据其以前的经验,并收集市场信息资料、分发咨询单、回收相应厂商或分包商报价,对每一分项工程都填入单价,以及单价与工程量相乘后的金额,其中包括人工、材料、机械设备、分包工程、临时工程、管理费和利润。所有分项工程费用之和,再加上开办费、基本费用项目(这里指投标费、保证金、保险、税金等)和指定分包工程费,构成工程总造价,一般也是承包商的报价。在施工期间,每个分项工程都要计量实际完成的工程量,并按承包商的报价计费。增加的工程需重新报价,或者按类似的现行单价重新估价。

我国香港特别行政区过去是英联邦的一员,回归祖国后现仍沿袭着英联邦的工程造价管理方式,且与内地情况较为接近,其做法也较为成功,现将香港的工程造价管理归纳如下。

在香港,建设项目划分为政府工程和私人工程两类。政府工程由政府专业部门以类似业主的身份组织实施,统一管理,统一建设;而对于占工程总量大约70%的私人工程的具体实施过程采取"不干预"政策。

香港特别行政区政府对工程造价的间接调控主要表现在以下方面:

(1)建立完善的法律体系,以此制约建筑市场主体的价格行为

香港目前制定有一百多项有关城市规划、建设与管理的法规,一项建筑工程从设计、征地、筹资、标底制定、招标到施工结算、竣工验收、管理维修等环节都有具体的法规制度可以遵循,各政府部门依法照章办事,防止了办事人员的随意性,因而相互推诿、扯皮的事很少发生。业主、建筑师、工程师、测量师的责任在法律中也都有明确的规定,违法者将负民事、刑事责任。健全的法制,严密的机构,为建筑业的发展提供了有力的保障。

(2)制定与发布各种工程造价信息,对私营建筑业施加影响

政府有关部门制定的各种应用于公营工程计价与结算的造价指数以及其他信息,虽然对私人工程的业主与承包商不存在行政上的约束力,但是由于这些信息在建筑行业具有较高的权威性和广泛的代表性,因而能为业主与承包商共同接受,实际上起到了指导价格的作用。

(3)政府与测量师学会及各测量师行保持密切联系,间接影响测量师的估价

在香港,工料测量师受雇于业主,是进行工程造价管理的主要力量。政府在对其进行行政监督的同时,主要通过测量师学会的作用,如进行操守评定、资历与业绩考核等,达到间接控制的目的。

(4)动态估价,市场定价

在香港,无论是政府工程还是私人工程,均被视为商品,在工程招标报价中一般采用自由竞争,按市场经济规律进行动态估价。业主对工程的估价一般要委托工料测量师来完成。测量师行的估价大体上是按比较法和系数法进行的,经过长期的估价实践,他们都拥有极为丰富的工程造价实例资料,甚至建立了工程造价数据库。承包商在投标时的估价一般凭自己的经验来完成,往往把投标工程划分为若干个分部工程,根据本企业的定额计算出所需的人工、材料、机械等的耗用量,而人工单价主要根据企业实际情况报价,材料单价主要根据各材料供应商的报价加以比较确定,承包商根据建筑市场供求情况随行就市,自行确定管理费率,最后做出体现当时当地实际价格的工程报价。总之,工程任何一方的估价,都以市场状况为重要的依据之一,是完全意义的动态估价。

(5)发育健全的咨询服务业

伴随着建筑工程规模的日趋扩大和建筑生产的高度专业化,香港各类社会服务机构迅速发展起来,这些机构承担着各建设项目的管理和服务工作,是政府摆脱对微观经济活动直接控制与参与的保证,是承发包双方的顾问和代言人。

在这些社会咨询服务机构中,工料测量师行是直接参与工程造价管理的咨询部门。从20世纪60年代开始,香港的工程建设预算师已从以往的编制工程概算、预算,按施工完成的实物工程量编制竣工结算和竣工决算,发展为对建设全过程进行成本控制;预算师从以往的服务于建筑师、工程师的被动地位,发展到与建筑师和工程师并列,并相互制约、相互影响的主动地位,在工程建设过程中发挥出积极的作用。

(6)多渠道的工程造价信息发布体系

在香港这个市场经济社会中,能否及时、准确地捕捉建筑市场价格信息是业主和承包商能否保持竞争优势和取得盈利的关键。这些信息是建筑产品估价和结算的重要依据,是建筑市场价格变化的指示灯。

工程造价信息的发布往往采取价格指数形式。按照指数内涵划分,香港地区发布的主要工程造价指数可分为3类,即投入品价格指数、成本指数和价格指数,分别是依据投入品价格、建造成本和建造价格的变化趋势编制的。在香港建筑工程诸多投入品中,人工工资和材料价格是经常变动的因素,因而有必要定期发布指数信息,供估价及价格调整之用。建造成本是指承包商为建造一项工程所付出的代价。建造价格是承包商为业主造一项工程所收取的费用,除了包括建造成本外,还包括承包商赚取的利润。

按照发布机构分类,工程造价指数可分为政府指数和民间指数。政府指数由建筑署定期发布。政府指数主要用于政府工程结算调价和估算。民间指数由一些工料测量师行根据

其造价资料综合而成,其中较具权威性的指数是威宁谢(香港)公司和利比测计师事务所发布的造价指数。

目前,香港特区工程造价信息从编制到发布已形成了比较成熟的体系,信息及时、准确、实用,反映市场快速、多变的特点,基本满足了建筑市场主体对价格信息的需要。

2. 日本建设工程造价管理

日本建设工程造价管理(建筑积算)主要是在明治时代实行文明开放政策后,伴随西方建筑技术的引进,借鉴英国工料测量制度而发展起来的。

日本建设工程造价管理的特点归纳起来有 3 点:行业化、系统化、规范化。

(1) 行业化

日本工程造价管理作为一个行业经历了较长的历史过程。早期的积算管理方法源于英国。早在明治十年,受英国的影响而懂得建筑积算在工程建设中的作用,并由设计部门在实际工作中应用建筑积算;到大正时代,出版了《建筑工程工序及积算法》等书。昭和二十年民间咨询机构开始出现,昭和四十二年成立了民间建筑积算事务所协会,昭和五十年,日本建筑积算协会成为社团法人,从此建筑积算成为一个独立的行业活跃在日本各地。日本建设省于 1990 年正式承认日本建筑积算协会组织的全国统考,并授予通过考试者"国家建筑积算士"资格,使建筑积算得以职业化。

(2) 系统化

日本的建设工程造价管理在 20 世纪 50 年代通过借鉴国外经验逐步发展形成了一套科学的体系。

日本国家投资工程的管理分部门进行。在建设省内设置了官厅营缮部、建设经营局、河川局、道路局,分别负责国家机关建筑物的修建与维修、房地产开发、河川整治与水资源开发、道路建设等,基本上做到分工明确。此外,设有 8 个地方建设局,每个局设 15～30 个工程事务所,每个工程事务所下设若干个派出机构"出张所"。建设省负责制定计价规定、办法和依据,地方建设局和工程事务所负责具体投标厂商的指名、投标、定标和签订合同,以及政府统计计价依据的调查研究、工程项目结算和决算等工作。出张所直接面对各具体的工程,对造价实行监督、控制、检查。

日本政府对建设工程造价实行全过程管理。日本建筑工程的建设程序大致如下:调查(规划)—计划(设计任务书)—设计(基本设计及实施设计)—积算(概预算)—契约(合同)—建立检查—引渡(交工)—保全(维修服务)。

在立项阶段,对规划设计做出切合实际的投资估算(包括工程费、设计费和土地购置费),并根据审批权限审批。

立项后,政府主管部门依照批准的规划和投资估算,委托设计单位在估算限额内进行设计。一旦做出了设计,就要对不同阶段的工程造价进行详细的积算和确认,检查其是否突破批准的估算。如未突破即以实施设计的预算作为施工发包的标底也就是预定价格;如突破了,则要求设计单位修改设计,缩小建设规模或降低建设标准。

在承发包和施工阶段,政府与项目主管部门以控制工程造价在预定价格内为中心,将管理贯穿于选择投标单位、组织招投标、确定中标单位和签订工程承发包合同,并对质量、工期、造价进行严格的控制。

(3) 规范化

日本工程造价管理在 20 世纪 50 年代前大多凭经验进行,随着建筑业的发展,学习国外经验,制定各种规章,逐步形成了比较完善的法规体系。

日本政府各部门根据基本法准则,制定了一系列有关确定工程造价的规定和依据,如《新营预算单价》(估价指标)、《建筑工程积算基准》、《土木工事积算基准》、《建筑数量积算基准——解说》(工程量计算规则)、《建筑工事内识书标准书式》(预算标准格式)等。

日本政府预算定额的"量"和"价"是分开的,量是公开的,价是保密的。日本的法规既有指令性的又有指导性的。指令性的要做到有令必行、违令必究,维护其严肃性;而指导性的则提供丰富、真实且权威性的信息,真正体现其指导性。

3. 美国建设工程造价管理

(1)美国政府对工程造价的管理

美国政府对工程造价的管理包括对政府工程的管理和对私人投资工程的管理,主要采用间接手段。

① 美国政府对政府工程的造价管理

美国政府对政府工程造价管理一般采用两种形式:一是由政府设专门机构对政府工程进行直接管理;二是将一些政府工程通过招标的形式,委托私营企业设计、估价,或委托专业公司按照该部门的规定进行管理。

对于政府委托给私人承包商的政府工程管理,各级政府都十分重视严把招标投标这一关,以确保合理的工程成本和良好的工程质量。决标的标准并不是报价越低越好,而是综合考虑投标者的信誉、施工技术、施工经验以及过去对同类工程建设的历史纪录,综合确定中标者。当政府工程被委托给私人承包商之后,各级政府还要对这些项目进行监督检查。

② 美国政府对私营工程的造价管理

在美国的建设工程总量中,私营工程占较大的比重,各级政府对私营工程项目进行管理的中心思想是尊重市场调节的作用,提供服务引导型管理。具体体现在对私人投资方向的诱导和对私人投资项目规模的管理两个方面。

(2)美国工程估价编制

在美国,建设工程造价被称为建设工程成本。美国工程造价协会统一将工程成本划分为两部分费用,其一是与工程设计直接有关的工程本身的建设费用,称为造价估算,主要包括设备费、人工费、机械使用费、勘测设计费等;其二是由业主掌握的一些费用,称为工程预算,主要包括场地使用费、生产准备费、执照费、保险费和资金筹措费等。在上述费用的基础上,还按一定比例提取管理费和利润计入工程成本。

① 工程造价计价标准和要求

在美国,对确定工程造价的依据和标准没有统一的规定。确定工程造价的依据基本上可分为两大类:一类是由政府部门制定的造价计价标准,另一类是由专业公司制定的造价计价标准。

美国各级政府分别对各自管辖的工程项目制定计价标准,但这些政府发布的计价标准只适用于政府投资工程,对全社会并不要求强制执行,仅供社会参考。对于非政府工程主要由各地工程咨询公司根据本地区的特点,为当地项目规定计价标准。这种做法可使计价标准更接近项目所在地区的具体实际。

② 工程估价的具体编制

在美国,工程估价主要由设计部门或专业估价公司承担。估价师在编制工程造价时,除了考虑工程项目本身的特征因素如项目拟采用的独特工艺和新技术、项目管理方式、现有场地条件以及资源获得的难易程度等之外,一般还对项目进行较为详细的风险评估,对于风险性较大的项目,预备费的比例较高,否则则较小。他们通过掌握不同的预备费率来调节工程估价的总体水平。

美国工程估价中的人工费由基本工资和工资附加两部分组成。其中,工资附加项目包括管理费、保险金、劳动保护金、税金等。

在美国工程计价一般称为估价。根据项目进展的阶段不同,工程的估价大致分为 5 级:第一级,数量级估算,精度一般为$-30\%\sim+50\%$;第二级,概念估算,精度一般为$-15\%\sim+30\%$;第三级,初步估算,精度一般为$-10\%\sim+20\%$;第四级,详细估算,精度一般为$-5\%\sim+15\%$;第五级,完全详细估算,精度一般为$-5\%\sim+5\%$。

在美国的工程估价体系中,有一个非常重要的组成因素,即有一套前后连贯统一的工程成本编码。所谓工程成本编码,就是将一般工程按其工艺特点细分为若干分部分项工程,并给每个分部分项工程编专用的号码,作为该分部分项工程的代码,以便在工程管理和成本核算中区分建筑工程的各个分部分项工程。

美国建筑标准协会发布过两套编码系统,即标准格式和部位单价格式。其中,标准格式用于项目运行期中的项目控制,部位单价格式用于前期的项目分析。

③ 工程估价用数据资料的来源

工程估价中需要用到的资料主要为各种成本要素的数值。美国工程估价所使用的成本要素资料主要有三种类型:出版的参考手册,承包商可以从第一手的历史成本资料中获得;从工程标准设计中开发得出的单位成本模型的估价;通过历史成本的回归分析得出的成本资料,包括工时因子、材料单位成本、分包商、其他单位成本、工资标准等详细单位成本估价所用资料,也包括各种比例因子、已建立的参数计算规则等参数法所用资料,还包括各种计算方法使用的调整因子等。

以上数据资料主要来自于大型承包商建立的估价系统或数据库,正式出版物以及各种协会、学会、专业组织、机构发布的估价标准等。

(二)我国工程造价管理的发展

我国工程造价管理大致经历了六个阶段:

第一阶段,1950~1957 年,是与计划经济相适应的概预算定额制度的建立时期。为了合理地确定工程造价,我国引进了苏联一套概算定额管理制度,其核心是"三性一静",即定额的统一性、综合性,指令性及工、料、机价格为静态,在计划经济体制下起过积极的作用。

第二阶段,1958~1966 年,是概预算定额管理逐渐被削弱的阶段。限于当时的情况,概预算与定额管理权限全部下放,各级概预算部门被精简,设计单位概预算管理人员减少,只算政治账,不算经济账,概预算控制投资作用被削弱。

第三阶段,1966~1976 年,是概预算定额管理工作遭到严重破坏的阶段。概算定额和定额管理机构被撤销,大量基础资料被销毁,造成设计无概算、施工无预算、竣工无决算的状况。

第四阶段,20 世纪 70 年代至 90 年代,是造价管理工作整顿和发展的时期。从 1977 年起,国家开始恢复重建造价管理机构。于 1983 年 8 月成立了基本建设标准定额局,组织制定工程建设概预算定额、费用标准及工作制度,概预算定额统一归口,1988 年划归建设部,成立标准定额司,各省区市、各部委建立定额管理站,全国颁布了一系列推动概预算管理和定额管理发展的文件,并颁布了几十项预算定额、概算定额、估算指标。1990 年成立了中国建设工程造价管理协会,从而推动了工程造价管理工作的发展。

第五阶段,从 20 世纪 90 年代初至 2003 年 6 月。随着我国经济发展水平的提高和经济结构的调整,传统的概预算定额的管理遏制了竞争,抑制了生产者和经营者的积极性与创造性。传统的概预算必须改革,这是一个循序渐进的工作。

第六阶段,从 2003 年 7 月开始。《建设工程工程量清单计价规范》的发布,更好地规范了建设市场秩序,真正开始遵循公开、公平、公正的原则,使工程造价反映市场经济规律。

（三）我国传统工程造价管理制度存在的问题

长期以来,我国的工程造价管理沿用了苏联的模式,实行的是与高度集中的计划经济相适应的概预算定额管理制度。工程建设概预算定额管理制度曾经对工程造价的确定和控制起过积极有效的作用。在传统社会主义计划经济模式下,商品生产的范围只限于个人消费品,生产资料不是商品,在生产领域起调节作用的是国民经济有计划按比例发展的规律。党的十一届三中全会以来,我国的政治、经济形势发生了巨大变化,到 20 世纪 90 年代初,随着市场经济体制的建立,我国在工程建设领域开始初步实行招标投标制度,但无论是业主编制标底,还是施工企业投标报价,在计价的规则上都没有超出定额规定的范畴。招投标制度本来引入的是竞争机制,可是因为定额的限制,限制了企业之间的竞争。传统定额计价模式不能完全适应招投标的要求。造价管理制度和定额计价手段暴露了以下问题:

（1）定额的指令性过强,指导性不足,反映在具体表现形式上主要是施工手段消耗部分统得过死,把企业的技术装备、施工手段、管理水平等本属于竞争内容的活跃因素固定化了,不利于企业竞争机制的发挥,又妨碍了建筑市场健康有序发展,更不利于同国际接轨。

（2）定额的法令性,决定了定额成为确定工程造价的主体,而与建设工程密切联系的作为建筑市场主体的发包人和承包人,则没有价格的决策权,其主体资格形同虚设。企业作为市场的主体,必须是市场价格决策的主体,应根据企业自身的经营状况和市场供求关系决定其价格。

（3）预算定额"量""价"合一。把相对稳定的消耗量与不断变化的价格合一,难以及时反映市场经济体制下人工、材料、机械等价格的动态变化,难以就人工、材料、机械等价格的变化适时调整工程造价,使市场的参与各方无所适从,难以最终确定合理价格。

（4）违反商品的价值规律和供求规律。建筑物不仅是产品,更是商品。商品的价格规律和供求规律决定了建筑产品应由企业自主报价,通过市场竞争形成价格。

（5）缺乏全国统一的基础定额和计价办法,地区和部门自成体系,且地区间、部门间产生许多矛盾,更难与国际通用规则相衔接,不适应对外开放和国际工程承包要求。

（四）我国工程造价管理体制改革的主要任务

随着我国经济发展水平的不断提高,基本的概预算定额管理模式应向工程造价管理模式转换,改革工程造价计价依据,完善工程造价的预测与调控机制,规范建设主体的行为,发挥中介组织及人员的作用,健全造价管理信息系统,实行全过程动态管理。

（1）建立健全工程造价管理计价依据。通过完善定额管理体系,加强对估算指标、概算定额、预算定额、费用定额的编制工作,跟踪新技术、新工艺、新材料、新结构的出现及市场价格浮动的实际,适时加以动态调整,使其专业覆盖完整、功能齐全完备、使用方便简捷。

(2)健全法规体系,实行"依法计价"。在《建筑法》《合同法》《招标投标法》的基础上进一步完善法律法规,把工程造价管理以适当的法律文本予以确认,形成政府通过市场来调控企业,通过法规来规范建设各方的体系。

(3)用动态方法研究和管理工程造价。研究如何体现项目投资额的资金时间价值,各地区造价管理机构定期公布设备、材料、工资、机械台班的价格指数及各类工程价格指数,建立工程造价管理信息系统。

(4)健全工程造价管理机构,充分发挥引导、管理、监督、服务职能。构建以政府工程造价管理部门为核心的管理层、以造价管理协会为主的智能层、以合法的工程造价中介机构组成的运作层,发挥政策引导、宏观调控、信息服务、监督检查、客观计价、公正"裁判"的作用,逐步形成从直接管理到间接管理、从行政管理到法规管理、从事后管理到全过程管理的体系。

(5)健全工程造价管理人员的资格准入与考核认证,加强培训,提高人员的素质。工程造价涉及技术、经济、法规及管理理论知识,要求从业人员既要有过硬的业务能力,又要有很强的敬业精神。

(五)我国工程造价管理体制改革的目标

工程造价管理体制改革的最终目标是在统一工程量计算规则和消耗量定额的基础上,遵循商品经济价值规律,建立以市场形成价格为主的价格机制,企业依据政府和社会咨询机构提供的市场价格信息和造价指数,结合企业自身实际情况,自主报价,通过市场机制的运行,形成统一、协调、有序的工程造价管理体系,达到合理使用投资、有效地控制工程造价、取得最佳投资效益的目的,逐步建立起适应社会主义市场经济体制、符合中国国情、与国际惯例接轨的工程造价管理体制,即"政府宏观调控,企业自主报价,市场竞争形成价格"。

因此,改革的关键是实现"量""价"分离,变指导价为市场价,变指令性的政府主管部门调控取费及其费率为指导性,由企业自主报价,通过市场竞争实现定价。改变计划定额属性,不是不要定额,而是改变定额作为政府法定行为的属性,采用企业自行编制定额与政府指导性相结合的方式,并统一项目费用构成,统一定额项目划分,使计价基础统一,有利竞争。一场国家取消定价,把定价权交还给企业和市场,实行"量""价"分离,由市场形成价格的造价改革势在必行。其主导原则是"确定量、市场价、竞争费",具体改革措施是在工程施工发包、承包过程中采用工程量清单计价。工程量清单计价是目前国际上通行的,大多数国家采用的工程计价方式,在我国工程建设中推行工程量清单计价,是与市场经济相适应,与国际惯例接轨的一项重要的造价改革措施,必将引起我国工程造价管理体制的重大变革。

(六)工程量清单计价规范

近几年,为了贯彻《招标投标法》《合同法》,适应我国加入世贸组织(WTO)后与国际惯例接轨的需要,进一步深化工程造价计价方法的改革,建设部于 2002 年 2 月 28 日开始组织有关部门和地区的工程造价专家编制工程量清单计价方法。通过广泛征求意见、充分探讨论证、反复推敲修改,最终形成了国家标准《建设工程工程量清单计价规范》(GB 50500—2003),经建设部批准,于 2003 年 7 月 1 日正式颁布实施,这是我国工程造价计价方式适应社会主义市场经济发展的一次重大改革,也是我国工程造价计价工作向逐步实现"政府宏观调控、企业自主报价、市场竞争形成价格"的目标迈出的坚实一步。《建设工程工程量清单计价规范》(GB 50500—2013)于 2013 年 7 月 1 日开始实施,则标志着工程量清单计价法的越来越成熟和规范。

三、实行工程量清单计价的目的与意义

1. 是工程造价深化改革的产物

长期以来,我国承发包计价、定价以工程预算定额作为主要依据。1992 年,为了适应建设市场改革的要求,针对工程预算定额编制和使用中存在的问题,提出了"控制量、指导价、竞争费"的改革措施,工程造价管理由静态管理模式逐步转变为动态管理模式。其中工程预算定额改革的主要思路和原则是:将预算定额中的人工、材料、机械的消耗量和相适应的单价分离,人、材、机的消耗量由国家根据有关规范、标准以及社会的平均水平来确定。"控制量"的目的就是保证工程质量,"指导价"就是逐步走向市场形成价格。这一措施在我国实行社会主义市场经济初期起到了积极的作用。但随着建设市场化进程的发展,这种做法仍然难以改变工程预算定额中国家指令性的状况,难以满足招投标和评标的要求,因为,控制的量反映的是社会平均消耗水平,不能准确地反映各个企业的消耗量,不能全面体现企业的技术装备水平、管理水平和劳动生产率,也不能充分体现市场公平竞争。工程量清单计价将改革以工程预算定额为计价依据的计价模式。

2. 是规范建设市场秩序和适应社会主义市场经济发展的需要

工程造价是工程建设的核心内容之一,也是建设市场运行的核心内容之一,建设市场上存在许多不规范的行为,大多与工程造价有关。过去的工程预算定额在工程发包与承包工程计价中调节双方利益、反映市场价格等方面显得滞后,特别是在公开、公平、公正竞争方面,缺乏合理完善的机制,甚至出现了一些漏洞。实现建设市场的良性发展除了法律法规和行政监管以外,发挥市场规律中竞争和价格的作用是治本之策。工程量清单计价是市场形成工程造价的主要形式,有利于发挥企业自主报价的能力,实现由政府定价到市场定价的转变;有利于规范业主在招标中的行为,有效改变招标单位在招标中盲目压价的行为,从而真正体现公开、公平、公正的原则,反映市场经济规律。

3. 是促进建设市场有序竞争和企业健康发展的需要

采用工程量清单计价模式招标投标,对发包单位,由于工程量清单是招标文件的组成部分,招标单位必须编制出准确的工程量清单,并承担相应的风险,从而促进招标单位提高管理水平。由于工程量清单是公开的,将避免工程招标中的弄虚作假、暗箱操作等不规范行为。对承包企业,采用工程量清单报价,必须对单位成本、利润进行分析,统筹考虑,精心选择施工方案,并根据企业的定额合理确定人工、材料、施工机械等要素的投入与配置,优化组合,合理控制现场费用和施工技术措施费用,确定投标价,从而改变过去过分依赖国家发布的定额的状况,鼓励企业根据自身的条件编制出自己的企业定额。

工程量清单计价的实行,有利于规范建设市场计价行为,规范建设市场秩序,促进建设市场有序竞争;有利于控制建设项目投资,合理利用资源;有利于促进技术进步,提高劳动生产率;有利于提高造价工程师的素质,使其成为懂技术、懂经济、懂管理的全面发展的复合型人才。

4. 有利于我国工程造价管理政府职能的转变

按照政府部门真正履行"经济调节、市场监管、社会管理和公共服务"职能的要求,政府对工程造价管理的模式要相应改变,将推行政府宏观调控、企业自主报价、市场竞争形成价

格、社会全面监督的工程造价管理思路。实行工程量清单计价，将有利于我国工程造价管理政府职能的转变，由过去政府控制的指令性定额转变为制定适应市场经济规律需要的工程量清单计价方法，由过去行政直接干预转变为工程造价依法监管，有效强化政府对工程造价的宏观调控。

5. 是适应我国加入世界贸易组织（WTO），融入世界大市场的需要

随着我国改革开放的进一步加快，中国经济日益融入全球市场，特别是我国加入世贸组织后，行业壁垒下降，建设市场将进一步对外开放。国外的企业以及投资的项目越来越多地进入国内市场，我国企业走出国门在海外投资和经营的项目也在增加。为了适应这种对外开放建设市场的形势，就必须与国际通行的计价方法相适应，为建设市场主体创造一个与国际惯例接轨的市场竞争环境。工程量清单计价是国际通行的计价方法，在我国实行工程量清单计价，有利于提高国内建设各方主体参与国际化竞争的能力，有利于提高工程建设的管理水平。

6. 有利于工程款的拨付和工程造价的最终确定

合同签订后，工程量清单的报价就形成了合同价的基础，在合同执行过程中，以清单报价作为拨付工程款的依据。工程竣工后，再根据设计变更、工程量的增减乘以清单报价或经协商的单价（适用于新增项目），确定工程造价。

7. 有利于业主投资控制

采用工程量清单计价，业主能随时掌握设计变更、工程量增减引起的工程造价变化，从而根据投资情况决定是否变更或对方案进行比较，能有效降低工程造价。

第二节　《建设工程工程量清单计价规范》

一、概述

（一）内容简介

《建设工程工程量清单计价规范》2003 年 7 月 1 日开始执行，于 2008 年和 2013 年两次修订，目前现行的是 GB 50500—2013，于 2013 年 7 月 1 日起实施。新的《建设工程工程量清单计价规范》含 16 章 54 节，329 条，其中强制性条文 15 条。包括总则、术语、一般规定、工程量清单编制、招标控制价、投标报价、合同价款约定、工程计量、合同价款调整、合同价款期中支付、竣工结算与支付、合同解除的价款结算与支付、合同价款争议的解决、工程造价鉴定、工程计价资料与档案、工程计价表格。附录有 11 个，除附录 A，其余为工程计价表格。附录分别对招投标控制价、投标报价、竣工结算的编制等使用的表格做了明确规定。工程量清单与计量规范由《建设工程工程量清单计价规范》（GB 50500—2013）与《房屋建筑与装饰工程工程量计算规范》（GB 50854—2013）、《仿古建筑工程工程量计算规范》（GB 50855—2013）、《通用安装工程工程量计算规范》（GB 50856—2013）、《市政工程工程量计算规范》（GB 50857—2013）、《园林绿化工程工程量计算规范》（GB 50858—2013）、《矿山工程工程量计算规范》（GB 50859—2013）、《构筑物工程工程量计算规范》（GB 50860—2013）、《城市轨道交通工程工程量计算规范》（GB 50861—2013）、《爆破工程工程量计算规范》（GB 50862—2013）等 9 种计量规范构成。

（二）《建设工程工程量清单计价规范》的特点

1. 强制性

国家通过制定统一的建设工程工程量清单计价方法,达到规范计价行为的目的。这些方法是强制性的,工程建设各方面都应该遵守。主要体现在两个方面:一是由建设行政主管部门按照强制性国家标准的形式批准颁布,规定使用国有资金投资的建设工程发承包,必须采用工程量清单计价。二是明确工程量清单是招标文件的组成部分,并规定了招标人在编制工程量清单时必须实行"五个统一",即"统一项目编码、统一项目名称、统一项目特征、统一计量单位、统一工程量计算规则"。

2. 实用性

附录中工程量清单项目及计算规则的项目名称体现的是工程实体项目,项目名称明确清晰,工程量计算规则简洁明了,特别是列出了项目特征和工程内容,易于编制工程量清单时确定具体项目名称和报价。

3. 竞争性

竞争性体现在两个方面:一是对于措施项目,在工程量清单中只列"措施项目"一栏,具体采用什么措施,如模板、脚手架、临时设施、施工排水等详细内容由投标人根据企业的施工组织设计,视具体情况报价,因为这些项目在各个企业间各有不同,是企业竞争的项目。二是人工、材料、施工机械的消耗量并没有给出,投标企业可以依据企业定额和市场价格信息,也可参照建设行政主管部门发布的社会平均消耗量定额进行报价,将报价权交给了企业,有利于通过竞争形成价格。

4. 通用性

采用工程量清单计价可与国际惯例接轨,符合工程量计算方法标准化、工程量计算规则统一化、工程造价确定市场化的要求。

(三)适用范围

该规范适用于建设工程施工发承包计价活动。全部使用国有资金投资或国有资金投资为主(以下二者简称国有资金投资)的建设工程施工发承包,必须采用工程量清单计价;非国有资金投资的建设工程,宜采用工程量清单计价;不采用工程量清单计价的建设工程,应执行该规范除工程量清单等专门性规定外的其他规定。

(四)术语

该规范对52个术语做出了解释。

(1)工程量清单:载明建设工程分部分项工程项目、措施项目、其他项目的名称和相应数量以及规费、税金项目等内容的明细清单。

(2)招标工程量清单:招标人依据国家标准、招标文件、设计文件以及施工现场实际情况编制的,随招标文件发布供投标报价的工程量清单,包括其说明和表格。

(3)已标价工程量清单:构成合同文件组成部分的投标文件中已标明价格,经算术性错误修正(如有)且承包人已确认的工程量清单,包括其说明和表格。

(4)分部分项工程:分部工程是单项或单位工程的组成部分,是按结构部位、路段长度及施工特点或施工任务将单项或单位工程划分为若干分部的工程;分项工程是分部工程的组成部分,是按不同施工方法、材料、工序及路段长度等将分部工程划分为若干个分项或项目的工程。

(5)措施项目:为完成工程项目施工,发生于该工程施工准备和施工过程中的技术、生活、安全、环境保护等方面的项目。

（6）项目编码：分部分项工程和措施项目清单名称的阿拉伯数字标识。

（7）项目特征：构成分部分项工程项目、措施项目自身价值的本质特征。

（8）综合单价：完成一个规定清单项目所需的人工费、材料和工程设备费、施工机具使用费和企业管理费、利润以及一定范围内的风险费用。

（9）风险费用：隐含于已标价工程量清单综合单价中，用于化解发承包双方在工程合同中约定内容和范围内的市场价格波动风险的费用。

（10）工程成本：承包人为实施合同工程并达到质量标准，在确保安全施工的前提下，必须消耗或使用的人工、材料、工程设备、施工机械台班及其管理等方面发生的费用和按规定缴纳的规费和税金。

（11）单价合同：发承包双方约定以工程量清单及其综合单价进行合同价款计算、调整和确认的建设工程施工合同。

（12）总价合同：发承包双方约定以施工图及其预算和有关条件进行合同价款计算、调整和确认的建设工程施工合同。

（13）成本加酬金合同：承包双方约定以施工工程成本再加合同约定酬金进行合同价款计算、调计算、调整和确认的建设工程施工合同。

（14）工程造价信息：工程造价管理机构根据调查和测算发布的建设工程人工、材料、工程设备、施工机械台班的价格信息，以及各类工程的造价指数、指标。

（15）工程造价指数：反映一定时期的工程造价相对于某一固定时期的工程造价变化程度的比值或比率。包括按单位或单项工程划分的造价指数，按工程造价构成要素划分的人工、材料、机械等价格指数。

（16）工程变更：合同工程实施过程中由发包人提出或由承包人提出经发包人批准的合同工程任何一项工作的增、减、取消或施工工艺、顺序、时间的改变；设计图纸的修改；施工条件的改变；招标工程量清单的错、漏从而引起合同条件的改变或工程量的增减变化。

（17）工程量偏差：承包人按照合同工程的图纸（含经发包人批准由承包人提供的图纸）实施，按照现行国家计量规范规定的工程量计算规则计算得到的完成合同工程项目应予计量的工程量与相应的招标工程量清单项目列出的工程量之间出现的量差。

（18）暂列金额：招标人在工程量清单中暂定并包括在合同价款中的一笔款项。用于工程合同签订时尚未确定或者不可预见的所需材料、工程设备、服务的采购，施工中可能发生的工程变更、合同约定调整因素出现时的合同价款调整以及发生的索赔、现场签证确认等的费用。

（19）暂估价：招标人在工程量清单中提供的用于支付必然发生但暂时不能确定价格的材料、工程设备的单价以及专业工程的金额。

（20）计日工：在施工过程中，承包人完成发包人提出的工程合同范围以外的零星项目或工作，按合同中约定的单价计价的一种方式。

（21）总承包服务费：总承包人为配合协调发包人进行的专业工程发包，对发包人自行采购的材料、工程设备等进行保管以及施工现场管理、竣工资料汇总整理等服务所需的费用。

（22）安全文明施工费：在合同履行过程中，承包人按照国家法律、法规、标准等规定，为保证安全施工、文明施工,保护现场内外环境和搭拆临时设施等所采用的措施而发生的费用。

(23) 施工索赔:在工程合同履行过程中,合同当事人一方因非己方的原因而遭受损失,按合同约定或法律法规规定承担责任,从而向对方提出补偿的要求。

(24) 现场签证:发包人现场代表(或其授权的监理人、工程造价咨询人)与承包人现场代表就施工过程中涉及的责任事件所做的签认证明。

(25) 提前竣工(赶工)费:承包人应发包人的要求而采取加快工程进度措施,使合同工程工期缩短,由此产生的应由发包人支付的费用。

(26) 误期赔偿费:承包人未按照合同工程的计划进度施工,导致实际工期超过合同工期(包括经发包人批准的延长工期),承包人应向发包人赔偿损失的费用。

(27) 不可抗力:发承包双方在工程合同签订时不能预见的,对其发生的后果不能避免,并且不能克服的自然灾害和社会性突发事件。

(28) 工程设备:指构成或计划构成永久工程一部分的机电设备、金属结构设备、仪器装置及其他类似的设备和装置。

(29) 缺陷责任期:指承包人对已交付使用的合同工程承担合同约定的缺陷修复责任的期限。

(30) 质量保证金:发承包双方在工程合同中约定,从应付合同价款中预留,用以保证承包人在缺陷责任期内履行缺陷修复义务的金额。

(31) 费用:承包人为履行合同所发生或将要发生的所有合理开支,包括管理费和应分摊的其他费用,但不包括利润。

(32) 利润:承包人完成合同工程获得的盈利。

(33) 企业定额:施工企业根据本企业的施工技术、机械装备和管理水平而编制的人工、材料和施工机械台班等消耗标准。

(34) 规费:根据国家法律、法规规定,由省级政府或省级有关权力部门规定施工企业必须缴纳的,应计入建筑安装工程造价的费用。

(35) 税金:国家税法规定的应计入建筑安装工程造价内的营业税、城市维护建设税、教育费附加和地方教育附加。

(36) 发包人:具有工程发包主体资格和支付工程价款能力的当事人以及取得该当事人资格的合法继承人,本规范有时又称招标人。

(37) 承包人:被发包人接受的具有工程施工承包主体资格的当事人以及取得该当事人资格的合法继承人,本规范有时又称投标人。

(38) 工程造价咨询人:取得工程造价咨询资质等级证书,接受委托从事建设工程造价咨询活动的当事人以及取得该当事人资格的合法继承人。

(39) 造价工程师:取得造价工程师注册证书,在一个单位注册、从事建设工程造价活动的专业人员。

(40) 造价员:取得全国建设工程造价员资格证书,在一个单位注册、从事建设工程造价活动的专业人员。

(41) 单价项目:工程量清单中以单价计价的项目,即根据合同工程图纸(含设计变更)和相关工程现行国家计量规范规定的工程量计算规则进行计量,与已标价工程量清单相应综合单价进行价款计算的项目。

（42）总价项目：工程量清单中以总价计价的项目，即此类项目在相关工程现行国家计量规范中无工程量计算规则，以总价（或计算基础乘费率）计算的项目。

（43）工程计量：发承包双方根据合同约定，对承包人完成合同工程的数量进行的计算和确认。

（44）工程结算：发承包双方根据合同约定，对合同工程在实施中、终止时、已完工后进行的合同价款计算、调整和确认。包括期中结算、终止结算、竣工结算。

（45）招标控制价：招标人根据国家或省级、行业建设主管部门颁发的有关计价依据和办法，以及拟定的招标文件和招标工程量清单，结合工程具体情况编制的招标工程的最高投标限价。

（46）投标价：投标人投标时响应招标文件要求所报出的对已标价工程量清单汇总后标明的总价。

（47）签约合同价（合同价款）：发承包双方在工程合同中约定的工程造价，即包括了分部分项工程费、措施项目费、其他项目费、规费和税金的合同总金额。

（48）预付款：在开工前，发包人按照合同约定，预先支付给承包人用于购买合同工程施工所需的材料、工程设备，以及组织施工机械和人员进场等的款项。

（49）进度款：在合同工程施工过程中，发包人按照合同约定对付款周期内承包人完成的合同价款给予支付的款项，也是合同价款期中结算支付。

（50）合同价款调整：在合同价款调整因素出现后，发承包双方根据合同约定，对合同价款进行变动的提出、计算和确认。

（51）竣工结算价：发承包双方依据国家有关法律、法规和标准规定，按照合同约定确定的，包括在履行合同过程中按合同约定进行的合同价款调整，是承包人按合同约定完成了全部承包工作后，发包人应付给承包人的合同总金额。

（52）工程造价鉴定：工程造价咨询人接受人民法院、仲裁机关委托，对施工合同纠纷案件中的工程造价争议，运用专门知识进行鉴别、判断和评定，并提供鉴定意见的活动。也称为工程造价司法鉴定。

二、工程量清单的编制

（一）编制依据

编制招标工程量清单应依据以下文件或资料：

（1）工程量清单计价规范和相关工程的国家计量规范。

（2）国家或省级、行业建设主管部门颁发的计价定额和办法。

（3）建设工程设计文件及相关资料。

（4）与建设工程有关的标准、规范、技术资料。

（5）拟定的招标文件。

（6）施工现场情况、地勘水文资料、工程特点及常规施工方案。

（7）其他相关资料。

（二）分部分项工程量清单的编制

（1）分部分项工程项目清单必须载明项目编码、项目名称、项目特征、计量单位和工程量，它们是构成工程量清单的5个要件，缺一不可。

（2）分部分项工程项目清单必须根据相关工程现行国家计量规范规定的项目编码、项目名称、项目特征、计量单位和工程量计算规则进行编制。工程量清单编制必须实行"五个统一"，即"统一项目编码、统一项目名称、统一项目特征、统一计量单位、统一工程量计算规则"。

（3）分部分项工程量清单的项目编码，即分部分项工程和措施项目清单名称的阿拉伯数字标识，以五级制编码，采用前十二位阿拉伯数字表示。第一级表示专业工程代码（2位），第二级表示附录分类顺序码（2位），第三级表示分部工程顺序码（2位），第四级表示分项工程顺序码（3位），第一至四级为全国统一，即第一至第九位应按附录的规定设置；第五级表示清单项目名称顺序码（3位），即第十至第十二位应根据拟建工程的工程量清单项目名称设置；同一招标工程的项目编码不得有重码。编制工程量清单时出现附录中未包括的项目，编制人应做补充，并报省级或行业工程造价管理机构备案，省级或行业工程造价管理机构应汇总报住房和城乡建设部标准定额研究所。补充项目的编码由该规范的代码与 B 和三位阿拉伯数字组成，并应从 001 起顺序编制，同一招标工程的项目不得重码。例如《通用安装工程工程量计算规范》补充项目的编码由该规范的代码 03 与 B 和三位阿拉伯数字组成，并应从 03B001 起顺序编制，同一招标工程的项目不得重码。工程量清单中需附有补充项目的名称、项目特征、计量单位、工程量计算规则、工程内容。例如，给排水、采暖、燃气管道工程量清单项目设置、项目特征描述的内容、计量单位及工程量计算规则，应按《通用安装工程工程量计算规范》（GB 50856—2013）表 J.1 的规定执行，部分内容见表 5-1。

5-1 给排水、采暖、燃气管道工程量清单项目（部分）

项目编码	项目名称	项目特征	计量单位	工程量计算规则	工作内容
031001001	镀锌钢管	1. 安装部位 2. 介质 3. 规格、压力等级 4. 连接形式 5. 压力试验及吹、洗设计要求	m	按设计图示管道中心线以长度计算	1. 管道安装 2. 管件制作、安装 3. 压力试验 4. 吹扫、冲洗
031001002	钢管				
031001003	不锈钢管				

（4）分部分项工程量清单的项目名称应按附录的项目名称结合拟建工程的实际确定。

（5）分部分项工程量清单项目特征应按附录中规定的项目特征，结合拟建工程项目的实际予以描述。

（6）分部分项工程量清单中所列工程量应按附录中规定的工程量计算规则计算。

（7）分部分项工程量清单的计量单位应按附录中规定的计量单位确定。工程计量时每一项目汇总的有效位数应遵守下列规定：

① 以"t"为单位，应保留小数点后三位数字，第四位小数四舍五入。

② 以"m、m^2、m^3、kg"为单位，应保留小数点后两位数字，第三位小数四舍五入。

③ 以"台、个、件、套、根、组、系统"为单位，应取整数。

（三）措施项目清单的编制

（1）措施项目中列出了项目编码、项目名称、项目特征、计量单位、工程量计算规则的项目，编制工程量清单时，应按照分部分项工程量清单项目编制的规定执行。

（2）措施项目仅列出项目编码、项目名称，未列出项目特征、计量单位和工程量计算规则的项目,编制工程量清单时,应按《通用安装工程工程量计算规范》(GB 50856—2013)附录措施项目规定的项目编码、项目名称确定。

(3)措施项目应根据拟建工程的实际情况列项,若出现规范未列的项目,可根据工程实际情况补充。

一般措施项目见表 5-2;脚手架、高层施工增加分别见表 5-3、表 5-4;其他措施项目包括吊装加固,金属抱杆安装、拆除、移位,平台铺设、拆除,顶升、提升装置,大型设备专用机具,焊接工艺评定,胎(模)具制作、安装、拆除,防护棚制作、安装、拆除,特殊地区施工增加,安装与生产同时进行施工增加,在有害身体健康环境中施工增加,工程系统检测、检验,设备、管道施工的安全、防冻和焊接保护,焦炉烘炉、热态工程,管道安拆后的充气保护,隧道内施工的通风、供水、供气、供电、照明及通信设施等项目。

表 5-2　　　　　　　　　　　　　　一般措施项目

项目编码	项目名称	工作内容及包含范围
031301001	安全文明施工(含环境保护、文明施工、安全施工、临时设施)	1. 环境保护包含范围:现场施工机械设备降低噪声、防扰民措施费用;水泥和其他易飞扬颗粒建筑材料密闭存放或采取覆盖措施等费用;工程防扬尘洒水费用;土石方、建渣外运车辆冲洗、防洒漏等费用;现场污染源的控制、生活垃圾清理外运、场地排水排污措施的费用;其他环境保护措施费用。 2. 文明施工包含范围:"五牌一图"的费用;现场围挡的墙面美化(包括内外粉刷、刷白、标语等)、压顶装饰费用;现场厕所便槽刷白、贴面砖,水泥砂浆地面或地砖费用,建筑物内临时便溺设施费用;其他施工现场临时设施的装饰装修、美化措施费用;现场生活卫生设施费用;符合卫生要求的饮水设备、淋浴、消毒等设施费用;生活用洁净燃料费用;防煤气中毒、防蚊虫叮咬等措施费用;施工现场操作场地的硬化费用;现场绿化费用、治安综合治理费用;现场配备医药保健器材、物品费用和急救人员培训费用;用于现场工人的防暑降温费,电风扇、空调等设备及用电费用;其他文明施工措施费用。 3. 安全施工包含范围:安全资料、特殊作业专项方案的编制,安全施工标志的购置及安全宣传的费用;"三宝"(安全帽、安全带、安全网)、"四口"(楼梯口、电梯井口、通道口、预留洞口)、"五临边"(阳台围边、楼板围边、屋面围边、槽坑围边、卸料平台两侧)、水平防护架、垂直防护架、外架封闭等防护的费用;施工安全用电的费用,包括配电箱三级配电、两级保护装置、外电防护措施;起重机、塔吊等起重设备(含井架、门架)及外用电梯的安全防护措施(含警示标志)费用及卸料平台的临边防护、层间安全门、防护棚等设施费用;建筑工地起重机械的检验检测费用;施工机具防护棚及其围栏的安全保护设施费用;施工安全防护通道的费用;工人的安全防护用品、用具购置费用;消防设施与消防器材的配置费用;电气保护、安全照明设施费;其他安全防护措施费用。 4. 临时设施包含范围:施工现场采用彩色、定型钢板,砖、混凝土砌块等围挡的安砌、维修、拆除费或摊销费;施工现场临时建筑物、构筑物的搭设、维修、拆除费用或摊销的费用,如临时宿舍、办公室、食堂、厨房、厕所、诊疗所、临时文化福利用房、临时仓库、加工场、搅拌台、临时简易水塔、水池等。施工现场临时设施的搭设、维修、拆除费用或摊销的费用,如临时供水管道、临时供电管线、小型临时设施等;施工现场规定范围内临时简易道路铺设,临时排水沟、排水设施安砌、维修、拆除的费用;其他临时设施费搭设、维修、拆除费用或摊销的费用

项目编码	项目名称	工作内容及包含范围
031301002	夜间施工	1. 夜间固定照明灯具和临时可移动照明灯具的设置、拆除； 2. 夜间施工时，施工现场交通标志、安全标牌、警示灯等的设置、移动、拆除； 3. 夜间照明设备摊销及照明用电、施工人员夜班补助、夜间施工劳动效率降低等方面发生的费用
031301003	非夜间施工照明	为保证工程施工正常进行，在如地下室等特殊施工部位施工时所采用的照明设备的安拆、维护、摊销及照明用电等费用
031301004	二次搬运	包括由于施工场地条件限制而发生的材料、成品、半成品等一次运输不能到达堆放地点，必须进行二次或多次搬运的费用
031301005	冬雨季施工	1. 冬雨(风)季施工时增加的临时设施(防寒保温、防雨、防风设施)的搭设、拆除； 2. 冬雨(风)季施工时，对砌体、混凝土等采用的特殊加温、保温和养护措施； 3. 冬雨(风)季施工时，施工现场的防滑处理，对影响施工的雨雪的清除； 4. 冬雨(风)季施工时增加的临时设施的摊销、施工人员的劳动保护用品、冬雨(风)季施工劳动效率降低等方面发生的费用
031301006	已完工程及设备保护	对已完工程及设备采取的覆盖、包裹、封闭、隔离等必要保护措施所发生的费用

注：安全文明施工费是指工程施工期间按照国家现行的环境保护、建筑施工安全、施工现场环境与卫生标准和有关规定，购置和更新施工安全防护用具及设施、改善安全生产条件和作业环境所需要的费用。

表 5-3   **脚手架施工增加**

项目编码	项目名称	工作内容及包含范围
031302001	脚手架搭拆	1. 场内、场外材料搬运； 2. 搭、拆脚手架； 3. 拆除脚手架后材料的堆放

注：脚手架按各附录分别列项。

表 5-4   **高层施工增加**

项目编码	项目名称	工作内容及包含范围
031303001	高层施工增加	1. 高层施工引起的人工工效降低以及由于人工工效降低引起的机械降效； 2. 通信联络设备的使用及摊销

注：① 单层建筑物檐口高度超过 20 m，多层建筑物超过 6 层时，按各附录分别列项。

② 突出主体建筑物顶的电梯机房、楼梯出口间、水箱间、瞭望塔、排烟机房等不计入檐口高度。计算层数时，地下室不计入层数。

③ 同一建筑物有不同檐高时，以不同檐高分别编码列项。

（四）其他项目清单

其他项目清单应按照下列内容列项：

（1）暂列金额。

（2）暂估价：包括材料暂估单价、工程设备暂估单价、专业工程暂估价。

（3）计日工。

（4）总承包服务费。

暂列金额应根据工程特点,按有关计价规定估算。暂估价中的材料、工程设备暂估价应根据工程造价信息或参照市场价格估算;专业工程暂估价应分不同专业,按有关计价规定估算。计日工应列出项目名称、计量单位和暂估数量。总承包服务费应列出服务项目及其内容等。出现规范未列的项目,应根据工程实际情况补充。

第三节　工程量清单计价的基本原理和特点

一、工程量清单计价的基本原理

按照工程量清单计价规范的规定,在各相应专业工程工程量清单计算规范统一规定的工程量清单项目设置和工程量计算规则的基础上,根据具体工程的施工图纸和施工组织设计计算出各个清单项目的工程量,根据规定的方法计算出综合单价,并汇总得到工程造价。

工程量清单计价过程如图 5-1 所示。

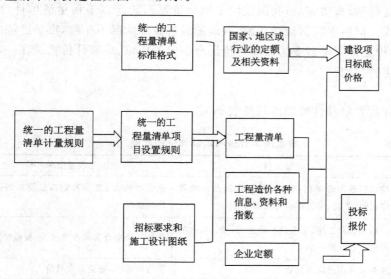

图 5-1　工程量清单计价过程

工程量清单计价是指投标人完成由招标人提供的工程量清单所需的全部费用,包括分部分项工程费、措施项目费、其他项目费、规费和税金。

工程量清单计价采用综合单价计价。综合单价是指完成一个规定清单项目所需的人工费、材料和工程设备费、施工机具使用费和企业管理费、利润以及一定范围内的风险费用。综合单价包括除规费和税金以外的全部费用。

具体计算过程如下:

(1)分部分项工程费 $= \sum$ 分部分项工程量 $\times$ 分部分项工程综合单价。

(2)措施项目费 $= \sum$ 措施项目费(单价项目和总价项目)。

(3)单位工程报价 $=$ 分部分项工程费 $+$ 措施项目费 $+$ 其他项目费 $+$ 规费 $+$ 税金。

(4)单项工程报价 $= \sum$ 单位工程报价。

(5) 建设项目总报价 $= \sum$ 单项工程报价。

二、特点

与定额计价法相比,工程量清单计价有以下特点:

(1) 满足竞争的需要。

(2) 提供了一个平等竞争的条件。

(3) 有利于工程款的拨付和工程造价的最终确定。

(4) 有利于实现风险的合理分担。

(5) 有利于业主对投资的控制。

三、工程量清单计价与定额计价的区别与联系

《建设工程工程量清单计价规范》的编制原则之一是"与现行预算定额既有机结合又有所区别",从而使得工程量清单计价与传统定额计价既有区别又有联系。另外,自《建设工程工程量清单计价规范》颁布实施后,我国建设工程计价逐渐转向以工程量清单计价为主,定额计价为辅的模式。但由于我国地域辽阔,各地的经济发展状况不一致,市场经济的程度存在差异,将定额计价立即完全转变为清单计价还有一定的困难,定额计价模式在一定的时期内还有其发挥作用的空间。

1. 主要区别

工程量清单计价和定额计价的比较见表 5-5。

表 5-5　　　　　　　　　　　　工程量清单计价和定额计价的比较

序号	内容	定额计价	工程量清单计价
1	计价依据	建设行政主管部门颁布的预算定额及计价程序,任何单位、个人不得随意调整	企业定额或参照预算定额以及市场供求信息、价格资料
2	项目设置	一般是按照工序、工艺进行设置的,项目包含的内容一般是单一的	是按一个综合实体考虑的,一般包含多个子目
3	定价原则	按有关规定及定额计价	按清单要求,企业自主报价
4	计价价款的构成	定额计价价款包括直接费(直接工程费、措施费)、间接费(规费、企业管理费)、利润和税金。直接工程费的分项工程单价是工料单价,只包括人、材、机费用。单价没有考虑企业的特点和水平,也没有考虑风险因素	由分部分项工程费、措施项目费、其他项目费、规费和税金构成。单价采用综合单价,即完成规定的工程内容所需的除规费和税金以外的全部费用。工程量清单中没有体现的,施工中又必须发生的工程内容所需的费用,考虑风险因素增加的费用也包括在内。综合单价由企业自主确定,并考虑风险因素
5	价差调整	按承发包双方约定的价格与定额价对比,调整价差	按工程承发包双方约定的价格直接计算,除招标文件规定外,不存在价差调整问题
6	工程量计算规则	按定额规定的工程量计算规则。一般按实物净值加上人为规定的预留量计算	按清单工程量计算规则。按照实体的净值进行计算,符合当前国际上通行的做法
7	计量单位	基本计量单位或复合单位(如 10 m,100 kg 等)	基本计量单位,如 m、kg、t 等。大多数的计量单位和相应的定额子目的计量单位一致

序号	内容	定额计价	工程量清单计价
8	计价过程	招标方只负责编写招标文件,不设置工程项目内容,也不计算工程量。工程计价的子目和相应的工程量由投标方根据设计文件确定。项目设置、工程量计算、工程计价等工作在一个阶段完成	招标人必须设置清单项目并计算工程量,同时在清单中将清单项目的特征和包括的工程内容必须清晰、完整地告诉投标人,以便投标人报价。清单计价由两个阶段组成:招标人编制工程量清单,投标人根据清单报价
9	计价方法	根据施工工序计价,将相同的施工工序的工程量相加汇总,选套定额,计算出一个子目的定额分步分项费,每一个项目独立计价	按一个综合实体计价,即子目项目随主体项目计价,由于主体项目和组合项目是不同的施工工序,往往要计算多个子目才能完成一个清单项目的分部分项工程综合单价,每个项目组合计价
10	价格表现形式	只表示工程总价,分部分项工程费不具有单独存在的意义	主要为分部分项工程综合单价,是投标、评标、结算的依据,单价一般不调整
11	工程结算方式	基本是敞口的,结算时按定额规定计价,风险只在投资方,不利于控制工程造价	按实际完成的工程量乘以事先约定的综合单价,综合单价一般不调整(合同和规范规定要调整的除外)。业主和承包商共担风险,有利于控制工程造价
12	适用范围	编审标底、设计概预算、工程造价鉴定	全部使用国有资金投资或国有资金投资为主体的大中型建设工程和需招标的小型工程
13	工程风险	工程量由投标人计算和确定,价差一般可调整(合同有约定的除外),故投标人一般只承担工程量计算风险,不承担材料价格风险	招标人编制工程量清单,计算工程量,数量不准会被投标人发现并利用,招标人要承担工程量计算失误的风险。投标人报价应考虑多种因素,由于单价通常不调整,故投标人要承担组成价格的全部因素风险

2. 两种计价方式的联系

两种计价方式的联系主要体现在以下几个方面:

(1)《建筑工程工程量清单计价规范》从章节划分到清单项目的设置,均参考了原定额的结构形式和项目划分,使清单项目与传统定额有机地联系起来,既结合我国的现状又做到与国际接轨,使清单计价方式的推广更易于操作,实现平稳过渡。

(2)《建筑工程工程量清单计价规范》附录中的项目"特征"的内容,基本上取自原定额的子目设置的内容。

(3)《建筑工程工程量清单计价规范》附录中的"工程内容"均为原定额的相关子目的综合,它是综合清单的组价内容,即定额计价可作为清单计价的组价方式。在确定清单综合单价时,以省颁定额或企业定额为依据进行计算。

(4)工程量清单计价方式投标人要按照自己企业的实际情况、自己的企业定额和市场因素确定综合单价。在目前很多企业没有企业定额的情况下,各省、区、市编制的计价表可作为消耗量定额的重要参考。所以,不管是工程量清单的编制还是工程量清单计价,都与定额计价有着密不可分的关系。

（5）工程量清单计算规则是在传统定额工程量计算规则的基础上发展起来的,它大部分保留了定额工程量计算规则的内容和特点,是定额工程量计算规则的继承和发展。

第四节　江苏省实行工程量清单计价情况

一、《江苏省安装工程计价定额》(2014)

1. 组成

《江苏省安装工程计价定额》共分十一册,包括:《第一册 机械设备安装工程》《第二册 热力设备安装工程》《第三册 静置设备与工艺金属结构制作安装工程》《第四册 电气设备安装工程》《第五册 建筑智能化工程》《第六册 自动化控制仪表安装工程》《第七册 通风空调工程》《第八册 工业管道工程》《第九册 消防工程》《第十册 给排水、采暖、燃气工程》《第十一册 刷油、防腐蚀、绝热工程》。

2. 作用

《江苏省安装工程计价定额》是完成规定计量单位分项工程计价所需的人工、材料、施工机械台班的消耗量标准,是确定安装工程预算工程量计算规则、项目划分、计量单位的依据,是编制设计概算、施工图预算、招标控制价(标底),确定工程造价的依据,也是编制概算定额、概算指标、投资估算指标的基础,还可作为制定企业定额和投标报价的基础。该定额计价单位为"元",默认尺寸单位为"毫米(mm)"。

二、《江苏省安装工程计价定额》简介

（一）认识定额

认识和使用定额的步骤如下:看总说明—看册说明—看各章说明—看分项工程说明。

1. 总说明

《江苏省安装工程计价定额》总说明见表 5-6。

表 5-6　　　　　　　　　江苏省安装工程计价定额总说明

一、《江苏省安装工程计价定额》共分十一册,包括:

第一册　机械设备安装工程

第二册　热力设备安装工程

第三册　静置设备与工艺金属结构制作安装工程

第四册　电气设备安装工程

第五册　建筑智能化工程

第六册　自动化控制仪表安装工程

第七册　通风空调工程

第八册　工业管道工程

第九册　消防工程

第十册　给排水、采暖、燃气工程

第十一册　刷油、防腐蚀、绝热工程

二、《江苏省安装工程计价定额》(以下简称本定额)是完成规定计量单位分项工程计价所需的人工、材料、施工机械台班的消耗量标准,是安装工程预算工程量计算规则、项目划分、计量单位的依据;是编制设计概算、施工图预算、招标控制价(标底)、确定工程造价的依据;也是编制概算定额、概算指标、投资估算指标的基础;也可作为制定企业定额和投标报价的基础。本定额计价单位为元,默认尺寸单位为毫米(mm)。

三、本定额是依据现行有关国家的产品标准、设计规范、计价规范、计算规范、施工及验收规范、技术操作规程、质量评定标准和安全操作规程编制的,也参考了行业、地方标准,以及有代表性的工程设计、施工资料和其他资料。

四、本定额是按目前国内大多数施工企业采用的施工方法、机械化装备程度、合理的工期、施工工艺和劳动组织条件制定的,除各章另有说明外,均不得因上述因素有差异而对定额进行调整或换算。

五、本定额是按下列正常的施工条件进行编制的:

1. 设备、材料、成品、半成品、构件完整无损,符合质量标准和设计要求,附有合格证书和试验记录。

2. 工程和土建工程之间的交叉作业正常。

3. 安装地点、建筑物、设备基础、预留孔洞等均符合安装要求。

4. 水、电供应均满足安装施工正常使用。

5. 正常的气候、地理条件和施工环境。

六、本定额的人工工日不分列工种和技术等级,一律以综合工日表示,内容包括基本用工、超运距用工和人工幅度差。一类工每工日 77 元,二类工每工日 74 元,三类工每工日 69 元。

七、材料消耗量的确定:

1. 本定额中的材料消耗量包括直接消耗在安装工作内容中的主要材料、辅助材料和零星材料等,并计入了相应损耗,其内容和范围包括:从工地仓库、现场集中堆放地点或现场加工地点到操作或安装地点的运输损耗、施工操作损耗、施工现场堆放损耗。

2. 凡本定额内未注明单价的材料均为主材,基价中不包括其价格,应根据"( )"内所列的用量,按相应的材料预算价格计算。

3. 用量很少,对基价影响很小的零星材料合并为其他材料费,计入材料费内。

4. 施工措施性消耗部分,周转性材料按不同施工方法、不同材质分别列出一次使用量和一次摊销量。

5. 材料单价采用南京市 2013 年下半年材料预算价格。

6. 主要材料损耗率见各册附录。

八、施工机械台班消耗量的确定:

1. 本定额的机械台班消耗量是按正常合理的机械配备和大多数施工企业的机械化装备程度综合取定的。

2. 凡单位价值在 2 000 元以内,使用年限在两年以内的不构成固定资产的工具、用具等,未进入定额,已在费用定额中考虑。

3. 本定额的机械台班单价按《江苏省施工机械台班 2007 年单价表》取定,其中:人工工资单价 82.00 元/工日;汽油 10.64 元/kg;柴油 9.03 元/kg;煤 1.1 元/kg;电 0.89 元/(kW·h);水 4.70 元/m³。

九、施工仪器仪表台班消耗量的确定:

1. 本定额的施工仪器仪表消耗量是按大多数施工企业的现场校验仪器仪表配备情况综合取定的。

2. 凡单位价值在 2 000 元以内,使用年限在两年以内的不构成固定资产的施工仪器仪表等,未进入定额,已在管理费中考虑。

3. 施工仪器仪表台班单价是按 2 000 年建设部颁发的《全国统一安装工程施工仪器仪表台班费用定额》计算的。

十、关于水平和垂直运输:

1. 设备:包括自安装现场指定堆放地点运至安装地点的水平和垂直运输。

2. 材料、成品、半成品:包括自施工单位现场仓库或现场指定堆放地点运至安装地点的水平和垂直运输。

3. 垂直运输基准面:室内以室内地平面为基准面,室外以安装现场地平面为基准面。

十一、本定额中注有"×××以内"或"×××以下"者均包括"×××"本身,"×××以外"或"×××以上"者,则不包括"×××"本身。

十二、本定额的计量单位、工程计量时每一项目汇总的有效位数应遵守《通用安装工程工程量计算规范》GB 50856—2013 的规定。

十三、本说明未尽事宜,详见各册和各章说明。

2. 册说明

《江苏省安装工程计价定额 第十册 给排水、采暖、燃气工程》说明见表 5-7。

表 5-7 　　《江苏省安装工程计价定额 第十册 给排水、采暖、燃气工程》说明

本册说明

一、《第十册 给排水、采暖、燃气工程》(以下简体本定额)适用于新建、扩建项目中的生活用给水、排水、燃气、采暖热源管道以及附件配件安装,小型容器制作安装。

二、本定额主要依据的标准、规范有:

1.《采暖与卫生工程施工及验收规范》GBJ 242—82;

2.《室外给水设计规范》GB 50013—2006;

3.《建筑给水排水设计规范》GB 50015—2003;

4.《建筑采暖卫生与煤气工程质量检验评定标准》GBJ 302—88;

5.《城镇燃气设计规范》GB 50028—2006;

6.《城镇燃气输配工程施工及验收规范》CJJ 33—2005;

7.《建设工程工程量清单计价规范》GB 50500—2013;

8.《通用安装工程工程量计算规范》GB 50856—2013;

9.《全国统一施工机械台班费用编制规则》;

10.《全国统一安装工程基础定额》GJD 201—2006~GJD 209—2006;

11.《建设工程劳动定额 安装工程》LD/T 74.1-4—2008。

三、以下内容执行其他册相应定额:

1. 工业管道、生产生活共用的管道、锅炉房和泵类配管以及高层建筑物内加压泵间的管道执行《第八册 工业管道工程》相应项目。

2. 刷油、防腐蚀、绝热工程执行《第十一册 刷油、防腐蚀、绝热工程》相应项目。

四、安装(施工)的设计规格与定额子目规格不符时,使用接近规格的项目;规格居中时按大者套;超过本定额最大规格时可做补充定额。本条说明适用于第十册定额的其他各章节。

五、关于下列各项费用的规定:

1. 脚手架搭拆费按人工费的 5% 计算,其中人工工资占 25%。

2. 高层建筑增加费(指高度在 6 层或 20 m 以上的工业与民用建筑)按下表计算。

高层建筑增加费表

层数	9 层以下 (30 m)	12 层以下 (40 m)	15 层以下 (50 m)	18 层以下 (60 m)	21 层以下 (70 m)	24 层以下 (80 m)	27 层以下 (90 m)	30 层以下 (100 m)	33 层以下 (110 m)
按人工费的/%	12	17	22	27	31	35	40	44	48
其中人工工资占/%	17	18	18	22	26	29	33	36	40
机械费占/%	83	82	82	78	74	71	68	64	60

层数	36 层以下 (120 m)	40 层以下 (130 m)	42 层以下 (140 m)	45 层以下 (150 m)	48 层以下 (160 m)	51 层以下 (170 m)	54 层以下 (180 m)	57 层以下 (190 m)	60 层以下 (200 m)
按人工费的/%	53	58	61	65	68	70	72	73	75
其中人工工资占/%	42	43	46	48	50	52	56	59	61
机械费占/%	58	57	54	52	50	48	44	41	39

3. 超高增加费:定额中操作高度均以 3.6 m 为界线,超过 3.6 m 时其超过部分(指由 3.6 m 至操作物高度)的定额人工费乘以下表所列系数。

超高增加费系数表

标高±(m)	3.6~8	3.6~12	3.6~16	3.6~20
超高系数	1.10	1.15	1.20	1.25

4. 采暖工程系统调整费按采暖工程人工费的 15% 计算,其中人工工资占 20%。

5. 空调水工程系统调试,按空调水系统(扣除空调冷凝水系统)人工费的 13% 计算,其中人工工资占 25%。

6. 设置于管道间、管廊内的管道、阀门、法兰、支架安装,人工乘以 1.3 系数。

7. 主体结构为现场浇筑采用钢模施工的工程,内外浇筑的人工乘以系数 1.05,内浇外砌的人工乘以系数 1.03。

3. 章说明

《江苏省安装工程计价定额 第十册 给排水、采暖、燃气工程》第四章"卫生器具"说明见表 5-8。

表 5-8 《江苏省安装工程计价定额 第十册 给排水、采暖、燃气工程》第四章"卫生器具"说明

一、本章所有卫生器具安装项目,均参照全国通用《给水排水标准图集》中有关标准图集计算,除以下说明者外,设计无特殊要求均不做调整。

二、成组安装的卫生器具,定额均已按标准图集计算了与给水、排水管道连接的人工和材料。

三、浴盆安装适用于各种型号的浴盆,但浴盆支座和浴盆周边的砌砖、瓷砖粘贴应另行计算。

四、淋浴房安装定额包含了相应的龙头安装。

五、洗脸盆、洗手盆、洗涤盆适用于各种型号。

六、不锈钢洗槽为单槽,若为双槽,按单槽定额的人工乘以 1.20 计算。本子目也适用于瓷洗槽。

七、台式洗脸盆定额不含台面安装,发生时套用相应的定额。已含支撑台面所需的金属支架制作安装,若设计用量超过定额含量的,可另行增加金属支架的制作安装。

八、化验盆安装中的鹅颈水嘴、化验单嘴、双嘴适用于成品件安装。

九、洗脸盆肘式开关安装不分单双把均执行同一项目。

十、脚踏开关安装包括弯管和喷头的安装人工和材料。

十一、高(无)水箱蹲式大便器,低水箱坐式大便器安装,适用于各种型号。

十二、小便槽冲洗管制作安装定额中,不包括阀门安装,可按相应项目另行计算。

十三、小便器带感应器定额适用于挂式、立式等各种安装形式。

十四、淋浴器铜制品安装适用于各种成品淋浴器安装。

十五、大、小便槽水箱托架安装已按标准图集计算在定额内,不得另行计算。

十六、冷热水带喷头淋浴龙头适用于仅单独安装淋浴龙头。

十七、感应龙头不分规格,均套用感应龙头安装定额。

十八、容积式水加热器安装,定额内已按标准图集计算了其中的附件,但不包括安全阀安装、本体保温、刷油和基础砌筑。

十九、蒸汽-水加热器安装项目中,包括了莲蓬头安装,但不包括支架制作安装,阀门和疏水器安装,可按相应项目另行计算。

二十、冷热水混合器安装项目中包括了温度计安装,但不包括支座制作安装,可按相应项目另行计算。

4. 分项工程说明

在分项工程说明中详细说明了分项工程的工作内容。例如定额中搪瓷浴盆、净身盆安装的工作内容有:场内搬运、外观检查、膨胀管及螺丝固定、切管、套丝、盆及附件安装、上下

水管连接、试水。

（二）各册定额的适用范围

在使用《江苏省安装工程计价定额》(2014 版)时应仔细阅读各册的册说明，熟悉各册的使用范围，以便正确选用定额。各册的具体适用范围如表 5-9。

表 5-9　　　　　　　《江苏省安装工程计价定额》(2014 版)各册适用范围

序号	定额名称	适用范围
1	机械设备安装工程	适用于新建、扩建及技术改造项目的机械设备安装工程。该定额若用于旧设备安装，旧设备的拆除费用按相应安装定额的 50% 计算
2	热力设备安装工程	适用于新建、扩建项目中 25 MW 以下汽轮发电机组、130 t/h 以下锅炉设备的安装工程
3	静置设备与工艺金属结构制作安装工程	适用于新建、扩建项目的各种静置设备与工艺金属结构(如碳钢、低合金钢、不锈钢Ⅰ、Ⅱ类金属容器，塔器，热交换器，金属油罐，球形罐，低压湿式直升式、螺旋式气柜等)的安装工程
4	电气设备安装工程	适用于工业与民用新建、扩建工程中 10 kV 以下变电设备及线路，车间动力电气设备及电气照明器具，防雷及接地装置安装，配管配线，电梯电气装置，电气调整试验等的安装工程
5	建筑智能化工程	适用于智能大厦、智能小区新建和扩建项目中的智能化系统设备的安装调试工程
6	自动化控制仪表安装工程	适用于新建、扩建项目中的自动化控制装置及仪表的安装调试工程
7	通风空调工程	适用于工业与民用建筑的新建、扩建项目中的通风、空调工程
8	工业管道工程	适用于新建、扩建项目中厂区范围内的车间、装置、站、罐区及其相互之间各种生产用介质输送管道，厂区第一个连接点以内的生产用(包括生产与生活共用)给水、排水、蒸汽、煤气输送管道的安装工程。其中，给水以入口水表井为界，排水以厂区围墙外第一个污水井为界，蒸汽和煤气以入口第一个计量表(阀门)为界，锅炉房、水泵房以墙皮为界
9	消防工程	适用于工业与民用建筑中的新建、扩建和整体更新改造工程
10	给排水、采暖、燃气工程	适用于新建、扩建项目中的生活用给水、排水、燃气、采暖热源管道以及附件配件安装，小型容器制作安装
11	刷油、防腐蚀、绝热工程	适用于新建、扩建项目中的设备、管道、金属结构等的刷油、防腐蚀、绝热工程

（三）计价定额的应用

1. 材料与设备的划分

安装工程材料与设备的划分，目前国家尚未正式规定，通常按下列原则进行划分。

（1）设备

通常凡是经过加工制造，由多种材料和部件按各自用途组成独特结构，具有功能、容量及能量传递或转换性能的机器、容器和其他机械、成套装置等均为设备。设备分为需要安装与不需要安装的设备及定型设备和非标准设备。设备及其构成一般包括以下各项：

① 定型设备(包括通用设备和专用设备)：是指按国家规定的产品标准进行批量生产并形成系列的设备。

② 非标准设备:是指国家未定型,使用量较小,非批量生产的特殊设备,由设计单位提供制造图纸,承制单位或施工企业在工厂或施工现场加工制作的设备。

③ 各种设备的本体及随设备到货的配件、备件和附属于设备本体制作成型的梯子、平台、栏杆及管道等。

④ 各种附属于设备本体的仪器、仪表等。

⑤ 附属于设备本体的油类、化学药品等。

(2)材料

为完成建筑、安装工程所需的经过工业加工的原料和在工艺生产过程中不起单元工艺生产作用的设备本体以外的零配件、附件、成品、半成品等,均为材料。材料一般包括以下各项:

① 不属于设备配套供货,需由施工企业自行加工制作或委托加工制作的平台、梯子、栏杆及其他金属构件,以及以成品、半成品形式供货的管道、管件、阀门、法兰等。

② 防腐、绝热及建筑安装工程所需的其他材料。

2. 计价材料和未计价材料

计价材料是指编制定额时,把所消耗的辅助性或次要材料、零星材料费用计入定额中的材料。主要材料是指构成工程实体的主体材料,只规定了它的名称、规格、品种和消耗数量,定额基价中,未计算它的价值,其价值由定额执行地区,按当地材料单价进行计算然后进入工程造价,故称为未计价材料。

未计价材料数量=工程量×某项未计价材料定额消耗量

未计价材料费=工程量×未计价材料定额消耗量×材料单价

3. 定额系数的应用

(1)定额系数的类型

工程造价中某些费用不便单列定额子目进行计算,要经过定额系数进行计算。定额系数主要有三类:章节系数、子目系数、综合系数。

① 章节系数

章节系数,也称换算系数。有些子目(分项工程项目)需要经过调整方能符合定额要求。其方法是在原定额子目的基础上乘以一个系数进行换算。这个换算系数大部分是由于安装工作物的材质、几何尺寸及形状或施工方法与定额子目规定不一致,需进行调整而设的,该系数通常放在各章节说明中,所以也称为章节系数。例如第七册《通风空调工程》第一章"通风及空调设备及部件制作安装"章节说明规定:玻璃挡水板执行钢板挡水板相应项目,其材料、机械均乘以系数 0.45,人工不变。系数 0.45 即属于章节系数。

② 子目系数

定额子目系数一般是对特殊的施工环境及条件、工程类型等因素影响进行调整的系数,包括超高增加系数,管廊、地沟、暗室等增加系数。子目系数是单项的,针对的是单项定额,一般列在各册说明中。计取方法按定额规定执行。

③ 综合系数

综合系数是以单位工程全部人工费(包括以子目系数所计算费用中的人工费部分)作为计算基础计算费用的一种系数,包括脚手架搭拆系数、系统调整系数、安装与生产同时进行的施工增加系数、在有害身体健康的环境中施工增加费系数等。高层建筑增加费系数要看定额说明,可能有的认为是综合系数,有的是子目系数,《江苏省安装工程计价定额》规定高层建筑增加费系数为综合系数。

（2）常用按定额系数计算的费用

① 超高增加费（超高费）

a. 符合各册规定的高度，方可计取。

b. 超高费中的操作物高度，有楼层的按楼地面至操作物的距离，无楼层的按操作地点至操作物的距离。

c. 超高费中的人工费作为计算高层建筑增加费、脚手架搭拆费、系统调整费、安装与生产同时进行增加费、在有害身体健康环境中施工降效增加费的计算基础。

$$超高增加费＝超高部分定额人工费×超高增加费系数$$

② 高层建筑增加费

a. 高层建筑增加费是指高度在 6 层以上或 20 m 以上的工业与民用建筑施工应增加的费用。

b. 高层建筑的层高和高度以设计室外±0 至檐口（不包括屋顶水箱间、电梯间等）的高度计算。不包括地下室的高度和层数，半地下室也不计算层数。

c. 高层建筑增加费以人工费为计算基数。计算基数包括 6 层以下或 20 m 以下的全部人工费（应扣除地下室、半地下室工作量的人工费）。

$$高层建筑增加费＝人工费×高层建筑增加费率$$

③ 脚手架搭拆费

a. 脚手架搭拆费在测算时均考虑了如下因素：各专业工程交叉作业时，可以互相利用脚手架的因素；测算时大部分按简易脚手架考虑；施工时如部分或全部使用土建的脚手架，按有偿使用。

b. 定额给出的系数是综合系数，除定额规定不计取外，不论工程是否搭设脚手架，均按系数计取，包干使用。

c. 计取基数为人工费，包括超高费中的人工费，不包括高层建筑增加费中的人工费。

④ 安装与生产同时进行增加费

安装与生产同时进行增加的费用是指改建、扩建工程在生产车间或装置内施工时，因生产操作或生产条件限制（如不准动火、空间狭小通风不畅等）干扰了安装工作正常进行而降效所增加的费用。不包括为了保证安全生产和施工所采取的措施费用。

⑤ 在有害身体健康环境中施工增加费

在有害身体健康环境中施工增加费是指在《中华人民共和国民法通则》有关规定允许的前提下，改扩建工程由于车间、装置范围内高温、多尘、噪声或有害气体超过国家标准，影响身体健康而降效的增加费用，不包括《中华人民共和国劳动保险条例》规定的应享受的工种保健费。

（3）各项费用系数之间的关系

① 超高费中的人工费作为计算高层建筑增加费、脚手架搭拆费、系统调整费、安装与生产同时进行增加费、在有害身体健康环境中施工增加费的计算基础。

② 高层建筑增加费、脚手架搭拆费、系统调整费、安装与生产同时进行增加费、在有害身体健康环境中施工降效增加费的计算基础是相同的。

③ 超高费计入分部分项综合单价，高层建筑增加费、脚手架搭拆费、系统调整费、安装

与生产同时进行增加费、在有害身体健康环境中施工降效增加费计入单价措施项目。

各系数的计算,一般按照先计换算系数,再计子目系数,最后计算综合系数的顺序逐级计算,且前项计算作为后项的计算基础。子目系数、综合系数发生多项可多项计取,一般不可在同级系数间连乘。各系数关系汇总(定额基价人工费记为 A)见表 5-10。

表 5-10　　　　　　　　　　　　　各系数关系汇总

序号	名称	计算方法
1	超高费(记为 C)	符合条件的定额人工费×超高费增加系数
2	脚手架搭拆费	$(A+C)×$费率
3	高层建筑增加费	$(A+C)×$费率
4	系统调整费	$(A+C)×$费率
5	安装与生产同时进行增加费	$(A+C)×$费率
6	在有害身体健康环境中施工降效增加费	$(A+C)×$费率

三、《江苏省建设工程费用定额》(2014 年)

1. 定额总则

(1) 为了规范建设工程计价行为,合理确定和有效控制工程造价,根据《建设工程工程量清单计价规范》(GB 50500—2013)及其 9 本计算规范和《建筑安装工程费用项目组成》(建标〔2013〕44 号)等有关规定,结合江苏省实际情况,江苏省住房和城乡建设厅组织编制了《江苏省建设工程费用定额》(以下简称本定额)。

(2) 本定额是建设工程编制设计概算、施工图预(结)算、最高投标限价(招标控制价)、标底以及调解处理工程造价纠纷的依据;是确定投标价、工程结算审核的指导;也可作为企业内部核算和制订企业定额的参考。

(3) 本定额适用于在江苏省行政区域内新建、扩建和改建的建筑与装饰、安装、市政、仿古建筑及园林绿化、房屋修缮、城市轨道交通工程等,与江苏省现行的建筑与装饰、安装、市政、仿古建筑及园林绿化、房屋修缮、城市轨道交通工程计价表(定额)配套使用,原有关规定与本定额不一致的,按照本定额规定执行。

(4) 本定额费用内容是由分部分项工程费、措施项目费、其他项目费、规费和税金组成。其中,安全文明施工措施费、规费和税金为不可竞争费,应按规定标准计取。

(5) 包工包料、包工不包料和点工说明:

包工包料:是施工企业承包工程用工、材料、机械的方式。

包工不包料:指只承包工程用工的方式。施工企业自带施工机械和周转材料的工程按包工包料标准执行。

点工:适用于在建设工程中由于各种因素所造成的损失、清理等不在定额范围内的用工。

包工不包料、点工的临时设施应由建设单位(发包人)提供。

(6) 本定额由江苏省建设工程造价管理总站负责解释和管理。

2. 安装工程类别划分及说明

(1) 安装工程类别划分标准表

安装工程类别划分标准表详见表 5-11。

表 5-11 　　　　　　　　　　　　**安装工程类别划分标准表**

一类工程

(1) 10 kV 变配电装置。
(2) 10 kV 电缆敷设工程或实物量在 5 km 以上的单独 6 kV(含 6 kV)电缆敷设分项工程。
(3) 锅炉单炉蒸发量在 10 t/h(含 10 t/h)以上的锅炉安装及其相配套的设备、管道、电气工程。
(4) 建筑物使用空调面积在 15 000 m² 以上的单独中央空调分项安装工程。
(5) 建筑物使用通风面积在 15 000 m² 以上的通风工程。
(6) 运行速度在 1.75 m/s 以上的单独自动电梯分项安装工程。
(7) 建筑面积在 15 000 m² 以上的建筑智能化系统设备安装工程和消防工程。
(8) 24 层以上的水电安装工程。
(9) 工业安装工程一类项目(见后表)。

二类工程

(1) 除一类范围以外的变配电装置和 10 kV 以内架空线路工程。
(2) 除一类范围以外且在 400 V 以上的电缆敷设工程。
(3) 除一类范围以外的各类工业设备安装、车间工艺设备安装及其相配套的管道、电气工程。
(4) 锅炉单炉蒸发量在 10 t/h 以内的锅炉安装及其相配套的设备、管道、电气工程。
(5) 建筑物使用空调面积在 15 000 m² 以内,5 000 m² 以上的单独中央空调分项安装工程。
(6) 建筑物使用通风面积在 15 000 m² 以内,5 000 m² 以上的通风工程。
(7) 除一类范围以外的单独自动扶梯、自动或半自动电梯分项安装工程。
(8) 除一类范围以外的建筑智能化系统设备安装工程和消防工程。
(9) 8 层以上或建筑面积在 10 000 m³ 以上建筑的水电安装工程。

三类工程

除一、二类范围以外的其他各类安装工程

工业安装工程一类项目表

(1) 洁净要求不小于一万级的单位工程。
(2) 焊口有探伤要求的工艺管道、热力管道、煤气管道、供水(含循环水)管道等工程。
(3) 易燃、易爆、有毒、有害介质管道工程(GB 5044 职业性接触毒物危害程度分级)。
(4) 防爆电器、仪表安装工程。
(5) 各种类气罐、不锈钢及有色金属贮罐。碳钢贮罐容积单只≥1 000 m³。
(6) 压力容器制作安装。
(7) 设备单重≥10 t/台或设备本体高度≥10 m。
(8) 空分设备安装工程。
(9) 起重运输设备:
① 双梁桥式起重机:起重量≥50/10 t 或轨距≥21.5 m 或轨道高度≥15 m。
② 龙门式起重机:起重量≥20 t。
③ 带式运输机:
a. 宽≥650 mm 斜度≥10°;
b. 宽≥650 mm 总长度≥50 m;
c. 宽≥1 000 mm。
(10) 锻压设备:
① 机械压力:压力≥250 t;
② 液压机:压力≥315 t;
③ 自动锻压机:压力≥5 t。
(11) 塔类设备安装工程。
(12) 炉窑类:
① 回转窑:直径≥1.5 m;
② 各类含有毒气体炉窑。
(13) 总实物量超过 50 m³ 的炉窑砌筑工程。
(14) 专业电气调试(电压等级在 500 V 以上)与工业自动化仪表调试。
(15) 公共安装工程中的煤气发生炉、液化站、制氧站及其配套的设备、管道、电气工程。

（2）安装工程类别划分说明

① 安装工程以分项工程确定工程类别。

② 在一个单位工程中有几种不同类别组成,应分别确定工程类别。

③ 改建、装修工程中的安装工程参照相应标准确定工程类别。

④ 多栋建筑物下有连通的地下室或单独地下室工程,地下室部分水电安装按二类标准取费,如地下室建筑面积≥10 000 m^2,则地下室部分水电安装按一类标准取费。

⑤ 楼宇亮化、室外泛光照明工程按照安装工程三类取费。

⑥ 上表中未包括的特殊工程,如影剧院、体育馆等,由当地工程造价管理机构根据工程实际情况予以核定,并报上级造价管理机构备案。

3. 工程造价计算程序

（1）营改增前

营改增前工程量清单法计算程序(包工包料)见表 5-12,工程量清单法计算程序(包工不包料)见表 5-13。

表 5-12　　　　　　　　　营改增前工程量清单法计算程序(包工包料)

序号	费用名称		计算式
一	分部分项工程量清单费用		清单工程量×综合单价
	其中	1. 人工费	人工消耗量×人工单价
		2. 材料费	材料消耗量×材料单价
		3. 施工机具使用费	机械消耗量×机械单价
		4. 管理费	(1)×费率
		5. 利润	(1)×费率
二	措施项目费		
	其中	单价措施项目费	清单工程量×综合单价
		总价措施项目费	(分部分项工程费＋单价措施项目费－工程设备费)×费率或以项计费
三	其他项目费		按双方约定计算
四	规费		
	其中	1. 工程排污费	(一＋二＋三－工程设备费)×费率
		2. 社会保险费	
		3. 住房公积金	
五	税金		(一＋二＋三＋四－按规定不计税的工程设备金额)×费率
六	工程造价		一＋二＋三＋四＋五

表 5-13　　　　　　　　**工程量清单法计算程序（包工不包料）**

序号	费用名称		计算式
一	分部分项工程人工费		清单人工消耗量×人工单价
二	措施项目费		
	其中	单价措施项目中人工费	清单人工消耗量×人工单价
三	其他项目费		按双方约定计算
四	规费		
	其中	1. 工程排污费	（一＋二＋三）×费率
五	税金		（一＋二＋三＋四）×费率
六	工程造价		一＋二＋三＋四＋五

（2）营改增后

① 一般计税方法

工程量清单法计算程序（包工包料）见表 5-14。

表 5-14　　　　　**营改增后工程量清单法计算程序（包工包料）**

序号	费用名称		计算公式
一	分部分项工程费		清单工程量×除税综合单价
	其中	1. 人工费	人工消耗量×人工单价
		2. 材料费	材料消耗量×除税材料单价
		3. 施工机具使用费	机械消耗量×除税机械单价
		4. 管理费	[(1)＋(3)]×费率或(1)×费率
		5. 利润	[(1)＋(3)]×费率或(1)×费率
二	措施项目费		
	其中	单价措施项目费	清单工程量×除税综合单价
		总价措施项目费	（分部分项工程费＋单价措施项目费－除税工程设备费）×费率或以项计费
三	其他项目费		
四	规费		
	其中	1. 工程排污费	
		2. 社会保险费	（一＋二＋三－除税工程设备费）×费率
		3. 住房公积金	
五	税金		[一＋二＋三＋四－（除税甲供材料费＋除税甲供设备费）/1.01]×费率
六	工程造价		一＋二＋三＋四－（除税甲供材料费＋除税甲供设备费）/1.01＋五

② 简易计税方法

包工不包料工程（清包工工程），可按简易计税法计税，原计费程序不变。包工包料工程量清单计价程序按表 5-15 计算。

表 5-15 营改增后工程量清单法计算程序(包工包料)

序号	费用名称		计算公式
一	分部分项工程费		清单工程量×综合单价
	其中	1. 人工费	人工消耗量×人工单价
		2. 材料费	材料消耗量×材料单价
		3. 施工机具使用费	机械消耗量×机械单价
		4. 管理费	[(1)+(3)]×费率或(1)×费率
		5. 利润	[(1)+(3)]×费率或(1)×费率
二	措施项目费		
	其中	单价措施项目费	清单工程量×综合单价
		总价措施项目费	(分部分项工程费+单价措施项目费-工程设备费)×费率或以项计费
三	其他项目费		
四	规费		
	其中	1. 工程排污费	
		2. 社会保险费	(一+二+三-工程设备费)×费率
		3. 住房公积金	
五	税金		[一+二+三+四-(甲供材料费+甲供设备费)/1.01]×费率
六	工程造价		一+二+三+四-(甲供材料费+甲供设备费)/1.01+五

复习与思考题

1. 简述工程量清单的基本概念。

2. 简述招标工程量清单和已标价工程量清单的概念。

3. 阐述实行工程量清单计价的目的与意义。

4. 根据《建设工程工程量清单计价规范》(GB 50500—2013),工程量清单计价的适用范围是什么?

5. 简述《建设工程工程量清单计价规范》的主要特点。

6. 简述工程量清单计价规范常用术语的含义。

7. 招标工程量清单的编制依据有哪些?

8. 分部分项工程量清单编制的基本要求是什么?

9. 措施项目清单编制的基本要求是什么?

10. 其他项目清单的主要内容有哪些? 如何进行编制?

11. 简述工程量清单计价的概念、原理和程序。

12. 论述工程量清单计价与定额计价的区别与联系。

13. 简述《江苏省安装工程计价定额》(2014 版)的主要组成和各册的适用范围。

14. 熟悉《江苏省安装工程计价定额》(2014 版)总说明、各册册说明、各章说明和常用分项工程说明的主要内容。

15. 简述工程量清单计价的主要特点。

第六章　建设项目投资估算

主要内容:投资估算的基本概念、作用,不同阶段投资估算的精度要求以及投资估算常用的编制方法。

基本要求:

(1)熟悉投资估算的基本概念、作用,不同阶段投资估算的精度要求。

(2)掌握投资估算常用的编制方法与应用特点。

第一节　投资估算的基本概念

一、投资估算的含义与作用

1. 含义

投资估算是在投资决策阶段,以方案设计或可行性研究文件为依据,按照规定的程序、方法和依据,对拟建项目所需总投资及其构成进行的预测和估计,是在研究并确定项目的建设规模、产品方案、技术方案、工艺技术、设备方案、厂址方案、工程建设方案以及项目进度计划等的基础上,依据特定的方法,估算从项目筹建、施工直至建成投产所需全部建设资金额并测算建设期各年资金使用计划的过程。

2. 作用

投资估算是项目建议书和可行性研究报告的重要组成部分,是项目决策的重要依据之一。投资估算的准确与否不仅影响到可行性研究工作的质量和经济评价的结果,而且也直接关系到下一阶段设计概算和施工图预算的编制,对建设项目资金筹措方案也有直接的影响。因此全面准确地估算建设项目的工程造价,是可行性研究乃至整个决策阶段造价管理的重要任务。投资估算在项目开发建设过程中的作用有以下几点:

(1)项目建议书阶段的投资估算是项目主管部门审批项目建议书的依据之一,也是编制规划、确定建设规模的参考依据。

(2)项目可行性研究阶段的投资估算是项目投资决策的重要依据,也是研究、分析、计算项目投资经济效果的重要条件。当可行性研究报告批准之后,其投资估算额就是设计任务书中下达的投资限额,即作为建设项目投资的最高限额,不得随意突破。

(3)项目投资估算对工程设计概算起控制作用,设计概算不得突破批准的投资估算额,应控制在投资估算额以内。

(4)项目投资估算可作为项目资金筹措及制定建设贷款计划的依据,建设单位可根据批准的项目投资估算额进行资金筹措和向银行申请贷款。

(5)项目投资估算是核算建设项目固定资产投资需要额和编制固定资产投资计划的重要依据。

(6)投资估算是建设工程设计招标、优选设计单位和设计方案的重要依据。在工程设计招标阶段,投标单位报送的投标书中包括项目设计方案、项目的投资估算和经济性分析,招标单位根据投资估算对各项设计方案的经济合理性进行分析、衡量、比较,在此基础上,择优确定设计单位和设计方案。

二、我国投资估算的阶段划分与精度要求

投资决策阶段划分为规划、项目建议书、初步可行性研究、详细可行性研究等四个阶段。投资估算也相应分为四个阶段,见表 6-1。

表 6-1   国内项目投资估算的阶段划分与精度要求

投资估算阶段	投资阶段误差率
规划阶段	≥±30%
项目建议书	±30%以内
初步可行性研究阶段	±20%以内
详细可行性研究阶段	±10%以内

第二节　建设项目投资估算方法

一、投资估算内容

根据中国建设工程造价管理协会标准《建设项目投资估算编审规程》(CECA/GC 1—2015)的规定,投资估算按照编制估算的对象划分,包括建设项目投资估算、单项工程投资估算和单位工程投资估算等。建设项目总投资由建设投资、建设期利息、固定资产投资方向调节税和流动资金组成。其中,建设期利息包括银行借款、其他债务资金利息以及其他融资费用。建设投资由建设项目的工程费用、工程建设其他费用及预备费组成。其中工程费用包括建筑工程费、设备购置费及安装工程费,预备费包括基本预备费和价差预备费。

对铺底流动资金有要求的建设项目应按国家或行业的有关规定计算铺底流动资金,非生产经营性建设项目不列铺底流动资金。

二、投资估算的依据、要求及步骤

(一)依据

(1)建设标准和技术、设备、工程方案。

(2)专门机构发布的建设工程造价费用构成、估算指标、计算方法,以及其他有关计算工程造价的文件。

(3)专门机构发布的工程建设其他费用计算办法和费用标准,以及政府部门发布的物价指数。

(4)拟建项目各单项工程的建设内容及工程量。

(5)资金来源与建设工期。

(二)要求

(1)工程内容和费用构成齐全,计算合理,不重复计算,不提高或降低估算标准,不漏项、不少算。

(2)选用指标与具体工程之间存在标准或条件差异时,应进行必要的换算或调整。

（3）投资估算精度应能满足控制初步设计概算要求。

（三）投资估算的步骤

（1）分别估算各单项工程所需的建筑工程费、设备工器具购置费、安装工程费。

（2）在汇总各单项工程费用的基础上，估算工程建设其他费用和基本预备费。

（3）估算价差预备费和建设期贷款利息。

（4）估算流动资金。

（5）汇总形成总概算。

三、建筑工程投资估算方法

投资估算分为固定资产投资的估算和流动资金的估算。这里仅介绍建筑工程固定资产投资的估算。

（一）固定资产投资静态投资部分的估算

1. 单位生产能力估算法

单位生产能力估算法即工业产品单位生产能力或民用建筑功能或营业能力指标法，是根据已建成的性质类似的建设项目的单位生产能力投资乘以拟建项目的生产能力，来估算拟建项目投资额的方法。单位生产能力指标指每个估算单位的投资额，如酒店客房房间投资指标、冷库单位储藏量投资指标、医院每个床位投资指标等。这种方法适用于从整体上框算一个项目的全部投资额。计算公式如下：

$$C_2 = \frac{C_1}{Q_1} \times Q_2 \times f$$

式中　C_2——拟建工程的造价；

　　　C_1——类似工程的造价；

　　　Q_2——拟建工程的生产能力；

　　　Q_1——类似工程的生产能力；

　　　f——不同时期、不同地点的定额、单价、费用变更等综合调整系数。

特点：简单迅速，太粗，精度不高。

应用该方法应注意以下几点：

（1）地方性。建设地点不同，地方性差异主要体现为：两地经济情况不同，水文地质条件不同，气候等自然条件不同，材料、设备来源、运输状况不同等。

（2）配套性。一个项目或装置，均有许多配套装置和设施，这方面的不同也可能产生差异。如公用工程、辅助工程、场外工程和生活福利工程等，这些工程因地方差异和工程规模的不同而各不相同，它们并不与主体工程的变化呈线性关系。

（3）时间性。工程建设项目的兴建，不一定是同一时间建设，时间差异或多或少存在，在这段时间内技术条件、标准、价格等因素可能会发生变化。

［例 6-1］　新建一 300 间客房的旅馆，其已建类似工程的技术经济指标为 30 万元/间（物价浮动指数取 1）。求工程项目的总投资。

解　　　　　　　　　　总投资＝30×300＝9 000 万元

2. 生产能力指数法

该方法选择与拟建工程类似的项目，并根据拟建工程建设期基本建设造价上涨的指数进行调整，以测算拟建工程的造价。计算公式如下：

$$C_2 = C_1 \times \left(\frac{Q_2}{Q_1}\right)^n \times f$$

式中　C_2——拟建工程的造价；

C_1——类似工程的造价；

Q_2——拟建工程的生产能力；

Q_1——类似工程的生产能力；

n——生产能力指数；

f——不同时期、不同地点的定额、单价、费用变更等综合调整系数。

造价与规模（或容量）呈非线性关系，且单位造价随工程规模（或容量）的增大而减小。运用生产能力指数法的关键是生产能力指数的确定，一般要结合行业特点确定，并应用可靠的例证。正常情况下，n 在 0～1 之间。不同生产率水平的国家和不同性质的项目中，n 的取值是不同的。当已建类似项目和拟建项目规模的比值在 0.5～2.0 之间时，n 近似取 1；当已建类似项目和拟建项目规模的比值在 2～50 之间，且拟建项目规模扩大仅靠增大设备规模来达到时，n 取值为 0.6～0.7；若是靠增加相同规格设备的数量达到，n 取值为 0.8～0.9。

特点：计算简单，速度快，但要求类似工程的资料可靠、条件基本相同，否则会产生很大的误差。

3. 投资估算指标法

投资估算指标法是以已建项目的各类估算指标计算拟建类似项目投资的方法。投资估算指标以独立的建设项目、单项工程或单位工程为对象，加总项目全过程投资和建设中各类成本和费用，反映出扩大的技术经济指标，具有较强的综合性和概括性。投资估算指标是确定和控制建设项目全过程各项投资支出的技术经济指标，其范围涉及建设前期、建设实施期和竣工验收交付使用期等各个阶段的费用支出，内容因行业不同而各异，一般可分为建设项目综合指标、单项工程指标和单位工程指标 3 个层次，详见第四章第八节。

具体算法为每一个单位指标乘以所需要的面积或指标。使用这种方法时必须注意以下两点：

（1）套用的指标与具体工程之间的标准或条件有差异时应加以必要的局部调整或换算。

（2）使用的指标单位应密切结合每个单位工程的特点，应能正确反映其设计参数，切切勿盲目单纯地套用一种单位指标。如动力配线工程宜套用配线所需的设备容量（千瓦）的指标，而不应套用建筑面积指标。这种方法由于其指标范围比较窄，因此应用比较广泛，即使局部有些偏差，也不会过多影响整个工程项目投资的正确性。

在选用指标时，因工程总会存在差异要选用适当的方法进行修正。目前，我国各部门、各省区市已编制了相应的各类工程的投资估算指标，并绝大多数已审批通过、颁布执行。

特点：精度高，一般可用于可行性研究阶段详细的投资估算。

4. 比例估算法

比例估算法是根据已知的同类建设项目主要设备购置费占整个建设项目的投资比例，先逐项估算出拟建项目主要设备购置费，再按比例估算拟建项目的静态投资的方法。该办法主要用于设计深度不足，拟建建设项目与类似建设项目的主要设备购置费比重较大，行业内相关系数等基础资料完备的情况。

计算公式如下：

$$C = \frac{1}{K} \times \sum_{i=1}^{n} Q_i P_i$$

其中　　C——拟建项目的静态投资；

　　　　K——主要设备购置费占整个建设项目的投资比例；

　　　　Q_i——第 i 项中主要设备的数量；

　　　　P_i——第 i 项中主要设备的购置单价（到厂价格）。

特点：精度不高，主要用于项目建议书阶段的投资估算。

（二）动态投资部分的估算

动态投资部分主要有价差预备费、建设期贷款利息的计算，可参见第三章第五节有关内容。

四、投资估算文件的组成

投资估算由编制说明、估算分析表和汇总表组成。

投资估算说明应包括下列内容：

（1）工程概况、规模、投资估算总额。

（2）编制依据。包括工程项目投资估算指标、办法，预可行性研究报告的要点，计价的依据、说明及批准的项目建议书等。

（3）不包括的工程项目和费用。

（4）其他需要说明的问题。

复习与思考题

1. 简述投资估算的基本概念。

2. 简述投资估算的基本作用。

3. 简述投资估算常用的编制方法和应用特点。

4. 某拟建工程项目年生产能力为 500 万 t，同类型年产 400 万 t 的已建项目设备投资额为 6 000 万元，设备投资的综合调价系数为 1.3，且该已建项目中建筑工程、安装工程及其他工程费用占设备费的百分比分别为 35%、20%、10%，相应的综合调价系数分别为 1.15、1.25、1.05。基本预备费按设备购置费、建筑工程费、安装工程费和其他费用之和的 8% 计算。

（1）用生产能力指数法估算拟建项目的设备投资额（生产能力指数取 0.5）。

（2）计算拟建项目的建筑工程费、安装工程费和其他费用。

（3）确定固定资产投资中的静态投资额。

第七章　设计阶段的工程计价

主要内容：主要讲述设计概算、施工图预算的基本概念、作用、编制与审查方法，并以给排水工程、采暖工程，通风空调工程，刷油、防腐蚀、绝热工程，工业管道工程为例详细讲述了施工图预算编制的基本方法。

基本要求：

（1）熟悉设计概算的基本概念、作用、组成、编制与审查方法。

（2）掌握施工图预算的基本概念、作用、组成、编制与审查方法。

（3）掌握给排水工程、采暖工程，通风空调工程，刷油、防腐蚀、绝热工程，工业管道工程施工图预算的编制方法［掌握定额的选用（即清楚哪些内容应执行哪册定额）、各册定额的分界、定额规定的各项费用与计算方法、定额应用说明、工程量计算的项目划分与工程量计算规则、定额计量单位、定额子目的套用等］。

（4）掌握定额中各类系数的分类及各类系数的使用方法。

第一节　设计概算的编制与审查

一、设计概算概述

（一）基本概念

1. 定义

设计概算是指在初步设计阶段（或扩大初步设计阶段），根据建设项目初步设计、图纸、概算定额或概算指标、市场材料价格、建设工程费用定额与有关收取规定以及编制期利率和汇率等，对拟建工程工程造价进行的概略计算，是初步设计文件的重要组成部分。

设计概算由设计部门负责编制，编制的工程对象往往是一个建设项目，计算的费用范围包括从项目筹建起至竣工结束为止的全部建设费用。采用两阶段设计的项目，初步设计必须编制设计概算；采用三阶段设计的，扩大初步设计阶段必须编制修正概算。

根据国内外相关研究资料，设计阶段的费用只占工程全部费用的不到 1％，但在项目决策正确的前提下，它对工程造价影响程度高达 75％以上。工程类别的不同，在设计阶段需要考虑的影响工程造价的因素也有所不同。

2. 组成

设计概算分为三级，即单位工程概算、单项工程概算、建设项目总概算。各级设计概算的相互关系如表 7-1 所示。

表 7-1　　　　　　　　　　　　各级设计概算的相互关系

建设项目总概算	项工程综合概算	单位建筑工程概算
		单位设备及安装工程概算
	工程建设其他费用概算	
	预备费、投资方向调节税、建设期贷款利息	

（二）设计概算的作用

（1）设计概算是编制建设项目投资计划、确定和控制建设项目投资的依据。

国家规定，编制年度固定资产投资计划、确定计划投资总额及其构成数额，要以批准的初步设计概算为依据，没有批准的初步设计文件及其概算的建设工程不能列入固定资产投资计划。

设计概算一经批准，将作为控制建设项目投资的最高限额。竣工结算不能突破施工图预算，施工图预算不能突破设计概算。如果由于设计变更等原因建设费用超过概算，必须重新审查批准。

（2）设计概算是签订建设工程合同和贷款合同的依据。

在《合同法》中明确规定，建设工程合同价款是以设计概算为依据的，且总承包合同额不得超过设计总概算的投资额。银行贷款或各单项工程的拨款累计总额不能超过设计概算。如果项目投资计划所列支投资额与贷款突破设计概算，必须查明原因，之后由建设单位报请上级主管部门调整或追加设计概算总投资，未批准之前，银行对其超支部分不拨款。

（3）概算是考核设计方案的技术、经济是否合理的依据和选择最佳设计方案的依据。

（4）设计概算是控制施工图设计和施工图预算的依据。

设计单位必须按照批准的初步设计和总概算进行施工图设计，施工图预算不得突破设计概算，如确需突破总概算，应按规定程序报批。

（5）设计概算是考核建设项目投资效果的依据。

通过设计概算与竣工决算对比，可以分析和考核投资效果的好坏，同时还可以验证设计概算的准确性，有利于加强设计概算管理和建设项目的造价管理工作。

二、设计概算书的组成

设计概算书由编制说明和概算分析表、汇总表等组成，具体包括以下几项：

（1）封面、签署页及目录。封面、签署页应按统一规定的格式填写，其中签署页应设立工程经济人员的资格证号栏目，填写编制、校审人员的姓名及盖资格证书专用章。

（2）编制说明，主要有以下几项：

① 工程概况，简述建设项目性质、特点以及生产规模、建设周期、建设地点等主要情况，引进项目说明引进内容以及国内配套工程等的主要情况。

② 资金来源及投资方式。

③ 编制依据及编制原则。

④ 投资分析，主要分析各项投资的比重、各专业的投资比重等经济指标以及国内外同类工程的比较并分析投资高低的原因。

⑤ 其他需要说明的问题。

（3）总概算表。总概算由静态投资和动态投资两部分组成，静态投资部分应根据工程所有项目，以前期工程费统计汇总表、各单项工程概算表、工程建设其他费用概算表、主要材料汇总表、主要设备汇总表为基础汇总编制；动态投资部分应按照建设项目的性质，计列相应的税、费。概算中，国内项目的投资额均以人民币表示，其中引进部分应列出外币金额；合资项目应分别列出外币和人民币，合计金额以人民币表示。

（4）前期工程统计汇总表。

（5）单项工程概算表。单项工程的概算应以其所辖的单位工程概算为基础汇总编制。

单位工程概算由直接工程费、间接费、计划利润和税金组成,是编制单项工程概算的依据。

（6）建筑工程概算表。

（7）设备安装工程概算表。

（8）工程建设其他费用概算表。

（9）工程主要工程量表。

（10）工程主要材料汇总表。

（11）工程主要设备汇总表。

（12）工程工日汇总表。

（13）分年度投资汇总表。

（14）资金供应量汇总表。

三、设计概算的编制

（一）设计概算的编制原则

（1）严格执行国家的建设方针和经济政策的原则。设计概算是一项重要的技术经济工作,要严格按照党和国家的方针、政策办事,坚决执行勤俭节约的方针,严格执行规定的设计标准。

（2）完整、准确地反映设计内容的原则。编制设计概算时,要认真了解设计意图,根据设计文件、图纸准确计算工程量,避免重算和漏算。设计修改后要及时修正概算。

（3）坚持结合拟建工程的实际,反映工程所在地当时价格水平的原则。为提高设计概算的准确性,要实事求是地对工程所在地的建设条件、可能影响造价的各种因素进行认真的调查研究,在此基础上正确使用定额、指标、费率和价格等各项编制依据,按照现行工程造价的构成,根据有关部门发布的价格信息及价格调整指数,考虑建设期的价格变化因素,使概算尽可能反映设计内容、施工条件和实际价格。

（二）编制依据

（1）国家、行业和地方政府有关建设和造价管理的法律、法规、规定。

（2）批准的建设项目的设计任务书（或批准的可行性研究文件）和主管部门的有关规定。

（3）初步设计文件和工程勘察报告,如能满足编制设计概算的各专业设计图纸、文字说明和主要设备表等。

（4）正常施工组织设计。

（5）当地和主管部门的现行建筑工程和专业安装工程的概算定额（或预算定额、综合预算定额）、单位估价表、材料及构配件预算价格、工程费用定额和有关费用规定的文件等资料。

（6）现行有关设备原价及运杂费率。

（7）现行的有关其他费用定额、指标和价格。

（8）资金筹措方式。

（9）建设场地的自然条件和施工条件。

（10）类似工程的概、预算及技术经济指标。

（11）建设单位提供的有关工程造价的其他资料。

（12）建设项目批准的相关文件、有关合同和协议等其他资料。

初步设计方案是设计概算编制的直接依据。

（三）设备及安装工程概算的编制

设备及安装工程概算包括设备购置费和设备安装费。

1. 编制步骤

（1）确定各种设备的台数、重量、安装工程量，并按照设备出厂价格或估算指标计算设备费。

（2）按照安装专业工程概算指标、间接费及其他工程费用定额，计算安装工程直接费、间接费、利润以及税金。

上述各项费用之和即为设备安装工程概算。

2. 设备购置费的概算方法

设备购置费由设备的原价和运杂费组成。

3. 安装工程费概算方法

安装工程费包括设备安装及设备有关的其他安装费，如连接设备的管道、线缆与设备附属配件安装费，以及用原材料制作安装的设备和有关部件的安装费等。常用概算方法有以下几种。

（1）预算单价法

当初步设计有详细的设备清单时，可直接按预算定额单价编制设备安装单位工程概算，根据计算的设备安装工程量乘以安装工程预算综合单价，经汇总求得。用预算单价法计算比较具体，精确度较高。

（2）扩大单价法（概算定额法）

当初步设计的设备清单不完备，或仅有成套设备的重量时，可采用主体设备、成套设备或工艺线的综合扩大安装单价编制概算。

（3）设备价值百分比法

设备价值百分比法又叫安装设备百分比法。当初步设计深度不够，只有设备出厂价而无详细规格、重量时，安装费可按其占设备费的百分比计算。安装费率由主管部门制定或由设计单位根据已完工类似工程确定。该法常用于价格波动不大的定型产品和通用设备产品。其计算公式如下：

$$设备安装工程费 = 设备原价 \times 安装费费率$$

（4）综合吨位指标法

当初步设计提供的设备清单有规格和设备重量时可采用综合吨位指标编制概算，其综合吨位指标由相关主管部门或由设计单位根据已完工类似工程的资料确定。该法常用于设备价格波动较大的非标准设备和引进设备的安装工程概算。其计算公式为：

$$设备安装工程费 = 设备重量 \times 每吨设备安装费指标（元/t）$$

（四）建筑安装工程设计概算的编制方法

建筑安装工程设计概算编制方法主要有扩大单价法（概算定额法）、概算指标法、类似工程预算法等。

运用概算定额法编制单位工程设计概算是利用有关部门发布的概算定额、相应的工程量计算规则，根据初步设计图纸计算出各分部分项工程的工程量，然后套用概算定额单价，计算汇总后，再计取有关费用，得出单位工程造价。采用概算定额法编制设计概算要求初步设计达到一定深度,能够按初步设计图纸计算各分部分项工程的工程量。

概算指标法是采用直接工程费指标,用拟建的厂房、住宅的建筑面积或体积乘以技术条件相同或基本相同的概算指标得出人工费、材料费、机械费,然后按规定计算出企业管理费、利润、规费和税金等。该方法适用于初步设计深度不够,不能准确计算工程量,且又有类似工程概算指标可以利用的情况。因此,计算精度较低,是一种对工程造价估算的方法,但由于其编制速度快,故有一定的使用价值。

类似工程预算法是利用技术条件与设计对象相类似的已完工工程或在建工程的工程造价资料来编制拟建工程的设计概算的方法。该方法适用于拟建工程初步设计与已完工工程或在建工程的设计相类似且没有可利用的概算指标的情况,但必须对建筑结构和价差进行调整。

四、设计概算的审查

(一)目的和意义

(1)审查设计概算,有利于合理分配投资资金,加强投资计划管理,合理确定和有效控制工程造价。设计概算编制得偏高或偏低,不仅影响工程造价的控制,也会影响投资计划的真实性,影响投资的合理分配。

(2)审查设计概算,有利于促进概算编制单位严格执行国家有关概算的编制规定和费用标准,从而提高概算的编制质量。

(3)审查设计概算,有利于促进设计单位保持技术先进性与经济合理性。概算中的技术经济指标是概算的综合反映,与同类工程相比,便可看出它的先进性与合理程度。

(4)审查设计概算,有利于核定建设项目的投资规模,可以使建设项目总投资力求做到准确、完整,防止任意扩大投资规模或出现漏洞,从而减少投资缺口、缩小概算与预算之间的差距,避免故意压低概算投资,搞"钓鱼"项目,最后导致实际造价大幅度地突破概算。

(5)审查设计概算,可为建设项目的投资落实提供可靠的依据。打足资金,不留缺口,有助于提高建设项目的投资效益。

(二)审查内容

1. 审查设计概算的编制依据

(1)审查编制依据的合法性。

(2)审查编制依据的时效性。

(3)审查编制依据的适用范围。

2. 审查编制深度

(1)审查编制说明

审查编制说明可以检查概算的编制方法、深度和编制依据等重大原则问题,若编制说明有差错,具体概算必有差错。

(2)审查编制的完整性

一般大中型项目的设计概算,应有完整的编制说明和三级概算(即总概算表、单项工程综合概算表、单位工程概算表),并按有关规定的深度进行编制。要审查是否有符合规定的三级概算,各级概算的编制、核对、审核是否按规定签署,有无随意简化,有无把三级概算简化为二级概算,甚至一级概算的情形。

(3)审查编制范围

审查概算的编制范围及具体内容是否与主管部门批准的建设项目范围及具体工程内容

一致；审查分期建设项目的建筑范围及具体工程内容有无重复交叉，是否重复计算或漏算；审查其他费用应列的项目是否符合规定，静态投资、动态投资和经营性项目铺底流动资金是否分别列出等。

3. 具体审查内容

（1）审查是否符合党和国家的方针、政策，是否根据工程所在地的自然条件编制。

（2）审查建设规模（投资规模、生产能力等）、标准（用地指标、建筑标准等）、配套工程、设计定员等是否符合批准的可行性研究报告或立项批准文件。对概算投资超过批准的投资估算 10% 以上的，应查明原因，重新上报审批。

（3）审查编制方法、计价依据和程序是否符合现行的规定，包括定额或指标的适用范围和调整方法是否正确。

（4）审查工程量是否正确。具体包括工程量的计算是否是根据初步设计图纸、概算定额、工程量计算规则和施工组织设计的要求进行的，有无多算、重算和漏算，尤其对工程量大、造价高的项目要重点审查。

（5）审查材料用量和价格。具体包括主要材料的用量数据是否正确、材料的预算价格是否符合工程所在地的价格水平、材料价差的调整是否符合现行规定及其计算是否正确等。

（6）审查设备规格、数量和配置是否符合设计要求，概算编制是否正确。具体包括设备的数量规格是否符合设计文件的要求、是否与设备清单一致，设备预算价格是否真实，设备原价和运杂费的计算是否正确，非标准设备原价的计算方法是否符合规定、计算是否正确，进口设备的各项费用的组成及计算程序、方法是否符合国家的规定等。

（7）审查建筑安装工程的各项费用的计取是否符合国家和地方有关部门的规定，计算是否正确。

（8）审查综合概算、总概算的编制内容、方法是否符合现行的规定和设计文件的要求，有无设计文件外项目，有无非生产项目按生产性项目列入。

（9）审查组成内容是否完整地包括了建设项目从筹建到竣工投产的全部费用。

（10）审查工程建设其他各项费用。工程建设其他费用这部分内容多、弹性大，而它所占的投资一般占项目总投资的 25% 以上。要按国家和地区规定逐项审查，不属于总概算范围的费用项目不能列入概算。要审查具体费率或计算标准是否按国家、行业有关部门的规定计算，有无随意列项、多列、交叉计列和漏项等。

（11）审查项目的"三废"治理。拟建项目必须同时安排"三废"（废水、废气、废渣）的治理方案和投资，对于未做安排或漏项或多算、重的项目，要按国家有关规定核实投资，以满足"三废"排放标准的要求。

（12）审查技术经济指标。具体包括技术经济指标的计算方法和程序是否正确；综合指标和单项指标与同类工程指标相比，是偏高或偏低，其原因是什么，并予以纠正。

（13）审查投资的经济效果。设计概算是初步设计经济效果的反映，要按生产规模、工艺流程、产品品种和质量，从企业的投资效益和投产后的运营效益全面分析，是否达到了先进可靠、经济合理的要求。

（三）审查方法

1. 对比分析法

对比分析法主要是进行建设规模、标准与立项批文对比，工程数量与设计文件对比，综合范围、内容与编制方法、规定对比,各项取费与规定标准对比,材料、人工单价与统一信息对比,引进设备、技术投资与报价要求对比,技术经济指标与同类工程对比等,通过对比容易发现设计概算的问题和偏差。

2. 查询核实法

查询核实法是对一些关键设备和设施,重要装置,引进工程图纸不全、难以核算的较大投资进行多方面查询核对,逐项落实的方法。主要设备的市场价向设备供应部门或招标公司查询核实;重要生产装置、设施向同类企业(工程)查询了解;引进设备价格及有关费用、税金向进出口公司调查核实;复杂的建安工程向同类工程的建设、承包、施工单位征求意见;深度不够或不清楚的问题直接向原概算编制人员、设计者询问清楚。

3. 联合会审法

概算审查的方式有初审和会审。联合会审前,可先采取多种形式分头审查,包括设计单位自审,主管、建设、承包单位初审,工程造价咨询公司评审,邀请同行专家预审,审批部门复审等,经层层审查把关后,由有关单位和专家进行联合会审。在会审大会上,由设计单位介绍概算编制情况及有关问题,各有关单位、专家汇报初审、预审意见。然后进行认真分析、讨论,结合对各专业技术方案的审查意见所产生的投资增减,逐一核实原概算出现的问题。经充分协商,认真听取设计单位意见后,实事求是地处理、调整。

通过以上复审查后,对审查中发现的问题和偏差,按照单项、单位工程的顺序,先按设备费、安装费、建筑费和工程建设其他费分类整理,然后按照静态投资、动态投资和铺底流动资金三大类,汇总核增或核减的项目及投资额,最后将具体审核数据,按照原编概算、审核结果、增减投资、增减幅度四栏列出,并按原总概算表汇总顺序,将增减项目逐一列出,相应调整所属项目投资合计,再依次汇总审核后的总投资及增减投资额。对于差错较多、问题较大或不能满足要求的,责成按会审意见修改返工后,重新报批;对于无重大原则问题,深度基本满足要求的,若投资增减不多,当场核定概算投资额,并提交审批部门复核后,正式下达审批概算。

第二节　施工图预算的编制与审查

一、施工图预算的概念

(一)含义

施工图预算是施工图设计预算的简称,是指以施工图设计文件为依据,按照规定的程序、方法和依据,在工程施工前对工程项目的工程费用进行的预测与计算。施工图预算也称设计预算,是施工图设计阶段对工程建设所需资金做出较精确计算的设计文件。

施工图预算价格既可以是按照政府统一规定的预算单价、取费标准、计价程序计算而得到的属于计划或预期性质的施工图预算价格,也可以是通过招投标法定程序后施工企业根据自身的实力即企业定额、资源市场单价以及市场供求及竞争状况计算得到的反映市场性质的施工图预算价格。

(二)主要作用

施工图预算作为建设工程建设程序中一个重要的技术经济文件,在工程建设实施过程中具有十分重要的作用,可以归纳为以下几个方面。

1. 施工图预算对建设单位的作用

(1) 施工图预算是施工图设计阶段确定建设工程项目造价的依据,是设计文件的组成部分,是控制施工图预算不突破设计概算的重要措施。

(2) 施工图预算是建设单位在施工期间安排建设资金计划和使用建设资金的依据。建设单位按照施工组织设计、施工工期、施工工序、各个部分预算造价安排建设资金计划,确保资金有效使用,保证项目建设顺利进行。

(3) 施工图预算是招投标的重要基础,既是工程量清单的编制依据,也是招标控制价编制的依据。对建设单位而言,标底的编制是以施工图预算为基础的,通常是在施工图预算的基础上考虑工程特殊施工措施费、工程质量要求、目标工期、招标工程的范围、自然条件等因素编制的。采用工程量清单计价方法招投标,其计价基础还是预算定额,计价方法还是预算方法,所以施工图预算是标底编制的依据。

(4) 施工图预算是拨付进度款及办理结算的依据。

2. 施工图预算对施工单位的作用

(1) 施工图预算是确定投标报价的依据。推行工程量清单计价法以后,在招投标过程中,施工企业一般按照自身的特点确定报价,传统的施工图预算在投标报价中的作用逐渐弱化,但是施工图预算的原理、依据、方法和编制程序,仍是报价的重要参考。

(2) 施工图预算是施工单位进行施工准备、安排调配施工力量、组织材料供应计划的依据。施工单位在施工前,可以根据施工图预算的工、料、机分析,编制资源计划,组织材料、机具、设备及劳动力供应,编制进度计划,统计需要完成的工作量,进行经济核算。

(3) 施工图预算是控制施工成本的依据,是施工企业进行经济核算的依据,也是施工企业拟定降低成本措施和按照工程量计算结果编制施工预算和进行两算对比的依据。施工单位只有合理利用各种资源,采取技术措施、经济措施和组织措施降低成本,将成本控制在施工图预算以内,才能获得良好的经济效益。

3. 施工图预算对其他方面的作用

(1) 对于工程咨询单位而言,尽可能客观、准确地为委托方做出施工图预算,是其业务水平、素质和信誉的体现。

(2) 对于工程造价管理部门而言,施工图预算是监督检查执行定额标准、合理确定工程造价、测算造价指数及审定招标工程标底的重要依据。

二、施工图预算的内容和编制依据

(一) 施工图预算的组成

施工图预算由建设项目总预算、单项工程综合预算和单位工程预算组成。建设项目总预算由单项工程综合预算汇总而成,单项工程综合预算由组成本单项工程的各单位工程预算汇总而成,单位工程预算包括建筑工程预算和设备及安装工程预算。施工图预算根据建设项目实际情况可采用三级预算编制或二级预算编制形式。当建设项目有多个单项工程时,应采用三级预算编制形式,三级预算在编制形式上由建设项目总预算、单项工程综合预算、单位工程预算组成。当建设项目只有一个单项工程时,应采用二级预算编制形式,二级预算在编制形式上由建设项目总预算和单位工程预算组成。

采用三级预算编制形式的工程预算文件包括封面、签署页及目录、编制说明、总预算表、综合预算表、单位工程预算表、附件等。采用二级预算编制形式的工程预算文件包括封面、签署页及目录、编制说明、总预算表、单位工程预算表、附件等。

单位工程施工图预算包括建筑工程预算和设备安装工程预算。建筑工程预算按其工程性质分为一般土建工程预算、卫生工程预算(包括室内外给排水工程预算)、采暖通风工程预算、燃气工程预算、电气照明工程预算、特殊构筑物工程预算及工业管道工程预算等。设备安装工程预算分为机械设备安装工程预算、电气设备安装工程预算和热力设备安装工程预算。

（二）施工图预算的内容

预算文件不同,施工图预算的内容也有所不同。

建设项目总预算是反映施工图设计阶段建设项目投资总额的造价文件,是施工图预算文件的主要组成部分。由组成该建设项目的各个单项工程综合预算和相关费用组成。具体包括建筑安装工程费、设备及工器具购置费、工程建设其他费用、预备费、建设期贷款利息及铺底流动资金。施工图总预算应控制在已批准的设计总概算投资范围以内。

单项工程综合预算是反映施工图设计阶段一个单项工程(设计单元)造价的文件,是总预算的组成部分,由构成该单项工程的各个单位工程施工图预算组成。其编制的费用项目包括各单项工程的建筑安装工程费、设备及工器具购置费和工程建设其他费用。

单位工程预算是依据单位工程施工图设计文件,现行预算定额,以及人工、材料和施工机械台班价格等,按照规定的计价方法编制的工程造价文件。包括单位建筑工程预算和单位设备及安装工程预算。单位建筑工程预算是建筑工程各专业单位工程施工图预算的总称,按其工程性质分为一般土建工程预算,给排水工程预算,采暖通风工程预算,燃气工程预算,电气照明工程预算,弱电工程预算,特殊构筑物如烟囱、水塔等工程预算以及工业管道工程预算等。单位设备及安装工程预算是安装工程各专业单位工程预算的总称,按其工程性质分为机械设备安装工程预算、电气设备安装工程预算、工业管道工程预算和热力设备安装工程预算等。

（三）编制依据

施工图预算的编制必须遵循以下依据:

(1)国家、行业和地方政府有关工程建设和造价管理的法律、法规和规定。

(2)经过批准和会审的施工图设计文件,包括设计说明书、标准图、图纸会审纪要、设计变更通知单及经建设主管部门批准的设计概算文件。

(3)施工现场勘察地质、水文、地貌、交通、环境及标高测量资料等。

(4)预算定额(或单位估价表)、地区材料市场价格与预算价格等相关信息以及颁布的材料预算价格、工程造价信息、材料调价通知、取费调整通知等,工程量清单计价规范。

(5)当采用新结构、新材料、新工艺、新设备而定额缺项时,按规定编制的补充预算定额,也是编制施工图预算的依据。

(6)合理的施工组织设计和施工方案等文件。

(7)工程量清单、招标文件、工程合同或协议书。它明确了施工单位承包的工程范围,应承担的责任、权利和义务。

(8)项目有关的设备、材料供应合同、价格及相关说明书。

(9)项目的技术复杂程度,以及新技术、专利使用情况等。

(10)项目所在地区有关的气候、水文、地质、地貌等的自然条件。

（11）项目所在地区有关的经济、人文等社会条件。

（12）预算工作手册、常用的各种数据、计算公式、材料换算表、常用标准图集及各种必备的工具书。

三、施工图预算的编制方法

施工图预算的编制方法有工料单价法和综合单价法。工料单价法是传统定额计价模式下施工图预算编制方法，而综合单价法是适应市场经济条件下的工程量清单计价模式下的施工图预算编制方法。

（一）工料单价法

工料单价法是以分部分项工程及措施费项目的单价为工料单价，将子项工程量乘以对应工料单价后的合计作为直接费，直接费汇总后再根据规定的方法计算企业管理费、利润、规费和税金，将上述费用汇总后得到该单位工程的施工图预算造价。工料单价法中的单价一般采用地区统一单位估价表中的各子目项工料单价（定额基价）。

按照分部分项工程单价产生的方法不同，工料单价法主要有预算单价法和实物法。

1. 预算单价法

预算单价法是用事先编好的分项工程的单位估价表来编制施工图预算的方法，用地区统一单位估价表中的各项定额单价，乘以相应的各分项工程的工程量，汇总相加得到单位工程的人工费、材料费、机械使用费之和，再加上按规定程序计算出的措施费、间接费、利润和税金，便可得出单位工程的施工图预算造价。

用单价法编制施工图预算的主要公式为：

$$单位工程施工图预算直接工程费 = \sum（子目工程量 \times 预算定额单价）$$

用预算单价法编制施工图预算的步骤如图 7-1 所示。

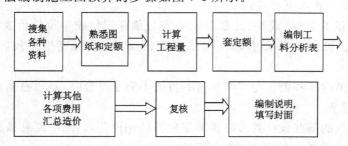

图 7-1　预算单价法编制施工图预算程序图

（1）搜集各种资料：资料包括施工图纸，施工组织设计或施工方案，现行建筑安装工程预算定额，取费标准，统一的工程量计算规则，预算工作手册和工程所在地的材料、人工、机械台班预算价格与调价规定，工程预算软件等。

（2）熟悉施工图纸和定额。

（3）计算工程量：工程量指以物理计量单位或自然计量单位表示的各个工程子目的数量。工程量的计算是整个预算过程中最重要、最烦琐的环节，不仅影响预算编制的及时性，更重要的是影响预算造价的准确性。因此，在工程量计算上要投入较大的精力。

工程量计算要严格按照规定的工程量计算规则进行。工程量计算规则是指建筑安装工程量的计算规定，包括工程量的项目划分、计算内容、计算范围、计算公式和计量单位等。在

我国,工程量计算规则是法定的。工程量计算的一般步骤是:

① 根据工程内容和定额项目,排列分项工程。

② 根据一定的计算顺序和计算规则,列出计算式。

③ 根据施工图纸的设计尺寸及有关数据,代入算式计算。

④ 工程量整理与复核。

⑤ 对计算结果进行调整使之与定额单位相统一。

工程量的计算顺序可以按定额顺序、按施工顺序、按工程量的内在关系合理安排计算顺序。工程量的计算顺序无硬性规定,可以因人而异,但无论采用何种计算顺序,要保证不漏项、不重复计算,保证工程量计算的准确性。

(4) 套定额:工程量计算完毕核对无误后,用所得的分部分项工程量套用单位估价表中相应的定额单价,相乘后相加汇总,便可求出单位工程的直接费。

套定额时采用的预算书形式见表7-2。

表 7-2 　　　　　　　　　　　　　**建筑安装工程预算书**

工程名称:　　　　　　　　　　　　　　　　　　　　　　　共　　页　　第　　页

定额编号	分部分项工程名称	单位	工程量	基价			合价		
				单价	人工费	机械费	合价	人工费	机械费
合计							Σ	Σ	Σ

套用定额时要注意如下几点:

① 分项工程量的名称、规格、计量单位必须与预算定额或单位估价表所列内容一致,重套、错套、漏套预算单价都会引起直接工程费的偏差,从而直接导致施工图预算出现偏差。

② 当施工图纸的某些要求与定额单价的特征不完全符合时,必须根据定额使用说明对定额进行调整或换算。

③ 当施工图纸的某些设计要求与预算定额特征相差甚远,既不能直接套用也不能换算调整时,必须编制补充单位估价表或补充定额。

(5) 编制工料分析表:根据各分部分项的工程量和相应定额中项目所列的用工工日及材料数量,计算出各分部分项工程所需的人工及材料数量,相加汇总便得出该单位工程所需的各类人工和材料的数量。

(6) 计算其他各项费用并汇总造价:按照建筑安装单位工程造价构成规定的费用项目、费率和计费基础,分别计算出措施费、间接费、利润和税金,并汇总得出单位工程造价。

(7) 复核:单位工程预算编制后,有关人员对单位工程预算要进行复核,以便及时发现差错,提高预算质量。复核时,应对工程量计算公式和结果、套用定额基价、各项费用的取费费率及计算基础和计算结果、材料和人工预算价格及其价格调整等方面是否正确进行全面的复核。

(8) 编制说明,填写封面:编制说明是编制者向审核者交待编制方面的有关情况,包括编制依据、工程性质、工程内容、设计图纸号、所用预算定额编制年份（即价格水平年份）、有关部门的调价文件号、套用单价或补充单价方面的情况及其他需要说明的问题。填写封面应写明工程名称、工程编号、工程规模（建筑面积）、预算总造价及单方造价、编制单位名称及负责人和编制日期、审查单位名称及负责人和审核日期等。

预算单价法是目前国内编制施工图预算的主要方法，具有计算简单、工作量较小和编制速度较快、便于工程造价部门集中管理的优点。但由于采用事先编好的统一的单位估价表，其价格水平只能反映定额编制年份的价格水平。在市场价格波动较大的情况下，单价法的计算结果会偏离实际价格水平，虽然可采用调价手段，但调价系数和指数从测定到颁布有滞后且计算较为烦琐的缺点。另外，由于预算单价法采用地区统一的单位估价表进行计价，承包商之间竞争的并不是自身的管理水平和技术水平，所以单价法并不适应市场经济环境。

2. 实物法

实物法是首先根据施工图纸计算出分项工程的工程量，然后套用相应的人工、材料、机械台班的定额用量，再乘以工程所在地当时的人工、材料、机械台班的实际单价，得到单位工程的人工费、材料费、机械费，并汇总求和，求得直接工程费；再按规定程序计算其措施费、间接费、利润和税金；最后汇总得出单位工程的施工图预算造价。单位工程的直接工程费按如下方法计算：

$$单位工程的预算人工费 = \sum \{工程量 \times 人工预算定额用量 \times \\ 当时当地人工工资单价\}$$

$$单位工程的预算材料费 = \sum \{工程量 \times 材料预算定额用量 \times \\ 当时当地材料预算价格\}$$

$$单位工程的预算机械台班费 = \sum \{工程量 \times 机械台班预算定额用量 \times \\ 当时当地机械台班单价\}$$

$$单位工程的预算直接工程费 = 单位工程的预算人工费 + 单位工程的预算材料费 + \\ 单位工程的预算机械台班费$$

实物法编制施工图预算的步骤如图 7-2 所示。从图中可以看出，实物法编制施工图预算的首尾步骤与预算单价法相同，区别在于中间步骤，也就是计算人工费、材料费和施工机械使用费的方法上。

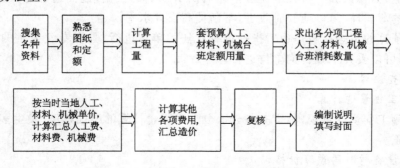

图 7-2 实物法编制施工图预算程序图

预算单价法编制施工图预算套用预算定额获得分部分项工程的定额基价,而实物法编制施工预算套用定额是确定人工、材料、机械台班的定额用量。国家建设行政主管部门颁布的全国统一定额及专业统一和地区统一的计价定额的实物消耗量,是符合国家技术规范、质量标准的,并反映了一定时期的施工工艺水平下的分部分项工程所需的人工、材料和机械台班消耗数量标准。这个消耗量标准,在建材产品,标准、设计、施工技术及其相关规范和工艺水平等没有大的突破的情况下是相对稳定不变的,因此它是合理确定和有效控制造价的依据。

从长远角度,特别是从承包商的角度看,实物消耗量应根据企业自身消耗水平来确定。

（二）综合单价法

综合单价法的分项工程单价综合了直接工程费及以外的多项费用。按照单价综合的内容不同,综合单价可分为全费用综合单价和清单综合单价。

1. 全费用综合单价

全费用综合单价即单价中综合了分项工程人工费、材料费、机械费、管理费、利润、规费、有关文件规定的调价、税金以及一定范围的风险等全部费用,各分项工程量乘以全费用单价的合价汇总后,再加上措施项目的完全价格,就形成了单位工程施工图预算。

2. 清单综合单价

工程量清单综合单价涉及完成一个规定清单项目所需的人工费、材料和工程设备费、施工机具使用费和企业管理费、利润以及一定范围内的风险费用,并没有包括规费和税金,是一种不完全单价。各分项工程量乘以清单综合单价的合价汇总后,再加上措施项目费、规费、税金后,就形成了单位工程的工程造价。

四、施工图预算的审查

施工图预算编制完成后,应进行认真的审查。加强施工图预算的审查,对于提高预算的准确性、正确贯彻党和国家的有关方针政策、降低工程造价具有重要的现实意义。

（一）审查施工图预算的意义

（1）有利于控制工程造价,防止预算超概算。

（2）有利于加强固定资产投资管理,节约建设资金。

（3）有利于施工合同价款的合理确定和控制。

（4）有利于积累和分析各项技术经济指标,不断提高设计水平。通过审查工程预算,核实了预算价值,为积累和分析技术经济指标提供了准确的数据,进而通过有关指标的比较,找出设计中的薄弱环节,以便及时改进,不断提高设计水平。

施工图预算的审查一般是由对投资负有责任的单位进行,具有专业力量的单位可以自行审查,否则可以委托工程咨询单位进行。

（二）审查内容

1. 审查工程量的计算

对照定额工程量计算规则,审查各分部分项工程量计算的准确程度,发生多算、漏算、少算应及时改正。

2. 审查设备材料的预算价格

（1）审查设备、材料的预算价格是否符合工程所在地的真实价格及价格水平。

（2）审查设备、材料的原价确定方法是否正确。

（3）设备的运杂费率及运杂费计算是否正确，材料预算价格的各项费用的计算是否符合规定、正确。

3. 审查预算定额项目的套用

（1）审查预算中所列各分项工程预算单价是否与现行预算定额的预算单价相符，其名称、规格、计量单位和所包括的内容是否与单位估价表一致。

（2）审查换算的单价，首先审查换算的分项工程是否是定额中允许换算的，其次审查换算是否正确。

（3）审查补充定额和单位估价表的编制是否符合编制原则、单位估价表计算是否正确。

4. 审查有关费用项目及计取

（1）审查规费项目、费率与现行规定是否相符，管理费、利润和税金的计取是否合理，包括计取基数、费率等。

（2）审查预算外调增的有无合理依据、是否计算了不应计算的项目等。

（3）审查有无巧立名目乱计费、乱摊费用的现象等。

（三）审查方法

审查施工图预算的方法较多，主要有下列全面审查法、标准预算审查法、分组计算审查法、对比审查法、筛选审查法、重点抽查法、利用手册审查法、分解对比审查法等 8 种。

1. 全面审查法

全面审查法又叫逐项审查法，就是按预算定额顺序或施工的先后顺序，逐一地全部进行审查的方法。其具体计算方法和审查过程与编制施工图预算基本相同。此方法的优点是全面、细致，经审查的工程预算差错比较少，质量比较高；缺点是工作量大。对于一些工程量比较小、工艺比较简单的工程，编制工程预算的技术力量又比较薄弱，可采用全面审查法。

2. 标准预算审查法

标准预算审查法是对于利用标准图纸或通用图纸施工的工程，先集中力量编制标准预算，以此为标准审查预算的方法。按标准图纸设计或通用图纸施工的工程一般上部结构和做法相同，可集中力量细审一份预算或编制一份预算，作为这种标准图纸的标准预算，或用这种标准图纸的工程量为标准，对照审查，而对局部不同部分做单独审查即可。这种方法的优点是时间短、效果好、好定案；缺点是只适应按图纸设计的工程，适用范围小 。

3. 分组计算审查法

分组计算审查法是一种加快审查工程量速度的方法，是把预算中的项目划分为若干组，并把相邻且有一定内在联系的项目编为一组，审查或计算同一组中某个分项工程量，利用工程量间具有相同或相似计算基础的关系，判断同组中其他几个分项工程量计算的准确程度的方法。

4. 对比审查法

对比审查法是用已建成工程的预算或虽未建成但已审查修正的工程预算对比审查拟建的类似工程预算的一种方法。对比审查法一般有以下几种情况，应根据工程的不同条件，区别对待：

（1）两个工程采用同一个施工图，但基础部分和现场条件不同。其新建工程基础以上部分可采用对比审查法，不同部分可采用相应的审查方法进行审查。

（2）两个工程设计相同，但建筑面积不同。根据两个工程建筑面积之比与两个工程分部分项工程量之比基本一致的特点,可审查新建工程各分部分项工程的工程量。或者用两个工程每平方米建筑面积造价以及每平方米建筑面积的各分部分项工程量,进行对比审查,如果基本相同,说明新建工程预算是正确的;反之,说明新建工程预算有问题,找出差错原因,加以更正。

5. 筛选审查法

筛选法是统筹法的一种,也是一种对比方法。建筑工程虽然有建筑面积和高度的不同,但是它们的各个分部分项工程的工程量、造价、用工量在每个单位面积上的数值变化不大,我们把这些数据加以汇集、优选,归纳为工程量、造价(价值)、用工三个单方基本值表,并注明其适用的建筑标准。这些基本值犹如"筛子孔",用来筛选各分部分项工程,筛下去的就不审查了,没有筛下去的就意味着此分部分项的单位建筑面积数值不在基本值范围之内,应对该分部分项工程详细审查。当所审查的预算的建筑面积标准与基本值所适用的标准不同时,就要对其进行调整。

筛选法的优点是简单易懂,便于掌握,审查速度和发现问题快。但分析差错原因需继续审查。此法适用于住宅或不具备全面审查条件的工程。

6. 重点抽查法

重点抽查法是抓住工程预算中的重点进行审查的方法。审查的重点一般是工程量大或造价较高、工程结构复杂的工程,补充单位估计表,计取的各项费用(计算基础、取费标准等)。

重点抽查法的优点是重点突出,审查时间短、效果好。

7. 利用手册审查法

利用手册审查法是把工程中常用的构件、配件事先整理成预算手册,按手册对照审查的方法。如工程常用的预制构配件洗脸池、坐便器、检查井、化粪池、碗柜等,几乎每个工程都有,把这些按标准图集计算出工程量,套上单价,编制成预算手册使用,可大大简化预结算的编审工作。

8. 分解对比审查法

一个单位工程,按直接费与间接费进行分解,然后再把直接费按工种和分部工程进行分解,分别与审定的标准预算进行对比分析的方法,叫作分解对比审查法。

分解对比审查法一般有以下三个步骤:

第一步,全面审查某种建筑的定型标准施工图或复用施工图的工程预算,经审定后作为审查其他类似工程预算的对比基础。而且将审定预算按直接费与应取费用分解成两部分,再把直接费分解为各工种工程和分部工程预算,分别计算出它们的每平方米预算价格。

第二步,把拟审的工程预算与同类型预算单方造价进行对比,若出入在 1%~3% 以内(根据本地区要求),再按分部分项工程进行分解,边分解边对比,若出入较大,就进一步审查。

第三步,对比审查。其方法是:经分析对比,如发现应取费用相差较大,应考虑建设项目的投资来源和工程类别及其取费项目和取费标准是否符合现行规定;材料调价相差较大,则应进一步审查材料调价统计表,将各种调价材料的用量、单位差价及其调整数量等进行对比。经过分解对比,如发现土建工程预算价格出入较大,首先审查其土方和基础工程,因为±0.00 以下的工程往往相差较大。再对比其余各个分部工程,发现某一分部工程预算价格相差较大时,再进一步对比各分项工程或工程细目。在对比时,先检查所列工程细目是否正确、预算价格是否一致。发现相差较大时,再进一步审查所套预算单价。最后审查该项工程细目的工程量。

第三节 给排水工程施工图预算的编制

一、适用的定额

新建、扩建项目中的生活用给水、排水以及附件、配件安装,小型容器制作安装执行《江苏省安装工程计价定额》(2014 版,以下论述中未加特殊说明均指该定额)《第十册 给排水、采暖、燃气工程》定额。以下内容执行其他册相应定额:

(1)工业管道、生产生活共用的管道、锅炉房和泵类配管以及高层建筑物内加压泵间的管道执行《第八册 工业管道工程》相应项目。

(2)刷油、防腐蚀、绝热工程执行《第十一册 刷油、防腐蚀、绝热工程》相应项目。

(3)各类泵、风机等传动设备安装执行《第一册 机械设备安装工程》相应项目。

(4)压力表、温度计等执行《第六册 自动化控制仪表安装工程》相应项目。

(5)集气管、分气缸制作安装可执行《第八册 工业管道工程》相应项目。

二、各项费用的规定

(1)脚手架搭拆费按人工费的 5％计算,其中人工工资占 25％。

(2)高层建筑增加费(指高度在 6 层或 20 m 以上的工业与民用建筑)按表 7-3 计算。

表 7-3   高层建筑增加费表

层数	9 层以下 (30 m)	12 层以下 (40 m)	15 层以下 (50 m)	18 层以下 (60 m)	21 层以下 (70 m)	24 层以下 (80 m)	27 层以下 (90 m)	30 层以下 (100 m)	33 层以下 (110 m)
按人工费的 /％	12	17	22	27	31	35	40	44	48
其中人工工 资占/％	17	18	18	22	26	29	33	36	40
机械费占 /％	83	82	82	78	74	71	68	64	60
层数	36 层以下 (120 m)	40 层以下 (130 m)	42 层以下 (140 m)	45 层以下 (150 m)	48 层以下 (160 m)	51 层以下 (170 m)	54 层以下 (180 m)	57 层以下 (190 m)	60 层以下 (200 m)
按人工费的 /％	53	58	61	65	68	70	72	73	75
其中人工工 资占/％	42	43	46	48	50	52	56	59	61
机械费占 /％	58	57	54	52	50	48	44	41	39

（3）超高增加费：定额中操作高度均以 3.6 m 为界线，超过 3.6 m 时其超过部分（指由 3.6 m 至操作物高度）的定额人工费乘以表 7-4 所列系数。

表 7-4 超高增加费系数表

标高（±）/m	3.6～8	3.6～12	3.6～16	3.6～20
超高系数	1.10	1.15	1.20	1.25

（4）设置于管道间、管廊内的管道、阀门、法兰、支架安装，人工乘以 1.3 系数。

（5）主体结构为现场浇筑采用钢模施工的工程，内外浇筑的人工乘以系数 1.05，内浇外砌的人工乘以系数 1.03。

三、工程量计算方法

（一）给排水管道

1. 定额应用说明

（1）界线划分

① 给水管道：室内外界线以建筑物外墙皮 1.5 m 为界，入口处设阀门者以阀门为界；与市政管道界线以水表井为界，无水表井者，以与市政管道碰头点为界。

② 排水管道：室内外以出户第一个排水检查井为界；室外管道与市政管道界线以与市政管道碰头井为界。

（2）定额包括的工作内容

① 场内搬运，检查清扫。

② 管道及接头零件安装。

③ 水压试验或灌水试验。

④ 室内 DN32 以内钢管包括管卡及托钩制作安装。

⑤ 钢管包括弯管制作与安装（伸缩器除外），无论是现场煨制还是成品弯管均不得换算。

⑥ 铸铁排水管、雨水管及塑料排水管均包括管卡及托吊支架、臭气帽、雨水漏斗制作与安装。

（3）定额不包括的工作内容

① 室内外管道沟土方及管道基础。

② 管道安装中不包括法兰、阀门及伸缩器的制作安装，按相应项目另行计算。

③ 室内外给水、雨水铸铁管包括接头零件所需的人工，但接头零件价格应另行计算。

④ DN32 以上的钢管支架按本册第二章定额另行计算。

（4）其他说明

与管道安装工程相配套的室内外管道沟的挖土、回填、夯实、管道基础等，执行《江苏省建筑与装饰工程计价定额》。

2. 工程量计算规则

（1）各种管道，均以施工图所示中心长度，以"m"为计量单位，不扣除阀门、管件（包括减压器、疏水器、水表、伸缩器等组成安装）所占的长度。

（2）钢管焊接挖眼接管工作，均在定额中综合取定，不得另行计算。

（3）管道支架制作安装,室内管道公称直径32 mm以下的安装工程已包括在内,不得另行计算。公称直径32 mm以上的可另行计算。

（4）铸铁排水管、雨水管、塑料排水管安装,均包含管卡、托吊支架、臭气帽、雨水漏斗的制作安装,但未包括雨水漏斗本身价格,雨水漏斗及雨水管件按设计量另计主材费。

（5）管道消毒、冲洗、压力试验,均按管道长度以"m"为计量单位,不扣除阀门、管件所占的长度。

（6）本定额已综合考虑了配合土建施工的留洞留槽、修补洞槽的材料和人工,列在其他材料费内。

（7）室外管道碰头,套用《江苏省市政工程计价定额》相应子目。

（二）支架及其他

1. 定额应用说明

（1）单件支架质量100 kg以上的管道支架,执行设备支架制作、安装。

（2）成品支架安装执行相应管道支架或设备支架安装项目,不再计取制作费。

（3）套管制作安装,适用于穿基础、墙、楼板等部位的防水套管、填料套管、无填料套管及防火套管等,分别套用相应的定额。

（4）定额中的刚性防水套管制作安装,适用于一般工业及民用建筑中有防水要求的套管制作安装;工业管道、构筑物等有防水要求的套管,执行《第八册 工业管道工程》的相应定额。

（5）弹簧减振器定额适用于各类减振器安装。

2. 工程量计算规则

（1）管道支架根据材质、管架形式,按设计图示质量计算。

（2）套管制作安装定额按照设计图示及施工验收相关规范,以"个"为计量单位计算。

（3）在套用套管制作、安装定额时,套管的规格应按实际套管的直径选用定额（一般应比穿过的管道大两号）。

（三）管道附件

1. 定额应用说明

（1）螺纹阀门安装适用于各种内外螺纹连接的阀门安装。

（2）法兰阀门安装适用于各种法兰阀门的安装,如仅为一侧法兰连接,定额中的法兰、带帽螺栓及钢垫圈数量减半。

（3）各种法兰连接用垫片均按石棉橡胶板计算。如用其他材料,不做调整。

（4）减压器、疏水器组成与安装是按《采暖通风国家标准图集》N108编制的,如实际组成与此不同,阀门和压力表数量可按实际调整,其余不变。

（5）低压法兰式水表安装定额包含一副平焊法兰安装,不包括阀门安装。

（6）FQ-Ⅱ型浮标液面计安装是按《采暖通风国家标准图集》N102-3编制的。

（7）水塔、水池浮漂及水位标尺制作安装,是按《给水排水标准图集》S318编制的。

2. 工程量计算规则

（1）各种阀门安装均以"个"为计量单位。法兰阀门安装,如仅为一侧法兰连接,定额所列法兰、带帽螺栓及垫圈数量减半,其余不变。

（2）法兰阀（带短管甲乙）安装,均以"套"为计量单位,接口材料不同时可做调整。

（3）自动排气阀安装以"个"为计量单位，已包括了支架制作安装，不得另行计算。

（4）浮球阀安装均以"个"为计量单位，已包括了连杆及浮球的安装，不得另行计算。

（5）安全阀安装，按阀门安装相应定额项目乘以系数 2.0 计算。

（6）塑料阀门套用《第八册 工业管道安装》相应定额。

（7）倒流防止器根据安装方式，套用相应同规格的阀门定额，人工乘以系数 1.3。

（8）热量表根据安装方式，套用相应同规格的水表定额，人工乘以系数 1.3。

（9）减压器、疏水器组成安装以"组"为计量单位，如设计组成与定额不同，阀门和压力表数量可按设计用量进行调整，其余不变。

（10）减压器安装按高压侧的直径计算。

（11）各种伸缩器制作安装，均以"个"为计量单位。方形伸缩器的两臂，按臂长的两倍合并在管道长度内计算。

（12）各种法兰连接用垫片，均按石棉橡胶板计算，如用其他材料，不得调整。

（13）法兰水表安装是按《给水排水标准图集》S145 编制的，以"组"为计量单位，包含旁通管及止回阀等。若单独安装法兰水表，则以"个"为计量单位，套用本章"低压法兰式水表安装"定额。

（14）住宅嵌墙水表箱按水表箱半周长尺寸，以"个"为计量单位。

（15）浮标液面计、水位标尺是按国标编制的，如设计与国标不符，可做调整。

（16）塑料排水管消声器，其安装费已包含在相应的管道和管件安装定额中，相应的管道按"延长米"计算。

（四）卫生器具

1. 定额应用说明

（1）所有卫生器具安装项目，均参照全国通用《给水排水标准图集》中有关标准图集计算，除以下说明者外，设计无特殊要求均不做调整。

（2）成组安装的卫生器具，定额均已按标准图集计算了与给水、排水管道连接的人工和材料。

（3）浴盆安装适用于各种型号的浴盆，但浴盆支座和浴盆周边的砌砖、磁砖粘贴应另行计算。

（4）淋浴房安装定额包含了相应的龙头安装。

（5）洗脸盆、洗手盆、洗涤盆适用于各种型号。

（6）不锈钢洗槽为单槽，若为双槽，按单槽定额的人工乘以 1.20 计算。本子目也适用于瓷洗槽。

（7）台式洗脸盆定额不含台面安装，发生时套用相应的定额。已含支撑台面所需的金属支架制作安装，若设计用量超过定额含量，可另行增加金属支架的制作安装。

（8）化验盆安装中的鹅颈水嘴、化验单嘴、双嘴适用于成品件安装。

（9）洗脸盆肘式开关安装不分单双把均执行同一项目。

（10）脚踏开关安装包括弯管和喷头的安装人工和材料。

（11）高（无）水箱蹲式大便器、低水箱坐式大便器安装，适用于各种型号。

（12）小便槽冲洗管制作安装定额中，不包括阀门安装，可按相应项目另行计算。

（13）小便器带感应器定额适用于挂式、立式等各种安装形式。

（14）淋浴器铜制品安装适用于各种成品淋浴器安装。

（15）大、小便槽水箱托架安装已按标准图集计算在定额内，不得另行计算。

（16）冷热水带喷头淋浴龙头适用于仅单独安装淋浴龙头。

（17）感应龙头不分规格，均套用感应龙头安装定额。

（18）容积式水加热器安装，定额内已按标准图集计算了其中的附件，但不包括安全阀安装，本体保温、刷油和基础砌筑。

（19）蒸汽-水加热器安装项目中，包括了莲蓬头安装，但不包括支架制作安装、阀门和疏水器安装，可按相应项目另行计算。

（20）冷热水混合器安装项目中包括了温度计安装，但不包括支座制作安装，可按相应项目另行计算。

2．工程量计算规则

（1）卫生器具组成安装以"组"为计量单位，已按标准图集综合了卫生器具与给水管、排水管连接的人工与材料用量，不得另行计算。

（2）浴盆安装不包括支座和四周侧面的砌砖及瓷砖粘贴。

（3）按摩浴盆安装以"组"为计量单位，包含了相应的水嘴安装。

（4）淋浴房组成、安装以"套"为计量单位，包含了相应的水嘴安装。

（5）蹲式大便器安装，已包括了固定大便器的垫砖，但不包括大便器蹲台砌筑。

（6）大便槽、小便槽自动冲洗水箱安装以"套"为计量单位，已包括了水箱托架的制作安装，不得另行计算。

（7）台式洗脸盆安装，不包括台面安装，台面安装需另计。

（8）小便槽冲洗管制作与安装以"m"为计量单位，不包括阀门安装，其工程量可按相应定额另行计算。

（9）脚踏开关安装，已包括了弯管与喷头的安装，不得另行计算。

（10）冷热水混合器安装以"套"为计量单位，不包括支架制作安装及阀门安装，其工程量可按相应定额另行计算。

（11）蒸汽-水加热器安装以"台"为计量单位，包括莲蓬头安装，不包括支架制作安装及阀门、疏水器安装，其工程量可按相应定额另行计算。

（12）容积式水加热器安装以"台"为计量单位，不包括安全阀安装、保温与基础砌筑可按相应定额另行计算。

（13）烘手器安装套用《第四册 电气设备安装工程》相应定额。

（五）给排水设备

1．定额应用说明

（1）定额系参照《给水排水标准图集》S151、S342 及《采暖通风国家标准图集》T905、T906 编制，适用于给排水、采暖系统中一般低压碳钢容器的制作和安装。

（2）太阳能热水器安装中已含支架制作安装，若设计用量超过定额含量，可另行增加金属支架的制作安装。

（3）电热水器、电开水炉安装定额内只考虑了本体安装，连接管、连接件等可按相应项目另行计算。

（4）饮水器安装的阀门和脚踏开关安装，可按相应项目另行计算。

（5）各种水箱连接管，均未包括在定额内，可执行室内管道安装的相应项目。

（6）各类水箱均未包括支架制作安装，如为型钢支架，套用本册第二章相应定额；若为混凝土或砖支座，套用《江苏省建筑与装饰工程计价定额》。

（7）水箱制作包括水箱本身及人孔的重量。水位计内外人梯均未包括在定额内，发生时可另行计算。

2．工程量计算规则

（1）太阳能热水器安装以"台"为计量单位，包含了吊装费用，不再另计。

（2）电热水器、电开水炉安装以"台"为计量单位，只考虑本体安装，连接管、连接件等工程量可按相应定额另行计算。

（3）饮水器安装以"台"为计量单位，阀门和脚踏开关工程量可按相应定额另行计算。

（4）钢板水箱制作，按施工图所示尺寸，不扣除人孔、手孔重量，以"kg"为计量单位，法兰和短管水位计可按相应定额另行计算。

（5）钢板水箱安装，按国家标准图集水箱容量"m³"执行相应定额。各种水箱安装，均以"个"为计量单位。

（六）其他零星工程

1．定额应用说明

（1）定额内容主要为配管砖墙刨沟、配管混凝土刨沟、砖墙打孔、混凝土墙及楼板打孔等。

（2）本计价定额已综合考虑了配合土建施工的留洞留槽、修补洞槽的材料和人工，列在相应定额的其他材料费内。二次施工中发生的配管砖墙刨沟、配管混凝土刨沟、砖墙打孔、混凝土墙及楼板打孔，适用本章定额的相应内容。

（3）砖墙打孔，混凝土墙、楼板打孔，适用于机械打孔。若为人工打孔，执行修缮定额。

（4）管道沟挖、填土执行《江苏省建筑与装饰工程计价定额》。

2．工程量计算规则

（1）配管砖墙（混凝土）刨沟，以"m"为计量单位。

（2）砖墙打孔，混凝土墙、楼板打孔为机械打孔，以"个"为计量单位。

四、计算实例

（一）工程概况

本工程为 4 层普通住宅楼，层高为 2.8 m，室内一层地面与室外地坪高差为 0.3 m，户内有一间厨房、一间卫生间，即一厨一卫。外墙及承重墙均为 240 墙，厨卫间墙为 120 墙。

给水采用直接给水方式，户内计量。给水进户管在 -1.0 m 标高进入户内，立即返上至 -0.3 m 处，然后水平干管接至 JL-1。在立管上距每层地坪 1 m 处设三通引出分户支管，每户分户管上设有阀门 1 只、分户水表 1 只。给水排水平面图见图 7-3、图 7-4，系统图见图 7-5。

1．设计施工说明

（1）本设计标高以"m"计，其余以"mm"计。给水管标高指管中心标高，排水管标高指管内底标高。

（2）生活给水管采用 PP-R 塑料排水管，热熔连接，给水管穿楼板、墙处采用普通钢套管，钢套管比给水管公称直径大二号；排水管采用 PVC-U 塑料排水管，胶粘连接，出屋面处

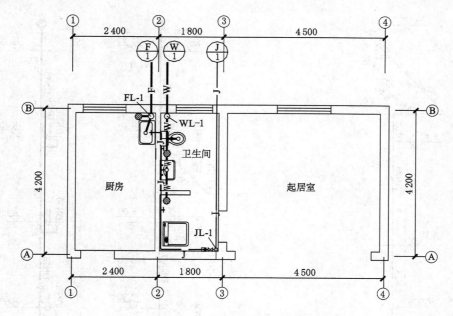

图 7-3 一层给水排水平面图

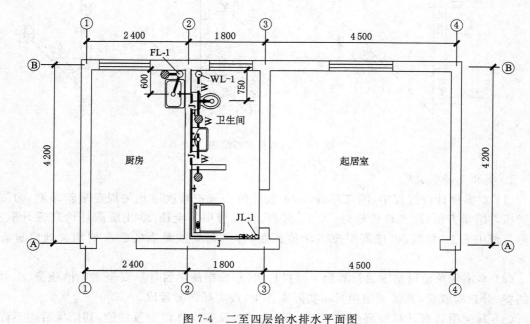

图 7-4 二至四层给水排水平面图

做刚性防水套管。排水管径≥DN100 时,穿楼板处安装阻火圈。

(3)给水管道安装完毕后,按规定压力进行水压试验;排水管道安装完毕后,按规定进行渗漏试验。

(4)卫生器具安装按国家标准图集 S342 施工。

(5)本说明未述及之处,按国家有关施工验收规范执行。

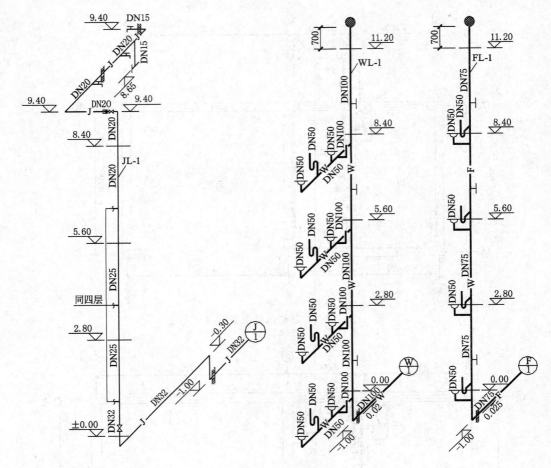

图 7-5　给水排水系统图

2. 概预算编制说明

（1）本案例计价过程中，因江苏省 2014 版计价表未按营改增相关规定重新印刷，为使读者核对结果方便，除主材价格外，人工、材料、机械费用完全按 2014 纸质计价定额计取。实际工作中人工、材料、机械需要按市场价调整，并且需要按最新的营改增相关规定进行计算。

（2）本案例单价措施项目计算脚手架搭拆费，总价措施项目计算安全文明措施费、临时设施费、分户验收费，其他措施项目在实际工作中，按实际需要计取。

（3）其他项目费计算暂列金额 1 000 元，大便器及其配件定为暂估价，其他项目均不计取，实际工作依据需要计取。

（4）主材价格参考 2016 年第 5 期《徐州市工程造价信息》。

（5）工程排污费由于徐州暂时没有配套文件出台，暂不计取；税金按徐州市规定的 3.48%（各地有差异）计取。实际工作中应按最新的营改增相关规定进行计算。

（二）计算工程量

1. JL-1 给水系统

（1）DN32（De40）PP-R 塑料排水管：[1.5 m（进户管至外墙皮）+0.3 m（240 墙加内外

抹灰)+0.7 m(由标高-1.0 m 提高到标高-0.3 m)+3.85 m(在标高-0.3 m 水平干管长度,按内墙皮净距计算,即轴线长度 4.2 m 减去 2 个半墙加抹灰,即减去 0.3 m;DN32 管中心距内墙皮按 0.05 m)+0.3 m(由标高-0.3 m 提高到标高±0.0 m)](以上数据中,计算埋地部分工程量需要减少垂直方向 1 m)+1 m(由标高 0.0 m 提高到标高±1.0 m 处,以后出现分支,管径出现变化)=6.65+1.0=7.65 m。

(2) DN25(De32)PP-R 塑料排水管:5.6 m(从标高 1.0 m+1.0 m 处提高到标高 5.6 m+1 m 处,以后出现分支,管径出现变化)。

(3) DN20(De25)PP-R 塑料排水管:2.8 m(从标高 5.6 m+1.0 m 处提高到标高 8.4+1 m 处)+[1.56 m(轴线长度 1.8 m,减去两侧半墙厚度 0.15 m 和 0.09 m)+2.9 m(拐弯处至坐便器角阀)](每层或每户分支管长度)×4(层)= 2.8+4.46×4=20.64 m。

(4) DN15(De20)PP-R 塑料排水管:[0.5 m(轴线距离 4.2 m 减去半墙厚 0.15 m,减去 DN20 管道中心距墙 0.05 m,减去 DN20 所占长度 2.9 m,减去洗涤盆距墙 0.6 m)+0.75 m(至大便器角阀支管长度)+0.22 m(穿 120 墙进厨房的管道长度,分别为管中心距墙 0.04 m,穿墙 0.18 m)]×4(层)=1.47×4=5.88 m。

2. 排水系统

(1) WL-1 排水系统

① DN100(De110)PVC-U 塑料排水管:0.7 m(高出屋面通气管长度)+11.2 m(地面到屋面标高差)+[1.0 m+0.15 m(立管中心距内墙皮)+0.3 m(240 墙加内外抹灰)+3.0 m(外墙皮到检查井净距)](埋地部分)+[0.3 m(大便器接管垂直部分)+0.3 m(大便器接管水平部分)+0.6 m(大便器中心距内墙皮 0.75 m 减去立管中心距墙 0.15 m)](每层水平支管和器具连接管)×4(层)=11.9 m(明装部分)+8.2 m(埋地部分)+4.8 m(明装部分)=21.15 m。

② DN50 PVC-U 塑料排水管:[0.3 m(地漏垂直管)×2(2 个地漏)+0.3 m(洗脸盆排水管地面至排水横管的垂直长度)+1.8 m(水平横管长度)]×4(层)=10.8 m。

(2) FL-1 排水系统

① DN75 PVC-U 塑料排水管:0.7 m(高出屋面通气管长度)+ 11.2 m(地面到屋面标高差)+[1.0 m+0.15 m(立管中心距内墙皮)+0.3 m(240 墙加内外抹灰)+3.0 m(外墙皮到检查井净距)](埋地部分)=11.9 m(明装部分)+4.45 m(埋地部分)=16.35 m。

② DN50 PVC-U 塑料排水管:[0.3 m(地漏垂直支管)+0.5 m(地漏水平支管)+0.6 m(洗涤盆水平支管)+0.4 m(洗涤盆器具连接支管垂直段)]×4(层)=7.2 m。

3. 排水器具数量计算

(1) 洗脸盆:4 套。

(2) 坐便器:4 套。

(3) DN50 地漏:12 个。

(4) 洗菜盆:4 个。

(5) DN32 螺纹阀门:1 只。

(6) DN20 螺纹水表:1 只×4(层)=4 只。

(7) DN15 普通水龙头:1 只×4(层)=4 只。

（三）工程量计算表填写格式

工程量计算表填写格式见表 7-5。

表 7-5 **工程量计算表**

序号	分部分项工程名称及部位	单位	工程量	计算式
1	PP-R 塑料给水管连接 DN32（De40）	m	7.65	$1.5+0.3+0.7+(4.2-0.3-0.05)+0.3+1.0$
2	PP-R 塑料给水管连接 DN25（De32）	m	5.60	5.60
3	PP-R 塑料给水管连接 DN20（De25）	m	20.64	$2.8+(1.8-0.15-0.09+2.9)\times4$
4	PP-R 塑料给水管连接 DN15（De20）	m	5.88	$[0.5+0.75+(0.04+0.18)]\times4$
5	给水塑料管埋地（仅用于计算土方）	m	5.65	$(1.5+0.3)\times1.5+0.3$（埋深 0.7）$+3.85$（埋深 0.5）
6	土方挖填	m³	2.89	$(0.2\times2+0.032+0.6)\times1/2\times5.6$
7	PVC-U 塑料排水管胶粘连接 DN100（De110）	m	24.90	$(0.7+11.2)+(1.0+4.2+3.0)+(0.3+0.3+0.75-0.15)\times4$
8	PVC-U 塑料排水管胶粘连接 DN75	m	16.35	$(0.7+11.2)+(1.0+0.15+0.3+3.0)$
9	PVC-U 塑料排水管胶粘连接 DN50	m	18.00	$(0.3\times2+0.3+1.8\times4)+(0.3+0.5+0.6+0.4\times4)$
10	PVC-U 塑料排水管胶粘连接埋地 DN100（仅用于计算土方）	m	4.45	$1.0+0.15+3.0+3.0$
11	PVC-U 塑料排水管胶粘连接埋地 DN75（仅用于计算土方）	m	4.45	$1.0+0.15+3.0+3.0$
12	DN100 土方挖填	m³	1.56	$(0.2\times2+0.1)\times0.7\times4.45$
13	DN75 土方挖填	m³	1.48	$(0.2\times2+0.075)\times0.7\times4.45$
14	螺纹阀门 DN32	只	1	1
15	螺纹水表 DN20	只	4	1×4
16	DN15 普通水龙头	个	4	1×4
17	洗脸盆	套	4	1×4
18	坐式大便器	套	4	1×4
19	地漏 DN50	个	12	$1\times4+2\times4$
20	洗菜盆	个	4	1×4
21	DN150 刚性防水套管（DN100 塑料管用）	个	1	1
22	DN100 刚性防水套管（DN75 塑料管用）	个	1	1
23	DN25 给水管穿楼板钢套管（DN40）	个	2	2
24	DN20 给水管穿楼板钢套管（DN32）	个	1	1
25	DN15 给水管穿墙钢套管（DN25）	个	4	4
26	DN100 阻火圈	个	4	4

（四）招标方提供工程量清单主要表格

（1）封面（略）

（2）总说明（略）

（3）分部分项工程量清单与计价表

分部分项工程量清单与计价表见表 7-6。

表 7-6　　　　　　　　　　分部分项工程量清单与计价表

序号	项目编码	项目名称	项目特征描述	计量单位	工程量	金额/元		
						综合单价	合价	其中暂估价
1	031001006001	塑料管	1. 安装部位:室内;2. 介质:给水;3. 材质、规格:De40,PP-R;4. 连接形式:热熔;5. 压力试验及吹、洗设计要求:水压试验,冲洗消毒	m	7.65			
2	031001006002	塑料管	1. 安装部位:室内;2. 介质:给水;3. 材质、规格:De32,PP-R;4. 连接形式:热熔;5. 压力试验及吹、洗设计要求:水压试验,冲洗消毒	m	5.60			
3	031001006003	塑料管	1. 安装部位:室内;2. 介质:给水;3. 材质、规格:De25,PP-R;4. 连接形式:热熔;5. 压力试验及吹、洗设计要求:水压试验,冲洗消毒	m	20.64			
4	031001006004	塑料管	1. 安装部位:室内;2. 介质:给水;3. 材质、规格:De20,PP-R;4. 连接形式:热熔;5. 压力试验及吹、洗设计要求:水压试验,冲洗消毒	m	5.88			
5	031001006005	塑料管	1. 安装部位:室内;2. 介质:排水;3. 材质、规格:DN100,U-PVC;4. 连接形式:承插胶粘;5. 阻火圈设计要求:DN100 阻火圈;6. 压力试验及吹、洗设计要求:灌水试验	m	21.15			
6	031001006006	塑料管	1. 安装部位:室内;2. 介质:排水;3. 材质、规格:DN75,U-PVC;4. 连接形式:承插胶粘;5. 压力试验及吹、洗设计要求:灌水试验	m	20.80			
7	031001006007	塑料管	1. 安装部位:室内;2. 介质:排水;3. 材质、规格:DN50,U-PVC;4. 连接形式:承插胶粘;5. 压力试验及吹、洗设计要求:灌水试验	m	18.00			
8	010101007001	管沟土方	1. 土壤类别:三类土;2. 挖沟深度:1.0 m内;3. 回填要求:夯填	m³	10.20			
9	031003001001	螺纹阀门	1. 类型:螺纹阀;2. 材质:铜;3. 规格、压力等级:DN32;4. 连接形式:螺纹连接	个	1.00			
10	031003013001	水表	1. 安装部位(室内外):室内;2. 型号、规格:DN20 机械水表;3. 连接形式:螺纹连接	组	4.00			
11	031004014001	给、排水附(配)件	1. 材质:铜质水龙头;2. 型号、规格:DN15;3. 安装方式:螺纹	个	4.000			

序号	项目编码	项目名称	项目特征描述	计量单位	工程量	金额/元		
						综合单价	合价	其中 暂估价
12	031004003001	洗脸盆	1. 材质:陶瓷;2. 规格、类型:普通;3. 组装形式:冷水	组	4.00			
13	031004006001	大便器	1. 材质:陶瓷;2. 规格、类型:坐式	组	4.00			
14	031004014002	给、排水附(配)件	1. 材质:塑料地漏;2. 型号、规格:DN50;3. 安装方式:胶粘	个	12.00			
15	031004004001	洗涤盆	1. 材质:不锈钢洗菜盆;2. 规格、类型:双槽	组	4.00			
16	031002003001	套管	1. 名称、类型:刚性防水套管;2. 材质:钢质;3. 规格:DN150	个	1.00			
17	031002003002	套管	1. 名称、类型:刚性防水套管;2. 材质:钢质;3. 规格:DN100	个	1.00			
18	031002003003	套管	1. 名称、类型:普通钢套管;2. 材质:钢质;3. 规格:DN40	个	2.00			
19	031002003004	套管	1. 名称、类型:普通钢套管;2. 材质:钢质;3. 规格:DN32 套管 1 个、DN25 套管 4 个	个	5.00			
			分部分项工程清单合计					
20	031301017001	脚手架搭拆		项	1.00			
			单价措施项目清单合计					

（4）总价措施项目清单与计价表

总价措施项目清单与计价表详见表 7-7。

表 7-7   **总价措施项目清单与计价表**

序号	项目编码	项目名称	计算基础	费率/%	金额/元	调整费率/%	调整后金额/元	备注
		通用措施项目						
1	031302001001	现场安全文明施工						
1.1		基本费		1.400				
1.2		标化增加费		0.300				
		专业工程措施项目						

（5）其他项目清单与计价汇总表

其他项目清单与计价汇总表见表 7-8。

表 7-8   **其他项目清单与计价汇总表**

序号	项目名称	金额/元	结算金额/元	备注
1	暂列金额	1 000.00		
2	暂估价			
3	计日工			
4	总承包服务费			
合计		1 000.00		

（6）暂列金额明细表

暂列金额明细表详见表 7-9。

表 7-9   **暂列金额明细表**

序号	项目名称	暂定金额/元	备注
1	现场变更、签证	1 000.00	
合计		1 000.00	

（7）材料（工程设备）暂估单价及调整表

材料（工程设备）暂估单价及调整表详见表 7-10。

表 7-10   **材料（工程设备）暂估单价及调整表**

序号	材料编码	材料（工程设备）名称、规格、型号	计量单位	数量		暂估/元		确认/元		差额（±）/元		备注
				投标	确认	单价	合价	单价	合价	单价	合价	
1	18150322	连体坐便器	套			700.00						
2	18551704	坐便器桶盖	个			150.00						
3	18553515	连体进水阀配件	套			200.00						
4	18553508	连体排水口配件	套			200.00						
合计												

（8）规费、税金清单与计价表

规费、税金清单与计价表详见表 7-11。

表 7-11   **规费、税金清单与计价表**

序号	项目名称	计算基础	计算基数	计算费率/%	金额/元
1	规费				
1.1	社会保险费	分部分项工程费＋措施项目费＋其他项目费－甲供工程设备费		2.200	
1.2	住房公积金	分部分项工程费＋措施项目费＋其他项目费－甲供工程设备费		0.380	

序号	项目名称	计算基础	计算基数	计算费率/%	金额/元
1.3	工程排污费	分部分项工程费＋措施项目费＋其他项目费－甲供工程设备费			
2	税金	分部分项工程费＋措施项目费＋其他项目费＋规费－按规定不计税的工程设备金额		3.480	

第四节　采暖工程施工图预算的编制

一、适用的定额

新建、扩建项目中的采暖热源管道以及附件配件安装、小型容器制作安装执行《江苏省安装工程计价定额》(2014 版,以下论述中未加特殊说明均指该定额)《第十册　给排水、采暖、燃气工程》定额。以下内容执行其他册相应定额:

(1) 工业管道、生产生活共用的管道、锅炉房和泵类配管以及高层建筑物内加压泵间的管道执行《第八册　工业管道工程》相应项目。

(2) 刷油、防腐蚀、绝热工程执行《第十一册　刷油、防腐蚀、绝热工程》相应项目。

(3) 各类泵、风机等传动设备安装执行《第一册　机械设备安装工程》相应项目。

(4) 压力表、温度计等执行《第六册　自动化控制仪表安装工程》相应项目。

(5) 集气管、分气缸制作安装可执行《第八册　工业管道工程》相应项目。

二、各项费用的规定

(1) 脚手架搭拆费、高层建筑增加费、超高增加费同给水排水工程,详见本章第三节相关内容。

(2) 采暖工程系统调整费按采暖工程人工费的 15% 计算,其中人工工资占 20%。

(3) 设置于管道间、管廊内的管道、阀门、法兰、支架安装,人工乘以系数 1.3。

(4) 主体结构为现场浇筑采用钢模施工的工程,内外浇筑的人工乘以系数 1.05,内浇外砌的人工乘以系数 1.03。

三、工程量计算方法

(一)采暖管道

1. 定额应用说明

(1) 界线划分

采暖热源管道,室内外以入口阀门或建筑物外墙皮 1.5 m 为界;与工业管道界线以锅炉房或泵站外墙皮 1.5 m 为界。工厂车间内采暖管道以采暖系统与工业管道碰头点为界;设在高层建筑内的加压泵间管道与本章项目的界线,以泵间外墙皮为界。

(2) 定额包括的工作内容

① 场内搬运,检查清扫。

② 管道及接头零件安装。

③ 水压试验或灌水试验。

④ 室内 DN32 以内钢管包括管卡及托钩制作安装。

⑤ 钢管包括弯管制作与安装（伸缩器除外），无论是现场煨制还是成品弯管均不得换算。

（3）定额不包括的工作内容

① 室内外管道沟土方及管道基础。

② 管道安装中不包括法兰、阀门及伸缩器的制作安装，按相应项目另行计算。

③ DN32 以上的钢管支架按本册第二章定额另行计算。

（4）直埋式预制保温管道及管件

① 直埋式预制保温管安装由管道安装、外套管碳钢哈夫连接、管件安装三部分组成。

② 预制保温管的外套管管径按芯管管径乘以 2 进行测算，定额套用时，只按芯管管径大小套用相应的定额，外套管的实际管径无论大小均不做调整。

③ 定额编制时，芯管为氩电联焊，外套管为电弧焊。实际施工时，焊接方式不同，定额不做调整。

④ 本定额的工作内容中不含路面开挖、沟槽开挖、垫层施工、沟槽土方回填、路面修复等工作内容，发生时，套用《江苏省建筑与装饰工程计价定额》或《江苏省市政工程计价定额》。

⑤ 管道安装定额的工作内容中不含芯管的水压试验，芯管连接部位的焊缝探伤、防腐及保温材料的填充，发生时，套用《江苏省安装工程计价定额》中的《第八册 工业管道工程》及《第十一册 刷油、防腐蚀、绝热工程》的相应定额。

⑥ 外套管碳钢哈夫连接定额的工作内容中不含焊缝探伤、焊缝防腐，发生时，套用《江苏省安装工程计价定额》中的《第八册 工业管道工程》及《第十一册 刷油、防腐蚀、绝热工程》的相应定额。

⑦ 管件安装中若涉及焊缝探伤、保温材料的填充、焊缝防腐等工作内容，另套《江苏省安装工程计价定额》中的《第八册 工业管道工程》及《第十一册 刷油、防腐蚀、绝热工程》的相应定额。

（5）其他说明

与本章管道安装工程相配套的室内外管道沟的挖土、回填、夯实、管道基础等，执行《江苏省建筑与装饰工程计价定额》。

2．工程量计算规则

（1）各种管道，均以施工图所示中心长度，以"m"为计量单位，不扣除阀门、管件（包括减压器、疏水器、水表、伸缩器等组成安装）所占的长度。

（2）管道安装工程量计算中，应扣除暖气片所占的长度。

（3）钢管焊接挖眼接管工作，均在定额中综合取定，不得另行计算。

（4）直埋式预制保温管道及管件安装适用于预制式成品保温管道及管件安装。管道按"延长米"计算，需扣除管件所占长度。

（5）直埋式预制保温管安装定额按管芯的公称直径大小设置定额步距，套用该定额时，按管芯直径套用相应的定额。

（6）直埋式预制保温管管件安装主要指弯头、补偿器、疏水器等，管件尺寸应按照芯管的公称直径，以"个"为计量单位，套用相应的定额。

（7）管道支架制作安装，室内管道公称直径 32 mm 以下的安装工程已包括在内，不得另行计算。公称直径 32 mm 以上的可另行计算。

（8）管道消毒、冲洗、压力试验，均按管道长度以"m"为计量单位，不扣除阀门、管件所占的长度。

（9）本定额已综合考虑了配合土建施工的留洞留槽、修补洞槽的材料和人工，列在其他材料费内。

（10）室外管道碰头，套用《江苏省市政工程计价定额》相应子目。

（二）供暖器具

1. 定额应用说明

（1）本章系参照 1993 年《暖通空调国家标准图集》T9N112"采暖系统及散热器安装"编制的。

（2）各类型散热器不分明装或暗装，均按类型分别编制，柱型散热器为挂装时，可执行 M132 项目。

（3）柱型和 M132 型铸铁散热器安装用拉条时，拉条另行计算。

（4）定额中列出的接口密封材料，除圆翼气包垫采用橡胶石棉板外，其余均采用成品气包垫，如采用其他材料，不做换算。

（5）光排管散热器制作、安装项目，单位"每 10 m"系指光排管长度，连管作为材料已列入定额，不得重复计算。

（6）板式、壁板式，已计算了托钩的安装人工和材料。闭式散热器，如主材价不包括托钩者，托钩价格另行计算。

（7）采暖工程暖气片安装定额中未包含其两端的阀门，可以按其规格，另套用阀门安装定额相应子目。

2. 工程量计算规则

（1）热空气幕安装以"台"为计量单位，其支架制作安装可按相应定额另行计算。

（2）长翼、柱型铸铁散热器组成安装以"片"为计量单位，其气包垫不得换算；圆翼型铸铁散热器组成安装以"节"为计量单位。

（3）光排管散热器制作安装以"m"为计量单位，已包括连管长度，不得另行计算。

（三）其他

支架及其他、管道附件、采暖设备及其他零星工程等同给排水工程相应内容，详见本章第三节。

四、工程实例

（一）工程概况

本工程为 4 层局部办公楼，层高为 3.0 m，室内一层地面与室外地坪高差为 0.3 m，为三间办公室。外墙及承重墙均为 240 墙。

采暖系统采用上供下回单管垂直顺序式，系统为异程式。热力引入口在 −1.0 米标高进入室内，立管至 4 层顶板下标高 11.5 m 处，供暖干管末端设自动排气阀。回水干管设在地沟内，标高为 −0.3 m，在热力引入口标高降至 −1.0 m 后出户。整个系统共有 L_1、L_2 两根立管。

施工图纸包括图纸目录、图例、设计施工说明、采暖平面图、系统图等，图纸详见图 7-6～图 7-9。

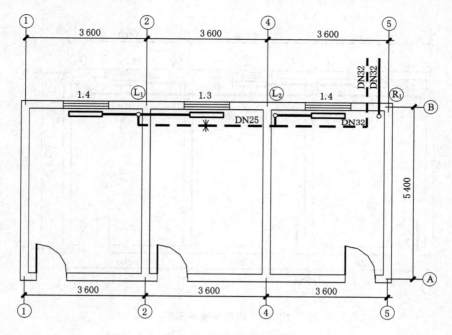

图 7-6 一层采暖平面图

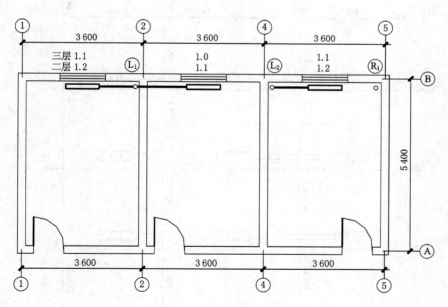

图 7-7 二至三层采暖平面图

1. 设计施工说明(与预算编制有关内容)

(1) 本设计标高以"m"计,其余以"mm"计。管道标高指管中心标高。

(2) 采暖管道采用热浸锌焊接钢管,螺纹连接,管道出地沟、穿楼板及穿墙处设普通钢套管,套管板上高出楼地面 3 cm,下与板平齐。规格比钢管大二号。套管除轻锈后,刷红丹防锈漆两道。

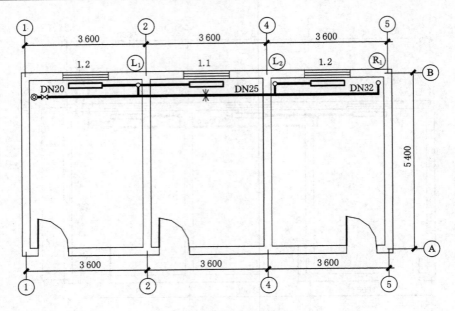

图 7-8　四层采暖平面图

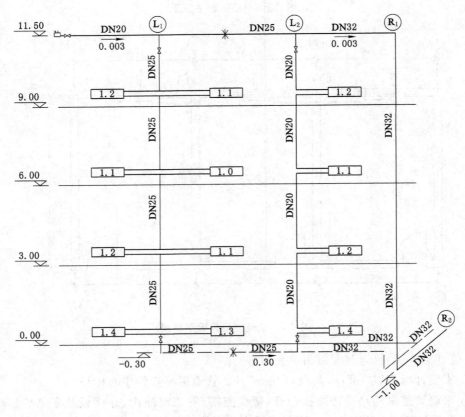

图 7-9　采暖系统图

（3）散热器采用钢串片散热器,型号为480（高）×100（宽）×L（长）。散热器支管均为DN20。

（4）采暖系统安装完毕后,按规定压力进行水压试验。

（5）采暖系统管道在0.00以下均刷红丹防锈漆2遍,厚50 mm玻璃丝棉管保温,外包玻璃丝布一道,玻璃丝布外刷二道白色调和漆。室内明装管道安装完成后,刷银粉漆一道。

（6）本说明未述及之处,按国家有关施工验收规范执行。

2. 预算编制说明

（1）本案例计价过程中,因江苏省2014版计价表未按营改增相关规定重新印刷,为使读者核对结果方便,除主材价格外,人工、材料、机械费用完全按2014纸质计价定额计取。实际工作中人工、材料、机械需要按市场价调整,并且需要按最新的营改增相关规定进行计算。

（2）本案例单价措施项目计算脚手架搭拆费,总价措施项目计算安全文明措施费、临时设施费、分户验收费,其他措施项目在实际工作中按实际需要计取。

（3）其他项目费计算暂列金额1 000元,其他项目均不计取,实际工作依据需要计取。

（4）主材价格参考2016年第5期《徐州造价信息》。

（5）工程排污费由于徐州暂时没有配套文件出台,暂不计取;税金按徐州市3.48%计取。实际工作中应按最新的营改增相关规定进行计算。

（6）本案例的刷油、保温、绝热部分内容未包括在内。

（二）计算工程量

（1）供水干管:

① DN32镀锌钢管（需保温刷油部分）:1.5 m（热力入口供热管至外墙皮）+0.3 m（240墙加内外抹灰）+0.1 m（立管中心距内墙皮距离）+1.0 m（由标高-1.0 m提高到标高0.00）=2.9 m。

② DN32镀锌钢管（室内需刷银粉漆部分）:11.5 m（立管从地面0.00至4层板下标高11.5 m处）+3.2 m（水平干管两立管之间距离,按轴线3.6 m减去两个半墙加抹灰厚度0.3 m,再减去立管距内墙皮距离共计0.1 m）+3 m（回水干管两立管之间距离,按轴线3.6 m减去两个半墙加抹灰厚度0.3 m,再减去立管距内墙皮距离共计0.3 m）=17.7 m。

（2）回水干管:

DN32镀锌钢管（需保温刷油部分）:0.7 m（由标高-0.3 m降到标高-1.00 m）+0.1 m（立管中心距内墙皮距离）+0.3 m（240墙加内外抹灰）+1.5 m（热力入口回水管至外墙皮）=2.6 m。

（3）立管、支管:

① DN25镀锌钢管（室内需刷银粉漆部分）:4.10 m（水平供热干管两立管之间距离,按轴线3.6 m加上两个半墙加抹灰厚度0.3 m,再加上两个立管距内墙皮距离共计0.2 m）+10.3 m（L_1立管0.00以上长度,共11.5 m,减去散热器两支管之间距离,每处为0.3 m,共四处计1.2 m）=14.4 m。

② DN25镀锌钢管（需保温刷油部分）:4.1 m（水平回水干管两立管之间距离,按轴线3.6 m加上两个半墙加抹灰厚度0.3 m,再加上两个立管距内墙皮距离共计0.2 m）+0.3 m（立管在地沟内部分）=4.4 m。

③ DN20 镀锌钢管(室内需刷银粉漆部分):3.2 m(供热干管从 L1 到自动排气阀的距离,按轴线 3.6 m 减去两个半墙加抹灰厚度 0.3 m,再减去立管距内墙皮距离共计 0.2 m)+10.3 m(L₂ 立管 0.00 以上长度,共 11.5 m,减去散热器两支管之间距离,每处为 0.3 m,共四处计 1.2 m)+[2.25 m(一层左边办公室和中间办公室散热器之间的支管长度,两个房间的中心距离 3.6 m 减去两个散热器的一半,即:3.6−1.4/2−1.3/2=2.25)+1.0 m(一层右边办公室散热器支管长度,轴线距离 3.6 m 的一半,减去散热器长度的一半,再减去立管中心至内墙皮距离,即 3.6/2−1.4/2−0.1=1.0)+2.45 m(二层左、中房间支管长度 3.6−1.2/2−1.1/2=2.45)+1.1 m(二层右边房间支管长度 3.6/2−1.2/2−0.1=1.1)+2.55 m(三层左、中房间支管长度 3.6−1.1/2−1.0/2=2.55)+1.15 m(三层右边房间支管长度 3.6/2−1.1/2−0.1=1.15)+2.45 m(四层左、中房间支管长度 3.6−1.2/2−1.1/2=2.45)+1.1 m(四层右边房间支管长度 3.6/2−1.2/2−0.1=1.1)]×2 =3.2+10.3+0.3+[2.25+1.0+2.45+1.1+2.55+1.15+2.45+1.1]×2=13.8+[14.05]×2=41.60 m。

④ DN20 镀锌钢管(需保温刷油部分):0.3 m(立管在地沟内部分)=0.3 m。

(4)钢串片散热器:$L=1.0$ m,1 片;$L=1.1$ m,4 片;$L=1.2$ m,4 片;$L=1.3$ m,1 片;$L=1.4$ m,2 片。

(5)DN20 螺纹阀门:3 只。

(6)DN25 螺纹阀门:2 只。

(7)DN20 自动排气阀:1 只。

(8)保温、刷油工程量计算如下:

① DN32:

地沟内管道刷红丹防锈漆:[2.9+2.6(需要保温管道长度)]×0.132 8=0.72 m²。

保温体积:[2.9+2.6(需要保温管道长度)]×0.015 2=0.082 m³。

玻璃丝布保护层刷调和漆刷油面积:[2.9+2.6(需要保温管道长度)]×0.488 3=2.64 m²。

管道刷银粉漆面积:17.8×0.132 8=2.36 m²。

② DN25:

地沟内管道刷红丹防锈漆:[4.1+0.3(需要保温管道长度)]×0.105 2=0.46 m²。

保温体积:[4.1+0.3(需要保温管道长度)]×0.013 8=0.061 m³。

玻璃丝布保护层刷调和漆刷油面积:[4.1+0.3(需要保温管道长度)]×0.460 6=2.027 m²。

管道刷银粉漆面积:14.4×0.105 2=1.515 m²。

③ DN20:

地沟内管道刷红丹防锈漆:[0.3(需要保温管道长度)]×0.084 2=0.055 m²。

保温体积:[0.3(需要保温管道长度)]×0.012 7=0.004 m³。

玻璃丝布保护层刷调和漆面积:[0.3(需要保温管道长度)]×0.439 6=0.132 m²。

管道刷银粉漆面积:41.6×0.084 2=3.503 m²。

注:本案例中,工程量计算部分包括除锈、刷油、保温部分内容,清单及计价部分则未计算这部分造价,请读者注意。

（三）工程量计算表

工程量计算表详见表 7-12。

表 7-12　　　　　　　　　　　　　　　工程量计算表

序号	分部分项工程名称及部位	单位	工程量	计算式
1	镀锌钢管螺纹连接 DN32（保温）	m	5.4	2.9＋2.6
2	镀锌钢管螺纹连接 DN32（刷银粉）	m	17.80	11.5＋3.2＋3.0
3	镀锌钢管螺纹连接 DN25（保温）	m	4.40	4.1＋0.3
4	镀锌钢管螺纹连接 DN25（刷银粉）	m	14.40	4.1＋10.3
5	镀锌钢管螺纹连接 DN20（保温）	m	0.30	0.30
6	镀锌钢管螺纹连接 DN20（刷银粉）	m	41.60	3.2＋10.3＋[2.25＋1.0＋2.45＋1.1＋2.55＋1.15＋2.45＋1.1]×2
7	钢串片散热器 L＝1.0 m	组	1	1
8	钢串片散热器 L＝1.1 m	组	4	4
9	钢串片散热器 L＝1.2 m	组	4	4
10	钢串片散热器 L＝1.3 m	组	1	1
11	钢串片散热器 L＝1.4 m	组	2	2
12	DN20 螺纹阀	只	1	1
13	DN25 螺纹阀	只	4	4
14	DN20 自动排气阀	只	1	1
15	采暖系统调整	系统	1	1
16	DN32 管道红丹防锈漆	m²	0.72	0.72
17	DN32 管道保温	m³	0.082	0.082
18	DN32 玻璃丝布保护层	m²	2.64	2.64
19	DN32 玻璃丝布保护层刷调和漆	m²	2.64	2.64
20	DN32 管道刷银粉漆面积	m²	2.36	2.36
21	DN25 管道红丹防锈漆	m²	0.46	0.46
22	DN25 管道保温	m³	0.061	0.061
23	DN25 玻璃丝布保护层	m²	2.027	2.027
24	DN25 玻璃丝布保护层刷调和漆	m²	2.027	2.027
25	DN25 管道刷银粉漆面积	m²	1.515	1.515
26	DN20 管道红丹防锈漆	m²	0.055	0.055
27	DN20 管道保温	m³	0.004	0.004
28	DN20 玻璃丝布保护层	m²	0.132	0.132
29	DN20 玻璃丝布保护层刷调和漆	m²	0.132	0.132
30	DN20 管道刷银粉漆面积	m²	3.503	3.503
31	DN50 钢套管	个	3	3
32	DN40 钢套管	个	16	8＋8

（四）招标方提供工程量清单主要表格

招标方提供工程量清单主要表格详见表 7-13～表 7-18。

（1）封面（略）

（2）总说明（略）

（3）分部分项工程和单价措施项目清单与计价表

分部分项工程和单价措施项目清单与计价表详见表 7-13。

表 7-13　　　　　　　　　分部分项工程和单价措施项目清单与计价表

序号	项目编码	项目名称	项目特征描述	计量单位	工程量	金额/元		
						综合单价	合价	其中
								暂估价
1	031001001001	镀锌钢管	1. 安装部位：室内；2. 介质：热水；3. 规格、压力等级：DN32；4. 连接形式：螺纹连接；5. 压力试验及吹、洗设计要求：水压试验，水冲洗	m	23.200			
2	031001001002	镀锌钢管	1. 安装部位：室内；2. 介质：热水；3. 规格、压力等级：DN25；4. 连接形式：螺纹连接；5. 压力试验及吹、洗设计要求：水压试验，水冲洗	m	18.800			
3	031001001003	镀锌钢管	1. 安装部位：室内；2. 介质：热水；3. 规格、压力等级：DN20；4. 连接形式：螺纹连接；5. 压力试验及吹、洗设计要求：水压试验，水冲洗	m	41.900			
4	031005002001	钢制散热器	1. 结构形式：钢串片散热器；2. 型号、规格：$L=1.0$ m；3. 安装方式：挂装；4. 托架刷油设计要求：成品托架	组	1.000			
5	031005002002	钢制散热器	1. 结构形式：钢串片散热器；2. 型号、规格：$L=1.1$ m；3. 安装方式：挂装；4. 托架刷油设计要求：成品托架	组	4.000			
6	031005002003	钢制散热器	1. 结构形式：钢串片散热器；2. 型号、规格：$L=1.2$ m；3. 安装方式：挂装；4. 托架刷油设计要求：成品托架	组	4.000			
7	031005002004	钢制散热器	1. 结构形式：钢串片散热器；2. 型号、规格：$L=1.3$ m；3. 安装方式：挂装；4. 托架刷油设计要求：成品托架	组	1.000			
8	031005002005	钢制散热器	1. 结构形式：钢串片散热器；2. 型号、规格：$L=1.4$ m；3. 安装方式：挂装；4. 托架刷油设计要求：成品托架	组	2.000			
9	031003001001	螺纹阀门	1. 类型：螺纹阀；2. 材质：铜；3. 规格、压力等级：DN20；4. 连接形式：螺纹连接	个	1.000			
10	031003001002	螺纹阀门	1. 类型：螺纹阀；2. 材质：铜；3. 规格、压力等级：DN25；4. 连接形式：螺纹连接	个	4.000			

序号	项目编码	项目名称	项目特征描述	计量单位	工程量	金额/元		
						综合单价	合价	其中 暂估价
11	031003001003	螺纹阀门	1. 类型：自动排气阀；2. 材质：铜；3. 规格、压力等级：DN20；4. 连接形式：螺纹连接	个	1.000			
12	031002003001	套管	1. 名称、类型：普通钢套管；2. 材质：钢质；3. 规格：DN50	个	3.000			
13	031002003002	套管	1. 名称、类型：普通钢套管；2. 材质：钢质；3. 规格：DN40	个	16.000			
14	031009001001	采暖工程系统调试		项	1.000			
			分部分项工程清单合计					
15	031301017001	脚手架搭拆		项	1.000			
			单价措施项目清单合计					

（4）总价措施项目清单与计价表

总价措施项目清单与计价表详见表 7-14。

表 7-14　　　　　　　　总价措施项目清单与计价表

序号	项目编码	项目名称	计算基础	费率/%	金额/元	调整费率/%	调整后金额/元	备注
		通用措施项目						
1	031302001001	现场安全文明施工						
1.1		基本费		1.400				
1.2		标化增加费		0.300				
		专业工程措施项目						

（5）其他项目清单与计价汇总表

其他项目清单与计价汇总表详见表 7-15。

表 7-15　　　　　　　　其他项目清单与计价汇总表

序号	项目名称	金额/元	结算金额/元	备注
1	暂列金额	1 000.00		
2	暂估价			
3	计日工			
4	总承包服务费			

（6）暂列金额明细表

暂列金额明细表详见表 7-16。

表 7-16 暂列金额明细表

序号	项目名称	暂定金额/元	备注
1	现场变更、签证	1 000.00	
	合计	1 000.00	

（7）规费、税金项目计价表

规费、税金项目计价表详见表 7-17。

表 7-17 规费、税金项目计价表

序号	项目名称	计算基础	计算基数	计算费率/%	金额/元
1	规费				
1.1	社会保险费	分部分项工程费＋措施项目费＋其他项目费－甲供工程设备费		2.200	
1.2	住房公积金	分部分项工程费＋措施项目费＋其他项目费－甲供工程设备费		0.380	
1.3	工程排污费	分部分项工程费＋措施项目费＋其他项目费－甲供工程设备费			
2	税金	分部分项工程费＋措施项目费＋其他项目费＋规费－按规定不计税的工程设备金额		3.480	

（8）承包人提供主要材料和工程设备一览表（适用造价信息差额调整法）

承包人提供主要材料和工程设备一览表（适用造价信息差额调整法）详见表 7-18。

表 7-18 承包人提供主要材料和工程设备一览表

序号	材料编码	名称、规格、型号	单位	数量	风险系数/%	基准单价/元	投标单价/元	发承包人确认单价/元	备注
1	19030103	钢串片散热器 $L=1.1$ m	组		≤5	840.000			
2	19030103-1	钢串片散热器 $L=1.2$ m	组		≤5	840.000			
3	19030103-2	钢串片散热器 $L=1.4$ m	组		≤5	840.000			
4	19030103-3	钢串片散热器 $L=1.3$ m	组		≤5	840.000			
5	19030103-4	钢串片散热器 $L=1.0$ m	组		≤5	600.000			
6	14030315	热镀锌钢管 DN20	m		≤5	9.860			
7	14030322	热镀锌钢管 DN32	m		≤5	17.600			
8	14030319	热镀锌钢管 DN25	m		≤5	14.200			
9	16310105	螺纹阀门 DN25	个		≤5	55.000			
10	16150504	自动排气阀 DN20	个		≤5	45.000			
11	16310104	螺纹阀门 DN20	个		≤5	33.000			
12	11030305	醇酸防锈漆 C53-1	kg		≤5	15.000			

（五）采暖投标方投标报价主要表格

（1）封面（略）

（2）总说明（略）

（3）单位工程投标报价汇总表

单位工程投标报价汇总表详见表7-19。

表 7-19　　　　　　　　　　　　单位工程投标报价汇总表

序号	汇总内容	金额/元	其中:暂估价/元
1	分部分项工程	12 777.29	
1.1	人工费	840.41	
1.2	材料费	11 489.38	
1.3	施工机具使用费	2.75	
1.4	企业管理费	327.63	
1.5	利润	117.13	
2	措施项目	470.42	
2.1	单价措施项目费	47.22	
2.2	总价措施项目费	423.20	
2.2.1	其中:安全文明施工措施费	218.01	
3	其他项目	1 000.00	
3.1	其中:暂列金额	1 000.00	
4	规费	367.59	
5	税金	508.61	
6	投标总价合计＝1＋2＋3＋4＋5	15 123.91	

（4）分部分项工程和单价措施项目清单与计价表

分部分项工程和单价措施项目清单与计价表详见表7-20。

表 7-20　　　　　　　　　分部分项工程和单价措施项目清单与计价表

序号	项目编码	项目名称	项目特征描述	计量单位	工程量	综合单价	合价	其中 暂估价
1	031001001001	镀锌钢管	1. 安装部位:室内;2. 介质:热水;3. 规格、压力等级:DN32;4. 连接形式:螺纹连接;5. 压力试验及吹、洗设计要求:水压试验,水冲洗	m	23.200	27.45	636.84	
2	031001001002	镀锌钢管	1. 安装部位:室内;2. 介质:热水;3. 规格、压力等级:DN25;4. 连接形式:螺纹连接;5. 压力试验及吹、洗设计要求:水压试验,水冲洗	m	18.800	23.68	445.18	

续表 7-20

序号	项目编码	项目名称	项目特征描述	计量单位	工程量	金额/元		其中
						综合单价	合价	暂估价
3	031001001003	镀锌钢管	1. 安装部位:室内;2. 介质:热水;3. 规格、压力等级:DN20;4. 连接形式:螺纹连接;5. 压力试验及吹、洗设计要求:水压试验,水冲洗	m	41.900	19.02	796.94	
4	031005002001	钢制散热器	1. 结构形式:钢串片散热器;2. 型号、规格:L=1.0 m;3. 安装方式:挂装;4. 托架刷油设计要求:成品托架	组	1.000	635.12	635.12	
5	031005002002	钢制散热器	1. 结构形式:钢串片散热器;2. 型号、规格:L=1.1 m;3. 安装方式:挂装;4. 托架刷油设计要求:成品托架	组	4.000	879.66	3 518.64	
6	031005002003	钢制散热器	1. 结构形式:钢串片散热器;2. 型号、规格:L=1.2 m;3. 安装方式:挂装;4. 托架刷油设计要求:成品托架	组	4.000	879.66	3 518.64	
7	031005002004	钢制散热器	1. 结构形式:钢串片散热器;2. 型号、规格:L=1.3 m;3. 安装方式:挂装;4. 托架刷油设计要求:成品托架	组	1.000	879.66	879.66	
8	031005002005	钢制散热器	1. 结构形式:钢串片散热器;2. 型号、规格:L=1.4 m;3. 安装方式:挂装;4. 托架刷油设计要求:成品托架	组	2.000	879.66	1 759.32	
9	031003001001	螺纹阀门	1. 类型:螺纹阀;2. 材质:铜;3. 规格、压力等级:DN20;4. 连接形式:螺纹连接	个	1.000	50.67	50.67	
10	031003001002	螺纹阀门	1. 类型:螺纹阀;2. 材质:铜;3. 规格、压力等级:DN25;4. 连接形式:螺纹连接	个	4.000	77.32	309.28	
11	031003001003	螺纹阀门	1. 类型:自动排气阀;2. 材质:铜;3. 规格、压力等级:DN20;4. 连接形式:螺纹连接	个	1.000	79.44	79.44	
12	031002003001	套管	1. 名称、类型:普通钢套管;2. 材质:钢质;3. 规格:DN50	个	3.000	6.19	18.57	
13	031002003002	套管	1. 名称、类型:普通钢套管;2. 材质:钢质;3. 规格:DN40	个	16.000	5.33	85.28	
14	031009001001	采暖工程系统调试		项	1.000	43.71	43.71	
			分部分项工程清单合计				12 777.29	
15	031301017001	脚手架搭拆		项	1.000	47.22	47.22	
			单价措施项目清单合计				47.22	

（5）总价措施项目清单与计价表

总价措施项目清单与计价表详见表 7-21。

表 7-21　　　　　　　　　　　　总价措施项目清单与计价表

序号	项目编码	项目名称	计算基础	费率/%	金额/元	调整费率/%	调整后金额/元	备注
		通用措施项目						
1	031302001001	现场安全文明施工			218.01			
1.1		基本费	工程量清单计价＋施工技术措施－甲供工程设备费	1.400	179.54			
1.2		标化增加费	工程量清单计价＋施工技术措施－甲供工程设备费	0.300	38.47			
2	031302008001	临时设施费	工程量清单计价＋施工技术措施－甲供工程设备费	1.500	192.37			
		专业工程措施项目						
3	031302011001	住宅工程分户验收	工程量清单计价＋施工技术措施－甲供工程设备费	0.100	12.82			
		合计			423.20			

（6）其他项目清单与计价汇总表

其他项目清单与计价汇总表详见表 7-22。

表 7-22　　　　　　　　　　　　其他项目清单与计价汇总表

序号	项目名称	金额/元	结算金额/元	备注
1	暂列金额	1 000.00		
2	暂估价			
3	计日工			
4	总承包服务费			
	合计	1 000.00		

（7）暂列金额明细表

暂列金额明细表详见表 7-23。

表 7-23　　　　　　　　　　　　暂列金额明细表

序号	项目名称	暂定金额/元	备注
1	现场变更、签证	1 000.00	
	合计	1 000.00	

（8）规费、税金项目计价表

规费、税金项目计价表详见表7-24。

表 7-24 规费、税金项目计价表

序号	项目名称	计算基础	计算基数/元	计算费率/%	金额/元
1	规费		367.59		367.59
1.1	社会保险费	分部分项工程费＋措施项目费＋其他项目费－甲供工程设备费	14 247.71	2.200	313.45
1.2	住房公积金	分部分项工程费＋措施项目费＋其他项目费－甲供工程设备费	14 247.71	0.380	54.14
1.3	工程排污费	分部分项工程费＋措施项目费＋其他项目费－甲供工程设备费	14 247.71		
2	税金	分部分项工程费＋措施项目费＋其他项目费＋规费－按规定不计税的工程设备金额	14 615.30	3.480	508.61
	合计				876.20

（9）承包人提供主要材料和工程设备一览表（适用造价信息差额调整法）

承包人提供主要材料和工程设备一览表（适用造价信息差额调整法）详见表7-25。

表 7-25 承包人提供主要材料和工程设备一览表

序号	材料编码	名称、规格、型号	单位	数量	风险系数/%	基准单价/元	投标单价/元	发承包人确认单价/元	备注
1	19030103	钢串片散热器 $L=1.1$ m	组	4.000	≤5	840.000	840.000		
2	19030103-1	钢串片散热器 $L=1.2$ m	组	4.000	≤5	840.000	840.000		
3	19030103-2	钢串片散热器 $L=1.4$ m	组	2.000	≤5	840.000	840.000		
4	19030103-3	钢串片散热器 $L=1.3$ m	组	1.000	≤5	840.000	840.000		
5	19030103-4	钢串片散热器 $L=1.0$ m	组	1.000	≤5	600.000	600.000		
6	14030315	热镀锌钢管 DN20	m	42.529	≤5	9.860	9.860		
7	14030322	热镀锌钢管 DN32	m	23.548	≤5	17.600	17.600		
8	14030319	热镀锌钢管 DN25	m	19.082	≤5	14.200	14.200		
9	16310105	螺纹阀门 DN25	个	4.040	≤5	55.000	55.000		
10	16150504	自动排气阀 DN20	个	1.000	≤5	45.000	45.000		
11	16310104	螺纹阀门 DN20	个	1.010	≤5	33.000	33.000		
12	11030305	醇酸防锈漆 C53-1	kg	0.252	≤5	15.000	15.000		

（10）工程量清单综合单价分析表

工程量清单综合单价分析表详见表7-26～表7-30。

表 7-26 采暖管道工程量清单综合单价分析表

项目编码	031001001001	项目名称		镀锌钢管			计量单位		m		工程量		23.2

清单综合单价组成明细

定额编号	定额名称	定额单位	数量	单价					合价				
				人工费	材料费	机械费	管理费	利润	人工费	材料费	机械费	管理费	利润
10-4	室外给排水、采暖管道镀锌钢管(螺纹连接):公称直径(mm,以内) 32	10 m	0.1	50.32	10.42	0.74	19.62	7.04	5.03	1.04	0.07	1.96	0.70
10-371	管道消毒、冲洗:公称直径(mm,以内) 50	100 m	0.01	36.26	23.86		14.14	5.08	0.36	0.24		0.14	0.05
综合人工工日			小计						5.39	1.28	0.07	2.10	0.75
0.07			未计价材料费						17.86				
清单项目综合单价									27.45				

材料费明细	主要材料名称、规格、型号			单位	数量	单价/元	合价/元	暂估单价/元	暂估合价/元
	热镀锌钢管 DN32			m	1.015	17.60	17.86		
	其他材料费					—	1.28	—	
	材料费小计					—	19.14	—	

表 7-27 散热器工程量清单综合单价分析表

项目编码	031005002001	项目名称		钢制散热器			计量单位		组		工程量		1

清单综合单价组成明细

定额编号	定额名称	定额单位	数量	单价					合价				
				人工费	材料费	机械费	管理费	利润	人工费	材料费	机械费	管理费	利润
10-815	钢制板式散热器安装型号 H600×1000 以内	组	1	19.24	5.69		7.50	2.69	19.24	5.69		7.50	2.69
综合人工工日			小计						19.24	5.69		7.50	2.69
0.26			未计价材料费						600.00				
清单项目综合单价									635.12				

材料费明细	主要材料名称、规格、型号			单位	数量	单价/元	合价/元	暂估单价/元	暂估合价/元
	钢串片散热器 $L=1.0$ m			组	1	600.0	600.0		
	其他材料费					—	5.69	—	
	材料费小计					—	605.69	—	

表 7-28 　　　　　　　　　**自动排气阀工程量清单综合单价分析表**

项目编码	031003001003	项目名称		螺纹阀门			计量单位		个		工程量		1

清单综合单价组成明细

定额编号	定额名称	定额单位	数量	单价					合价				
				人工费	材料费	机械费	管理费	利润	人工费	材料费	机械费	管理费	利润
10-486	自动排气阀、手动放风阀自动排气阀 20	个	1	15.54	10.66		6.06	2.18	15.54	10.66		6.06	2.18
	综合人工工日			小计					15.54	10.66		6.06	2.18
	0.21			未计价材料费					45.00				
			清单项目综合单价						79.44				

材料费明细	主要材料名称、规格、型号	单位	数量	单价/元	合价/元	暂估单价/元	暂估合价/元
	自动排气阀 DN20	个	1	45.00	45.00		
	其他材料费			—	10.66	—	
	材料费小计			—	55.66	—	

表 7-29 　　　　　　　　　**采暖系统调整工程量清单综合单价分析表**

项目编码	031009001001	项目名称		采暖工程系统调试			计量单位		项		工程量		1

清单综合单价组成明细

定额编号	定额名称	定额单位	数量	单价					合价				
				人工费	材料费	机械费	管理费	利润	人工费	材料费	机械费	管理费	利润
10-F6	第十册供暖器具安装系统调试费:取人工费的15%,其中人工20%,材料80%,机械0%	项	1	7.90	31.62		3.08	1.11	7.90	31.62		3.08	1.11
	综合人工工日			小计					7.90	31.62		3.08	1.11
				未计价材料费									
			清单项目综合单价						43.71				

材料费明细	主要材料名称、规格、型号	单位	数量	单价/元	合价/元	暂估单价/元	暂估合价/元
	其他材料费			—	31.62	—	
	材料费小计			—	31.62	—	

表 7-30　　　　　　　　　脚手架搭拆费工程量清单综合单价分析表

| 项目编码 | 031301017001 | 项目名称 | | | 脚手架搭拆 | | | 计量单位 | | | 项 | | 工程量 | | 1 |

清单综合单价组成明细

定额编号	定额名称	定额单位	数量	单价					合价				
				人工费	材料费	机械费	管理费	利润	人工费	材料费	机械费	管理费	利润
11-F1	第十一册刷油工程安装脚手架搭拆费:取人工费的8%,其中人工25%,材料75%,机械0%	项	1	0.08	0.20		0.03	0.01	0.08	0.20		0.03	0.01
10-F1	第十册安装脚手架搭拆费:取人工费的5%,其中人工25%,材料75%,机械0%	项	1	10.36	31.05		4.04	1.45	10.36	31.05		4.04	1.45
综合人工工日			小计						10.44	31.25		4.07	1.46
			未计价材料费										
	清单项目综合单价								47.22				

材料费明细	主要材料名称、规格、型号			单位	数量	单价/元	合价/元	暂估单价/元	暂估合价/元
	其他材料费					—	31.25	—	
	材料费小计					—	31.25	—	

第五节　通风空调工程施工图预算的编制

一、适用的定额

工业与民用建筑的新建、扩建项目中的通风、空调工程执行《江苏省安装工程计价定额》(2014 版,以下论述中未加特殊说明均指该定额)《第七册　通风空调工程》定额。以下内容执行其他册相应定额:

(1) 通风、空调的刷油、绝热、防腐蚀,执行《第十一册　刷油、防腐蚀、绝热工程》相应定额:

① 薄钢板风管刷油,按其工程量执行相应项目:仅外(或内)面刷油者,定额乘以系数 1.2;内外均刷油者,定额乘以系数 1.1(其法兰加固框、托吊支架已包括在此系数内)。

② 薄钢板部件刷油,按其工程量执行金属结构刷油项目,定额乘以系数 1.15。

③ 不包括在风管工程量内而单独列项的各种支架(不锈钢托吊支架除外),按其工程量执行相应项目。

④ 薄钢板风管、部件以及单独列项的支架,其除锈不分锈蚀程度,一律按其第一遍刷油的工程量执行轻锈相应项目。

⑤ 绝热保温材料不需粘结者,执行相应项目时需减去其中的粘结材料,人工乘以系数 0.5。

⑥ 风道及部件在加工厂预制的,其场外运费由各省、自治区、直辖市自行制定。

（2）空调水系统、风机盘管配管执行《第十册 给排水、采暖、燃气工程》，冷冻站内等属于工业管道工程的执行《第八册 工业管道工程》相应子目。

（3）《通风空调工程》计价定额中的风机等设备是指通风空调工程使用的设备，计价定额中未包括的项目可执行《第一册 机械设备安装工程》。两册都有的属于通风空调工程使用的设备执行《第七册 通风空调工程》。

（4）玻璃钢冷却塔可执行《第一册 机械设备安装工程》。

（5）如设计要求无损探伤，可执行《第三册 静置设备与工艺金属结构制作安装工程》。

二、各项费用的规定

（1）脚手架搭拆费，按人工费的3％计算，其中人工工资占25％。

（2）高层建筑增加费（指高度在6层或20 m以上的工业与民用建筑）按表7-31计算。

表7-31　　　　　　　　　　　　　　　　　　　高层建筑增加费表

层数	9层以下 (30 m)	12层以下 (40 m)	15层以下 (50 m)	18层以下 (60 m)	21层以下 (70 m)	24层以下 (80 m)	27层以下 (90 m)	30层以下 (100 m)	33层以下 (110 m)
按人工费的/％	3	5	7	10	12	15	19	22	25
其中人工工资占/％	33	40	43	40	42	40	42	45	52
机械费占/％	67	60	57	60	58	60	58	55	48
层数	36层以下 (120 m)	40层以下 (130 m)	42层以下 (140 m)	45层以下 (150 m)	48层以下 (160 m)	51层以下 (170 m)	54层以下 (180 m)	57层以下 (190 m)	60层以下 (200 m)
按人工费的/％	28	32	36	39	41	44	47	51	54
其中人工工资占/％	57	59	62	65	68	70	72	73	74
机械费占/％	43	41	38	35	32	30	28	27	26

（3）超高增加费（指操作物高度距离楼地面6 m以上的工程），按人工费的15％计算。

（4）系统调整，按系统工程人工费的13％计算，其中人工工资占25％。

（5）空调水工程系统调试，按空调水系统（扣除空调冷凝水系统）人工费的13％计算，其中人工工资占25％，执行《第十册 给排水、采暖、燃气工程》。

（6）安装与生产同时进行增加的费用，按人工费的10％计算。

（7）在有害身体健康的环境中施工增加的费用，按人工费的10％计算。

三、工程量计算方法

（一）通风及空调设备及部件制作安装

1. 定额应用说明

（1）通风空调设备安装

① 工作内容：开箱检查设备、附件、底座螺栓、吊装、找平、找正、垫垫、灌浆、螺栓固定、

装梯子。

② 通风机安装项目内包括电动机安装,其安装形式包括 A、B、C 或 D 型,也适用于不锈钢和塑料风机的安装。

③ 设备安装项目的基价中不包括设备费和应配备的地脚螺栓价值。

④ 诱导器安装执行风机盘管安装项目。

⑤ 风机盘管的配管执行《第十册 给排水、采暖、燃气工程》相应项目。

(2) 空调部件及设备支架制作安装

① 工作内容如下:

a. 金属空调器壳体:

制作:放样、下料、调直、钻孔,制作箱体、水槽、焊接、组合、试装。

安装:就位、找平、找正,连接、固定,表面清理。

b. 挡水板:

制作:放样、下料,制作曲板、框架、底座、零件,钻孔、焊接、成型。

安装:找平、找正,上螺栓、固定。

c. 滤水器、溢水盘:

制作:放样、下料、配制零件,钻孔、焊接、上网、组合成型。

安装:找平、找正,焊接管道、固定。

d. 密闭门:

制作:放样、下料,制作门框、零件,开视孔,填料、铆焊、组装。

安装:找正、固定。

e. 设备支架:

制作:放样、下料、调直、钻孔,焊接、成型。

安装:测位,上螺栓、固定,打洞,埋支架。

f. 高、中、低效过滤器安装,净化工作台,风淋室安装:开箱、检查,配合钻孔,垫垫,口缝涂密封胶,试装、正式安装。过滤器安装项目中包括试装,如设计不要求试装,其人工、材料、机械不变。

低效过滤器指 M-A 型、WL 型、LWP 型等系列。

中效过滤器指 ZKL 型、YB 型、W 型、M 型、ZX-1 型等系列。

高效过滤器指 GB 型、GS 型、JX-20 型等系列。

净化工作台指 XHK 型、BZK 型、SXP 型、SZP 型、SZX 型、SW 型、SZ 型、SXZ 型、TJ 型、CJ 型等系列。

g. 洁净室安装以重量计算,执行分段组装式空调器安装项目。

h. 本章定额是按空气洁净度等级 100 000 编制的。

② 清洗槽、浸油槽、晾干架、LWP 滤尘器支架制作安装执行设备支架项目。

③ 风机减振台座执行设备支架项目,定额中不包括减振器用量,应依设计图纸按实计算。

④ 玻璃挡水板执行钢板挡水板相应项目,其材料、机械均乘以系数 0.45,人工不变。

⑤ 保温钢板密闭门执行钢板密闭门项目,其材料乘以系数 0.5,机械乘以系数 0.45,人工不变。

2. 工程量计算规则

(1) 风机安装按设计不同型号以"台"为计量单位。

(2) 整体式空调机组安装，空调器按不同重量和安装方式以"台"为计量单位；分段组装式空调器，按重量以"kg"为计量单位。

(3) 风机盘管安装按安装方式不同以"台"为计量单位。

(4) 空气加热器、除尘设备按安装重量不同以"台"为计量单位。

(5) 高、中、低效过滤器，净化工作台安装以"台"为计量单位，风淋室安装按不同重量以"台"为计量单位。

(6) 挡水板制作安装按空调器断面面积计算。

(7) 钢板密闭门制作安装以"个"为计量单位。

(8) 电加热器外壳制作安装按图示尺寸以"kg"为计量单位。

(二) 通风管道制作安装

1. 定额应用说明

(1) 薄钢板通风管道制作安装

① 工作内容如下：

风管制作：放样、下料、卷圆、折方、轧口、咬口，制作直管、管件、法兰、托吊支架、钻孔、铆焊、上法兰、组对。

风管安装：找标高、打支架墙洞、配合预留孔洞、埋设托吊支架，组装、风管就位、找平、找正、制垫、垫垫、上螺栓、紧固。

② 整个通风系统设计采用渐缩管均匀送风者，圆形风管按平均直径、矩形风管按平均周长执行相应规格项目其人工乘以系数2.5。

③ 镀锌薄钢板风管项目中的板材是按镀锌薄钢板编制的，如设计要求不用镀锌薄钢板者，板材可以换算，其他不变。

④ 风管导流叶片不分单叶片和香蕉形双叶片均执行同一项目。

⑤ 如制作空气幕送风管，按矩形风管平均周长执行相应风管规格项目，其人工乘以系数3，其余不变。

⑥ 薄钢板通风管道制作安装项目中，包括弯头、三通、变径管、天圆地方等管件，以及法兰、加固框和托吊支架的制作用工，但不包括过跨风管落地支架，落地支架执行设备支架项目。

⑦ 薄钢板风管项目中的板材，如设计要求厚度不同可以换算，但人工、机械不变。

⑧ 软管接头使用人造革而不使用帆布者可以换算。

⑨ 项目中的法兰垫料如设计要求使用材料品种不同可以换算，但人工不变。使用泡沫塑料者每千克橡胶板换算为泡沫塑料0.125 kg，使用闭孔乳胶海绵者每千克橡胶板换算为闭孔乳胶海绵0.5 kg。

⑩ 柔性软风管适用于由金属、涂塑化纤织物、聚酯、聚乙烯、聚氯乙烯薄膜、铝箔等材料制成的软风管。

⑪ 柔性软风管安装按图示中心线长度以"m"为单位计算，柔性软风管阀门安装以"个"为单位计算。

(2) 净化通风管道制作安装

① 工作内容如下：

风管制作：放样、下料、折方、轧口、咬口，制作直管、管件、法兰、托吊支架，钻孔、铆焊、上法兰、组对、口缝外表面涂密封胶、风管内表面清洗、风管两端封口。

风管安装：找标高、找平、找正、配合预留孔洞、打支架墙洞、埋设支吊架，风管就位、组装、制垫、垫垫、上螺栓、紧固，风管内表面清洗、管口封闭、法兰口涂密封胶。

部件制作：放样、下料，零件、法兰、预留预埋，钻孔、铆焊、制作、组装、擦洗。

部件安装：测位、找平、找正，制垫、垫垫、上螺栓，清洗。

② 净化通风管道制作安装项目中包括弯头、三通、变径管、天圆地方等管件，以及法兰、加固框和托吊支架，不包括过跨风管落地支架。落地支架执行设备支架项目。

③ 净化风管项目中的板材，如设计厚度不同可以换算，人工、机械不变。

④ 圆形风管执行本章矩形风管相应项目。

⑤ 风管涂密封胶是按全部口缝外表面涂抹考虑的，如设计要求口缝不涂抹而只在法兰处涂抹，每 10 m² 风管应减去密封胶 1.5 kg 和人工 0.37 工日。

⑥ 风管及部件项目中，型钢未包括镀锌费，如设计要求镀锌，另加镀锌费。

（3）不锈钢板通风管道制作安装

① 工作内容如下：

不锈钢风管制作：放样、下料、卷圆、折方，制作管件，组对焊接，试漏，清洗焊口。

不锈钢风管安装：找标高、清理墙洞、风管就位、组对焊接、试漏、清洗焊口、固定。

部件制作：下料、平料、开孔、钻孔，组对、铆焊、攻丝、清洗焊口、组装固定，试动，短管、零件，试漏。

部件安装：制垫、垫垫、找平、找正、组对、固定、试动。

② 矩形风管执行本章圆形风管相应项目。

③ 不锈钢托吊支架执行本章相应项目。

④ 风管凡以电焊考虑的项目，如需使用手工氩弧焊，其人工乘以系数 1.238，材料乘以系数 1.163，机械乘以系数 1.673。

⑤ 风管制作安装项目中包括管件，但不包括法兰和托吊支架，法兰和托吊支架应单独列项计算执行相应项目。

⑥ 风管项目中的板材如设计要求厚度不同者可以换算，人工、机械不变。

（4）铝板通风管道制作安装

① 工作内容如下：

铝板风管制作：放样、下料、卷圆、折方，制作管件、组对焊接，试漏，清洗焊口。

铝板风管安装：找标高、清理墙洞、风管就位、组对焊接、试漏、清洗焊口、固定。

部件制作：下料、平料、开孔、钻孔，组对、焊铆、攻丝、清洗焊口、组装固定，试动，短管、零件，试漏。

部件安装：制垫、垫垫、找平、找正、组对、固定、试动。

② 风管凡以电焊考虑的项目，如需使用手工氩弧焊，其人工乘以系数 1.154，材料乘以系数 0.852，机械乘以系数 9.242。

③ 风管制作安装项目中包括管件，但不包括法兰和托吊支架，法兰和托吊支架应单独列项计算执行相应项目。

④ 风管项目中的板材如设计要求厚度不同可以换算,人工、机械不变。

(5)塑料通风管道制作安装

① 工作内容如下:

塑料风管制作:放样、锯切、坡口、加热成型,制作法兰、管件,钻孔、组合焊接。

塑料风管安装:就位、制垫、垫垫、法兰连接、找正、找平、固定。

② 风管项目规格表示的直径为内径,周长为内周长。

③ 风管制作安装项目中包括管件、法兰、加固框,但不包括托吊支架,托吊支架执行相应项目。

④ 风管制作安装项目中的主体,板材(指每 10 m² 定额用量为 11.6 m² 者),如设计要求厚度不同者可以换算,人工、机械不变。

⑤ 项目中的法兰垫料如设计要求使用品种不同可以换算,但人工不变。

⑥ 塑料风管管件制作的胎具摊销材料费,未包括在定额内,按以下规定另行计算:风管工程量在 30 m² 以上的,每 10 m² 风管的胎具摊销木材为 0.06 m³,按地区预算价格计算胎具材料摊销费;风管工程量在 30 m² 以下的,每 10 m² 风管的胎具摊销木材为 0.09 m³,按地区预算价格计算胎具材料摊销费。

(6)玻璃钢通风管道制作安装

① 工作内容如下:

风管:找标高、打支架墙洞、配合预留孔洞、托吊支架制作及埋设、风管配合修补、粘接、组装就位、找平、找正、制垫、垫垫、上螺栓、紧固。

部件:组对、组装、就位、找正、制垫、垫垫、上螺栓、紧固。

② 玻璃钢通风管道安装项目中,包括弯头、三通、变径管、天圆地方等管件的安装,以及法兰、加固框和吊托架的制作安装,不包括过跨风管落地支架,落地支架执行设备支架项目。

③ 本定额玻璃钢风管及管件按计算工程量加损耗外加工定作,其价值按实际价格;风管修补应由加工单位负责,其费用按实际价格发生,计算在主材费内。

④ 定额内未考虑预留铁件的制作的埋设,如果设计要求用膨胀螺栓安装托吊支架,膨胀螺栓可按实际调整,其余不变。

(7)复合型风管制作安装

① 工作内容如下:

复合型风管制作:放样、切割、开槽、成型、粘合、制作管件、钻孔、组合。

复合型风管安装:就位、制垫、垫垫、连接、找正、找平、固定。

② 风管项目规格表示的直径为内径,周长为内周长。

③ 风管制作安装项目中包括管件、法兰、加固框、托吊支架。

2. 工程量计算规则

(1)风管制作安装以施工图规格不同按展开面积计算,不扣除检查孔、测定孔、送风口、吸风口等所占面积。

① 圆管:

$$F = \pi \times D \times L$$

式中 F——圆形风管展开面积,m²;

　　　D——圆形风管直径,m;

L——管道中心线长度,m。

② 矩形风管:按图示周长乘以管道中心线长度计算。

(2) 风管长度一律以施工图示中心线长度为准(主管与支管以其中心线交点划分),包括弯头、三通、变径管、天圆地方等管件的长度,但不得包括部件所占长度。直径和周长按图示尺寸为准展开,咬口重叠部分已包括在定额内,不得另行增加。

① 圆形风管计算示例,如裤衩三通主管展开面积(图7-10):

$$F = \pi D_1 L_1$$

支管1展开面积:
$$F_1 = \pi D_2 L_2$$

支管2展开面积:

$$F_2 = \pi D_3 (L_{31} + L_{32} + \gamma\theta)$$

其中　θ——弧度;

　　　γ——弯曲半径。

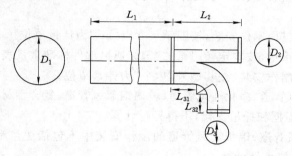

图 7-10　裤衩三通

② 部件长度,当缺乏准确数据时,可以按下列数据进行计算:

蝶阀:150 mm;

止回阀:300 mm;

密闭式对开多叶调节阀:210 mm;

圆形风管防火阀:$D+240$ mm;

矩形风管防火阀:B(风管高度)$+240$ mm。

(3) 风管导流叶片制作安装按图示叶片(图7-11)的面积计算。

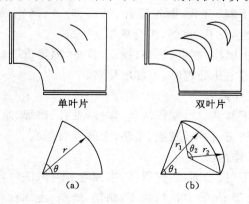

单叶片　　　　双叶片

(a)　　　　(b)

图 7-11　风管导流叶片

单叶片面积计算公式为：

$$F = \gamma \cdot \theta \cdot b \cdot n$$

其中　b——叶片宽度；

　　　n——叶片个数。

双叶片面积计算公式为：

$$F = (\gamma_1 \cdot \theta_1 + \gamma_2 \cdot \theta_2) \cdot b \cdot n$$

其中　b——叶片宽度；

　　　n——叶片个数。

（4）整个通风系统设计采用渐缩管均匀送风者，圆形风管按平均直径、矩形风管按平均周长计算。

（5）塑料风管、复合型材料风管制作安装定额所列规格直径为内径，周长为内周长。

（6）柔性软风管安装，按图示管道中心线长度以"m"为计量单位，柔性软风管阀门安装以"个"为计量单位。

（7）软管（帆布接口）制作安装，按图示尺寸以"m²"为计量单位。

（8）风管检查孔重量，按本定额附录二"国标通风部件标准重量表"计算。

（9）风管测定孔制作安装，按其型号以"个"为计量单位。

（10）薄钢板通风管道、净化通风管道、玻璃钢通风管道、复合型材料通风管道的制作安装中已包括法兰、加固框和托吊支架，不得另行计算。

（11）不锈钢通风管道、铝板通风管道的制作安装中不包括法兰和托吊支架，可按相应定额以"kg"为计量单位另行计算。

（12）塑料通风管道制作安装，不包括托吊支架，可按相应定额以"kg"为计量单位另行计算。

（三）通风管道部件制作安装

1．定额应用说明

（1）调节阀制作安装工作内容

① 调节阀制作：放样、下料，制作短管、阀板、法兰、零件，钻孔、铆焊、组合成型。

② 调节阀安装：号孔、钻孔、对口、校正，制垫、垫垫、上螺栓、紧固、试动。

（2）风口制作安装工作内容

① 风口制作：放样、下料、开孔，制作零件、外框、叶片、网框、调节板、拉杆、导风板、弯管、天圆地方、扩散管、法兰，钻孔、铆焊、组合成型。

② 风口安装：对口、上螺栓、制垫、垫垫、找正、找平，固定、试动、调整。

③ 铝制孔板风口如需电化处理时，另加电化费。

（3）风帽制作安装工作内容

① 风帽制作：放样、下料、咬口，制作法兰、零件，钻孔、铆焊、组装。

② 风帽安装：安装、找正、找平，制垫、垫垫、上螺栓、固定。

（4）罩类制作安装工作内容

① 罩类制作：放样、下料、卷圆，制作罩体、来回弯、零件、法兰，钻孔、铆焊、组合成型。

② 罩类安装：埋设支架、吊装、对口、找正，制垫、垫垫、上螺栓，固定配重环及钢丝绳，试动调整。

（5）消声器制作安装工作内容

① 消声器制作：放样、下料、钻孔，制作内外套管、木框架、法兰，铆焊，粘贴，填充消声材料，组合。

② 消声器安装：组对、安装、找正、找平，制垫、垫垫、上螺栓、固定。

2. 工程量计算规则

（1）标准部件的制作，按其成品重量以"kg"为计量单位，根据设计型号、规格，按本册定额附录二"国标通风部件标准重量表"计算重量，非标准部件按图示成品重量计算。部件的安装按图示规格尺寸（周长或直径）以"个"为计量单位，分别执行相应定额。

（2）钢百叶窗及活动金属百叶风口的制作以"m²"为计量单位，安装按规格尺寸以"个"为计量单位。

（3）风帽筝绳制作安装按图示规格、长度，以"kg"为计量单位。

（4）风帽泛水制作安装按图示展开面积以"m²"为计量单位。

四、工程实例

（一）工程概况

某通风工程如图 7-12 所示[①]。设计施工说明如下：

（1）所有风管管道、设备、部件顶部标高均为 4.0 m；风管采用镀锌钢板，咬口连接。

（2）风机采用柜式离心风机，型号为 HTFC No:8,12 000 m³/h，吊顶安装。风机吊装支架采用 10# 槽钢和圆钢吊筋组合，吊架总质量为 60 kg。风机进、出风口断面为 800×500 和 1 200×500，与风管之间采用帆布接口。

（3）防火调节阀要求采用单独支架，每个防火调节阀吊装支架为 15 kg。

（4）片式消声器的尺寸为 1 600×1 000×1 300，吊装支架为 40 kg。

（5）铝合金散流器（带调节阀）320×320 的安装高度为 2.8 m，风口与水平风管之间的连接管为 320×320 镀锌铁皮风管。

（6）所有支架、型钢不计除锈、刷油防腐。

（7）不计通风工程检测、调试，风管漏光、漏风试验。

（8）风管末端封头板不计。

（9）镀锌钢板风管板材厚度见表 7-32。

表 7-32　　　　　　　　　　　　某通风工程镀锌钢板风管板材厚度

风管最长边尺寸 b 或者直径 D/mm	$b(D)\leqslant320$	$320<b(D)\leqslant630$	$630<b(D)\leqslant100$	$100<b(D)\leqslant200$
普通风管板材厚度/mm	0.5	0.6	0.75	1.0

2. 预算编制说明

（1）本案例计价过程中，因江苏省 2014 版计价表未按营改增相关规定重新印刷，为使读者核对结果方便，除主材价格外，人工、材料、机械费用完全按 2014 纸质计价定额计取。实际工作中人工、材料、机械需要按市场价调整，并且需要按最新的营改增相关规定进行

---

① 2015 年江苏造价员考试通风算量题。

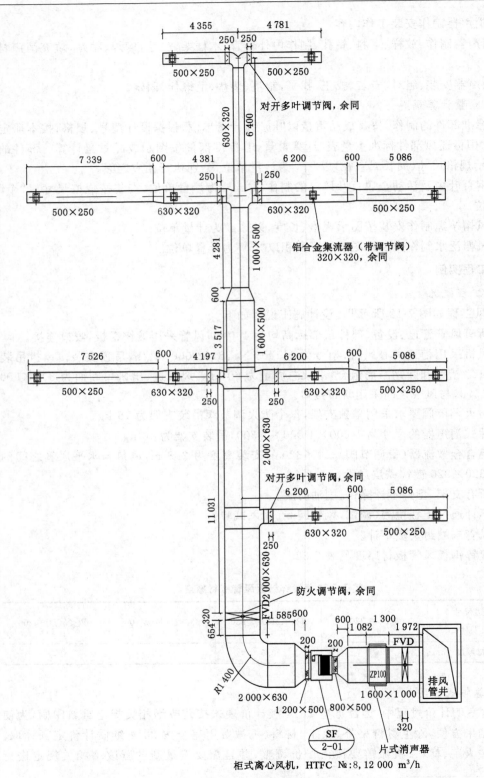

图 7-12 某通风工程平面图

计算。

（2）本案例单价措施项目计算脚手架搭拆费，总价措施项目计算安全文明措施费、临时设施费、分户验收费，其他措施项目在实际工作中，按实际需要计取。

（3）主材价格参考 2016 年第 5 期《徐州造价信息》。

（4）工程排污费由于徐州暂时没有配套文件出台，暂不计取；税金按徐州市 3.48% 计取。实际工作中应按最新的营改增相关规定进行计算。风管及支架的除锈、刷油、保温、保护层、保护层刷油等相关内容，本案例中暂不计算列项。

（二）计算工程量

（1）2 000×630 镀锌钢板：$(0.3+1.585+0.654+11.031+2\pi\times1.4/4)\times(2+0.63)\times2=82.939\ 68\approx82.94$。

（2）1 600×1 000 镀锌钢板：$(1.972+1.082+0.3)\times(1.6+1)\times2=19.440\ 8\approx19.44$。

（3）1 600×500 镀锌钢板：$(3.517+0.3)\times(1.6+0.5)\times2=16.031\ 4\approx16.03$。

（4）1 250×500 镀锌钢板：$0.3(1.2+0.5)\times(1.2+0.5)\times2=1.02$。

（5）1 000×500 镀锌钢板：$(0.3+4.281)\times(1+0.5)\times2=13.743\approx13.74$。

（6）800×500 镀锌钢板：$0.3\times(0.8+0.5)\times2=0.78$。

（7）630×320 镀锌钢板：$[(6.2-0.25+0.3)\times3+4.197-0.25+0.3+4.381+0.3-0.25+6.4]\times(0.63+0.32)\times2=64.273\ 2\approx64.27$。

（8）500×250 镀锌钢板：$(0.3+5.086)\times3+0.3+7.526+0.3+7.339+5.355-0.25+4.781-0.25=60.388\ 5\approx60.39$。

（9）320×320 镀锌钢板：$[(4-2.8-0.25/2)\times7+(2-2.8-0.32/2)\times5]\times(0.32+0.32)\times2=16.288\approx16.29$。

（三）工程量计算表填写格式

工程量计算表详见表 7-33。

表 7-33　　　　　　　　　　　　　　　　　　**工程量计算表**

序号	分部分项工程名称及部位	单位	工程量	计算式
1	2 000×630 镀锌钢板	m²	82.94	$(0.3+1.585+0.654+11.031+2\pi\times1.4/4)\times(2+0.63)\times2$
2	1 600×1 000 镀锌钢板	m²	19.44	$(1.972+1.082+0.3)\times(1.6+1)\times2$
3	1 600×500 镀锌钢板	m²	16.03	$(3.517+0.3)\times(1.6+0.5)\times2$
4	1 250×500 镀锌钢板	m²	1.02	$0.3(1.2+0.5)\times(1.2+0.5)\times2$
5	1 000×500 镀锌钢板	m²	13.74	$(0.3+4.281)\times(1+0.5)\times2$
6	800×500 镀锌钢板	m²	0.78	$0.3\times(0.8+0.5)\times2$
7	630×320 镀锌钢板	m²	64.27	$[(6.2-0.25+0.3)\times3+4.197-0.25+0.3+4.381+0.3-0.25+6.4]\times(0.63+0.32)\times2$
8	500×250 镀锌钢板	m²	60.39	$(0.3+5.086)\times3+0.3+7.526+0.3+7.339+5.355-0.25+4.781-0.25$

序号	分部分项工程名称及部位	单位	工程量	计算式
9	320×320 镀锌钢板	m²	16.29	$[(4-2.8-0.25/2)\times7+(2-2.8-0.32/2)\times5]\times$ $(0.32+0.32)\times2$
10	柜式离心风机 HTFC,No:8,12 000 m³/h	台	1	1
11	风机支架	kg	60	
12	对开调节阀 630×320	个	5	
13	对开调节阀 500×250	个	2	
14	防火调节阀 1 600×1 000	个		
15	防火调节阀 2 000×630	个		
16	铝合金散流器［带调节阀］320×320	个	12	
17	帆布软接口	m²	1.2	
18	片式消声器 1 600×1 000×1 300	个	1	
19	通风工程检测、调试	项	1	

（四）招标方提供工程量清单主要表格

（1）封面（略）

（2）总说明（略）

（3）分部分项工程量清单与计价表

分部分项工程量清单与计价表详见表 7-34。

表 7-34 　　　　　　　　　分部分项工程量清单与计价表

序号	项目编码	项目名称	项目特征描述	计量单位	工程量
1	030108001001	离心式通风机	1. 名称:柜式离心风机; 2. 型号:HTFC,No:8,12 000 m³/h	台	1
2	030307005001	设备支架制作安装	1. 名称:风机支架; 2. 材质:型钢; 3. 支架每组质量:60 kg	t	0.06
3	030702001001	碳钢通风管道	1. 材质:镀锌钢板; 2. 形状:矩形; 3. 规格:2 000×630; 4. 板材厚度:1.0; 5. 接口形式:咬口	m²	82.94
4	030702001002	碳钢通风管道	1. 材质:镀锌钢板; 2. 形状:矩形; 3. 规格:1 600×1 000; 4. 板材厚度:1.0; 5. 接口形式:咬口	m²	17.44

序号	项目编码	项目名称	项目特征描述	计量单位	工程量
5	030702001003	碳钢通风管道	1. 材质:镀锌钢板; 2. 形状:矩形; 3. 规格:1 600×500; 4. 板材厚度:1.0; 5. 接口形式:咬口	m²	16.03
6	030702001004	碳钢通风管道	1. 材质:镀锌钢板; 2. 形状:矩形; 3. 规格:1 200×500; 4. 板材厚度:1.0; 5. 接口形式:咬口	m²	1.02
7	030702001005	碳钢通风管道	1. 材质:镀锌钢板; 2. 形状:矩形; 3. 规格:1 000×500; 4. 板材厚度:0.75; 5. 接口形式:咬口	m²	13.74
8	030702001006	碳钢通风管道	1. 材质:镀锌钢板; 2. 形状:矩形; 3. 规格:800×500; 4. 板材厚度:0.75; 5. 接口形式:咬口	m²	0.78
9	030702001007	碳钢通风管道	1. 材质:镀锌钢板; 2. 形状:矩形; 3. 规格:630×320; 4. 板材厚度:0.6; 5. 接口形式:咬口	m²	64.27
10	030702001008	碳钢通风管道	1. 材质:镀锌钢板; 2. 形状:矩形; 3. 规格:500×250; 4. 板材厚度:0.6; 5. 接口形式:咬口	m²	59.98
11	030702001009	碳钢通风管道	1. 材质:镀锌钢板; 2. 形状:矩形; 3. 规格:320×320; 4. 板材厚度:0.5; 5. 接口形式:咬口	m²	16.29
12	030703001001	碳钢阀门	1. 名称:对开调节阀; 2. 规格:630×320; 3. 支架形式、材质:吊装支架 10 kg/个	个	5

序号	项目编码	项目名称	项目特征描述	计量单位	工程量
13	030703001002	碳钢阀门	1. 名称:对开调节阀; 2. 规格:500×250; 3. 支架形式、材质:吊装支架 10 kg/个	个	2
14	030703001003	碳钢阀门	1. 名称:防火调节阀; 2. 规格:1 600×1 000; 3. 支架形式、材质:吊装支架 15 kg/个	个	1
15	030703001004	碳钢阀门	1. 名称:防火调节阀; 2. 规格:2 000×630; 3. 支架形式、材质:吊装支架 15 kg/个	个	1
16	030703011001	铝及铝合金风口、散流器	1. 名称:铝合金散流器(带调节阀); 2. 规格:320×320	个	12
17	030703019001	柔性接口	1. 名称:帆布软接口; 2. 材质:帆布	m²	1.2
18	030703020001	消声器	1. 名称:片式消声器; 2. 规格:1 600×1 000×1 300; 3. 形式:方形; 4. 材质:镀锌钢板; 5. 支架形式、材质:吊装支架 40 kg	个	1
19	030704001001	通风工程检测、调试		项	1

(4) 总价措施项目清单与计价表

总价措施项目清单与计价表详见表 7-35。

表 7-35　　　　　　　　　　　　　总价措施项目清单与计价表

序号	项目编码	项目名称	计算基础	费率/%
		通用措施项目		
1	031302001001	现场安全文明施工		
1.1		基本费		1.400
1.2		标化增加费		0.300
2	031302008001	临时设施费		
合　计				

(5) 其他项目清单与计价汇总表

其他项目清单与计价汇总表详见表 7-36。

表 7-36　　　　　　　　　　　　　其他项目清单与计价汇总表

序号	项目名称	金额/元	结算金额/元	备注
1	暂列金额			
2	暂估价			
3	计日工			
4	总承包服务费			
	合计			

（6）规费、税金清单与计价表

规费、税金清单与计价表详见表 7-37。

表 7-37　　　　　　　　　　　　　规费、税金清单与计价表

序号	项目名称	计算基础	计算基数	计算费率/%	金额/元
1	规费				
1.1	社会保险费	分部分项工程费＋措施项目费＋其他项目费－甲供工程设备费		2.200	
1.2	住房公积金	分部分项工程费＋措施项目费＋其他项目费－甲供工程设备费		0.380	
1.3	工程排污费	分部分项工程费＋措施项目费＋其他项目费－甲供工程设备费			
2	税金	分部分项工程费＋措施项目费＋其他项目费＋规费－按规定不计税的工程设备金额		3.480	

（五）投标方计算投标报价的主要表格

（1）封面（略）

（2）总说明（略）

（3）工程项目招标控制价表（略）

（4）单项工程招标控制价表（略）

（5）单位工程投标报价汇总表

单位工程投标报价汇总表详见表 7-38。

表 7-38　　　　　　　　　　　　　单位工程投标报价汇总表

序号	汇总内容	金额/元	其中：暂估价/元
1	分部分项工程	103 046.51	
1.1	人工费	33 362.17	
1.2	材料费	37 876.10	
1.3	施工机具使用费	13 803.80	
1.4	企业管理费	13 334.20	
1.5	利润	4 670.23	

序号	汇总内容	金额/元	其中:暂估价/元
2	措施项目	3 865.11	
2.1	单价措施项目费	1 097.77	
2.2	总价措施项目费	2 767.34	
2.2.1	其中:安全文明施工措施费	1 742.40	
3	其他项目		
3.1	其中:暂列金额		
3.2	其中:专业工程暂估价		
3.3	其中:计日工		
3.4	其中:总承包服务费		
4	规费	2 715.75	
5	税金	3 815.03	
6	投标总价合计＝1＋2＋3＋4＋5	113 442.40	

（6）分部分项工程和单价措施项目清单与计价表

分部分项工程和单价措施项目清单与计价表详见表 7-39。

表 7-39　　　　　　分部分项工程和单价措施项目清单与计价表

序号	项目编码	项目名称	项目特征描述	计量单位	工程量	金额/元		其中
						综合单价	合价	暂估价
1	030108001001	离心式通风机	1. 名称:柜式离心风机; 2. 型号:HTFC, No:8, 12 000 m³/h	台	1.000	5 958.07	5 958.07	
2	030307005001	设备支架制作安装	1. 名称:风机支架; 2. 材质:型钢; 3. 支架每组质量:60 kg	t	0.060	8 306.10	498.37	
3	030702001001	碳钢通风管道	1. 材质:镀锌钢板; 2. 形状:矩形; 3. 规格:2 000×630; 4. 板材厚度:1.0; 5. 接口形式:咬口	m²	82.940	125.00	10 367.50	
4	030702001002	碳钢通风管道	1. 材质:镀锌钢板; 2. 形状:矩形; 3. 规格:1 600×1 000; 4. 板材厚度:1.0; 5. 接口形式:咬口	m²	17.440	125.00	2 180.00	

序号	项目编码	项目名称	项目特征描述	计量单位	工程量	金额/元		其中
						综合单价	合价	暂估价
5	030702001003	碳钢通风管道	1. 材质:镀锌钢板; 2. 形状:矩形; 3. 规格:1 600×500; 4. 板材厚度:1.0; 5. 接口形式:咬口	m²	16.030	125.00	2 003.75	
6	030702001004	碳钢通风管道	1. 材质:镀锌钢板; 2. 形状:矩形; 3. 规格:1 200×500; 4. 板材厚度:1.0; 5. 接口形式:咬口	m²	1.020	112.08	114.32	
7	030702001005	碳钢通风管道	1. 材质:镀锌钢板; 2. 形状:矩形; 3. 规格:1 000×500; 4. 板材厚度:0.75; 5. 接口形式:咬口	m²	13.750	99.58	1 369.23	
8	030702001006	碳钢通风管道	1. 材质:镀锌钢板; 2. 形状:矩形; 3. 规格:800×500; 4. 板材厚度:0.75; 5. 接口形式:咬口	m²	0.780	99.58	77.67	
9	030702001007	碳钢通风管道	1. 材质:镀锌钢板; 2. 形状:矩形; 3. 规格:630×320; 4. 板材厚度:0.6; 5. 接口形式:咬口	m²	64.270	116.03	7 457.25	
10	030702001008	碳钢通风管道	1. 材质:镀锌钢板; 2. 形状:矩形; 3. 规格:500×250; 4. 板材厚度:0.6; 5. 接口形式:咬口	m²	59.980	116.03	6 959.48	
11	030702001009	碳钢通风管道	1. 材质:镀锌钢板; 2. 形状:矩形; 3. 规格:320×320; 4. 板材厚度:0.5; 5. 接口形式:咬口	m²	16.290	116.01	1 889.80	

序号	项目编码	项目名称	项目特征描述	计量单位	工程量	金额/元		其中
						综合单价	合价	暂估价
12	030703001001	碳钢阀门	1. 名称:对开调节阀; 2. 规格:630×320; 3. 支架形式、材质:吊装支架 10 kg/个	个	5.000	529.86	2 649.30	
13	030703001002	碳钢阀门	1. 名称:对开调节阀; 2. 规格:500×250; 3. 支架形式、材质:吊装支架 10 kg/个	个	2.000	296.05	592.10	
14	030703001003	碳钢阀门	1. 名称:防火调节阀; 2. 规格:1 600×1 000; 3. 支架形式、材质:吊装支架 15 kg/个	个	1.000	1 125.45	1 125.45	
15	030703001004	碳钢阀门	1. 名称:防火调节阀; 2. 规格:2 000×630; 3. 支架形式、材质:吊装支架 15 kg/个	个	1.000	1 275.45	1 275.45	
16	030703011001	铝及铝合金风口、散流器	1. 名称:铝合金散流器(带调节阀); 2. 规格:320×320	个	12.000	2 241.50	26 898.00	
17	030703019001	柔性接口	1. 名称:帆布软接口; 2. 材质:帆布	m²	1.200	73.53	88.24	
18	030703020001	消声器	1. 名称:片式消声器; 2. 规格:1 600×1 000×1 300; 3. 形式:方形; 4. 材质:镀锌钢板; 5. 支架形式、材质:吊装支架 40 kg	个	1.000	30 521.69	30 521.69	
19	030704001001	通风工程检测、调试		项	1.000	1 020.84	1 020.84	
		分部分项工程清单合计					103 046.51	
36	031301017001	脚手架搭拆		项	1.000	1 097.77	1 097.77	
		单价措施项目清单合计					1 097.77	
		合　计					104 144.28	

(7)总价措施项目清单与计价表

总价措施项目清单与计价表详见表 7-40。

表 7-40   **总价措施项目清单与计价表**

序号	项目编码	项目名称	计算基础	费率/%	金额/元
		通用措施项目			
1	031302001001	现场安全文明施工			1 742.40
1.1		基本费	工程量清单计价＋施工技术措施－工程设备费	1.400	1 434.92
1.2		标化增加费	工程量清单计价＋施工技术措施－工程设备费	0.300	307.48
2	031302008001	临时设施费	工程量清单计价＋施工技术措施－工程设备费	1.000	1 024.94
		合 计			2 767.34

（8）其他项目清单与计价汇总表

其他项目清单与计价汇总表详见表 7-41。

表 7-41   **其他项目清单与计价汇总表**

序号	项目名称	金额/元	结算金额/元	备注
1	暂列金额			
2	暂估价			
3	计日工			
4	总承包服务费			
	合计			

（9）规费、税金项目计价表

规费、税金项目计价表详见表 7-42。

表 7-42   **规费、税金项目计价表**

序号	项目名称	计算基础	计算基数	计算费率/%	金额/元
1	规费		2 715.75		2 715.75
1.1	社会保险费	分部分项工程费＋措施项目费＋其他项目费－工程设备费	105 261.62	2.200	2 315.76
1.2	住房公积金	分部分项工程费＋措施项目费＋其他项目费－工程设备费	105 261.62	0.380	399.99
1.3	工程排污费	分部分项工程费＋措施项目费＋其他项目费－工程设备费	105 261.62		
2	税金	分部分项工程费＋措施项目费＋其他项目费＋规费－按规定不计税的工程设备金额	109 627.37	3.480	3 815.03
	合 计				6 530.78

（10）工程量清单综合单价分析表

工程量清单综合单价分析表详见表 7-43～表 7-51。

表 7-43　　　　　　　　　　　**离心式通风机工程量清单综合单价分析表**

项目编码	030108001001	项目名称		离心式通风机			计量单位		台		工程量		1

<table>
<tr><th colspan="14">清单综合单价组成明细</th></tr>
<tr><th rowspan="2">定额编号</th><th rowspan="2">定额名称</th><th rowspan="2">定额单位</th><th rowspan="2">数量</th><th colspan="5">单价</th><th colspan="5">合价</th></tr>
<tr><th>人工费</th><th>材料费</th><th>机械费</th><th>管理费</th><th>利润</th><th>人工费</th><th>材料费</th><th>机械费</th><th>管理费</th><th>利润</th></tr>
<tr><td>7-21</td><td>离心式通风机安装 8#</td><td>台</td><td>1</td><td>424.02</td><td>42.66</td><td></td><td>169.61</td><td>59.36</td><td>424.02</td><td>42.66</td><td></td><td>169.61</td><td>59.36</td></tr>
<tr><td>7-F6</td><td>第七册，系统调试费，取人工费的 13%，其中人工 25%，材料 0%，机械 75%</td><td>项</td><td>1</td><td>13.78</td><td></td><td>41.34</td><td>5.37</td><td>1.93</td><td>13.78</td><td></td><td>41.34</td><td>5.37</td><td>1.93</td></tr>
<tr><td colspan="2">综合人工工日</td><td colspan="2">小计</td><td colspan="5"></td><td>437.80</td><td>42.66</td><td>41.34</td><td>174.98</td><td>61.29</td></tr>
<tr><td colspan="2">5.73</td><td colspan="2">未计价材料费</td><td colspan="10">5 200.00</td></tr>
<tr><td colspan="4">清单项目综合单价</td><td colspan="10">5 958.07</td></tr>
<tr><td rowspan="4">材料费明细</td><td colspan="3">主要材料名称、规格、型号</td><td colspan="2">单位</td><td colspan="2">数量</td><td colspan="2">单价/元</td><td colspan="2">合价/元</td><td>暂估单价/元</td><td>暂估合价/元</td></tr>
<tr><td colspan="3">离心式通风机</td><td colspan="2">台</td><td colspan="2">1</td><td colspan="2">5 200.00</td><td colspan="2">5 200.00</td><td></td><td></td></tr>
<tr><td colspan="3">其他材料费</td><td colspan="2">—</td><td colspan="2"></td><td colspan="2"></td><td colspan="2">-0.01</td><td>—</td><td></td></tr>
<tr><td colspan="3">材料费小计</td><td colspan="2">—</td><td colspan="2"></td><td colspan="2"></td><td colspan="2">5 242.66</td><td>—</td><td></td></tr>
</table>

表 7-44　　　　　　　　　**设备支架制作安装工程量清单综合单价分析表**

项目编码	030307005001	项目名称		设备支架制作安装			计量单位		t		工程量		0.06

<table>
<tr><th colspan="14">清单综合单价组成明细</th></tr>
<tr><th rowspan="2">定额编号</th><th rowspan="2">定额名称</th><th rowspan="2">定额单位</th><th rowspan="2">数量</th><th colspan="5">单价</th><th colspan="5">合价</th></tr>
<tr><th>人工费</th><th>材料费</th><th>机械费</th><th>管理费</th><th>利润</th><th>人工费</th><th>材料费</th><th>机械费</th><th>管理费</th><th>利润</th></tr>
<tr><td>7-68</td><td>设备支架 CG327,50 kg 以上,制作</td><td>100 kg</td><td>10</td><td>228.66</td><td>37.39</td><td>31.89</td><td>89.18</td><td>32.01</td><td>2 286.60</td><td>373.90</td><td>318.90</td><td>891.80</td><td>320.10</td></tr>
<tr><td>7-69</td><td>设备支架 CG327,50 kg 以上,安装</td><td>100 kg</td><td>10</td><td>37.74</td><td>0.79</td><td>1.70</td><td>14.72</td><td>5.28</td><td>377.40</td><td>7.90</td><td>17.00</td><td>147.20</td><td>52.80</td></tr>
<tr><td colspan="2">综合人工工日</td><td colspan="2">小计</td><td colspan="5"></td><td>2 664.00</td><td>381.80</td><td>335.90</td><td>1 039.00</td><td>372.90</td></tr>
<tr><td colspan="2">36.00</td><td colspan="2">未计价材料费</td><td colspan="10">3 120.00</td></tr>
<tr><td colspan="4">清单项目综合单价</td><td colspan="10">7 913.60</td></tr>
<tr><td rowspan="4">材料费明细</td><td colspan="3">主要材料名称、规格、型号</td><td colspan="2">单位</td><td colspan="2">数量</td><td colspan="2">单价/元</td><td colspan="2">合价/元</td><td>暂估单价/元</td><td>暂估合价/元</td></tr>
<tr><td colspan="3">型钢</td><td colspan="2">kg</td><td colspan="2">1 040</td><td colspan="2">3.00</td><td colspan="2">3 120.00</td><td></td><td></td></tr>
<tr><td colspan="3">其他材料费</td><td colspan="2"></td><td colspan="2"></td><td colspan="2">—</td><td colspan="2">381.80</td><td>—</td><td></td></tr>
<tr><td colspan="3">材料费小计</td><td colspan="2"></td><td colspan="2"></td><td colspan="2">—</td><td colspan="2">3 501.80</td><td>—</td><td></td></tr>
</table>

表 7-45 碳钢通风管道工程量清单综合单价分析表

项目编码	030702001001	项目名称		碳钢通风管道			计量单位		m²		工程量		82.94

清单综合单价组成明细

定额编号	定额名称	定额单位	数量	单价					合价				
				人工费	材料费	机械费	管理费	利润	人工费	材料费	机械费	管理费	利润
7-86	镀锌薄钢板矩形风管(δ=1.2 mm 以内咬口)周长(mm)4 000 以上,制作	10 m²	0.1	207.20	222.02	32.89	82.88	29.01	20.72	22.20	3.29	8.29	2.90
7-87	镀锌薄钢板矩形风管(δ=1.2 mm 以内咬口)周长(mm)4 000 以上,安装	10 m²	0.1	138.38	11.70	1.85	55.35	19.37	13.84	1.17	0.19	5.54	1.94
综合人工工日			小计						34.56	23.37	3.48	13.83	4.84
0.47			未计价材料费						39.83				
清单项目综合单价									119.91				

材料费明细	主要材料名称、规格、型号			单位	数量	单价/元	合价/元	暂估单价/元	暂估合价/元
	热镀锌钢板 δ1.0			m²	1.138	35.00	39.83		
	其他材料费					—	23.37	—	
	材料费小计					—	63.20	—	

表 7-46 碳钢阀门工程量清单综合单价分析表

项目编码	030703001001	项目名称		碳钢阀门			计量单位		个		工程量		5

清单综合单价组成明细

定额编号	定额名称	定额单位	数量	单价					合价				
				人工费	材料费	机械费	管理费	利润	人工费	材料费	机械费	管理费	利润
7-294	对开多叶调节阀 T311,30 kg 以下	100 kg	0.147	845.08	823.97	550.40	338.03	118.31	124.23	121.12	80.91	49.69	17.39
7-66	设备支架 CG327,50 kg 以下,制作	100 kg	0.1	397.38	49.19	38.77	158.95	55.63	39.74	4.92	3.88	15.90	5.56
7-67	设备支架 CG327,50 kg 以下,安装	100 kg	0.1	64.38	1.00	2.09	25.75	9.01	6.44	0.10	0.21	2.58	0.90
综合人工工日			小计						170.41	126.14	85.00	68.17	23.85
2.30			未计价材料费						31.20				
清单项目综合单价									504.77				

材料费明细	主要材料名称、规格、型号			单位	数量	单价/元	合价/元	暂估单价/元	暂估合价/元
	型钢			kg	10.4	3.00	31.20		
	其他材料费					—	126.14	—	
	材料费小计					—	157.34	—	

表 7-47　　　　　铝及铝合金风口、散流器工程量清单综合单价分析表

项目编码	030703011001	项目名称	铝及铝合金风口、散流器		计量单位		个	工程量		12

清单综合单价组成明细

定额编号	定额名称	定额单位	数量	单价					合价				
				人工费	材料费	机械费	管理费	利润	人工费	材料费	机械费	管理费	利润
7-444	铝制孔板风口,制作	100 kg	0.074 3	9 139.00	3 133.40	743.66	3 655.60	1 279.46	679.03	232.81	55.25	271.61	95.06
7-445	铝制孔板风口,安装	100 kg	0.074 3	6 093.16	552.22	39.10	2 437.26	853.04	452.72	41.03	2.91	181.09	63.38
综合人工工日				小计					1 131.75	273.84	58.16	452.70	158.44
15.29				未计价材料费									
清单项目综合单价									2 074.89				

材料费明细	主要材料名称、规格、型号			单位	数量	单价/元	合价/元	暂估单价/元	暂估合价/元
	其他材料费					—	273.84	—	
	材料费小计					—	273.84	—	

表 7-48　　　　　柔性接口工程量清单综合单价分析表

项目编码	030703019001	项目名称	柔性接口		计量单位		m²	工程量		1.2

清单综合单价组成明细

定额编号	定额名称	定额单位	数量	单价					合价				
				人工费	材料费	机械费	管理费	利润	人工费	材料费	机械费	管理费	利润
7-271	帆布软接口	m²	1	31.08	19.10	2.00	12.43	4.35	31.08	19.10	2.00	12.43	4.35
综合人工工日				小计					31.08	19.10	2.00	12.43	4.35
0.42				未计价材料费									
清单项目综合单价									68.96				

材料费明细	主要材料名称、规格、型号			单位	数量	单价/元	合价/元	暂估单价/元	暂估合价/元
	其他材料费					—	19.10	—	
	材料费小计					—	19.10	—	

表 7-49　　　　　消声器工程量清单综合单价分析表

项目编码	030703020001	项目名称	消声器		计量单位		个	工程量		1

清单综合单价组成明细

定额编号	定额名称	定额单位	数量	单价					合价				
				人工费	材料费	机械费	管理费	利润	人工费	材料费	机械费	管理费	利润
7-544	片式消声器 T701-1,制作	100 kg	17.58	358.90	662.97	447.74	143.56	50.25	6 309.46	11 655.01	7 871.27	2 523.78	883.40
7-545	片式消声器 T701-1,安装	100 kg	17.58	35.52	13.53	4.51	14.21	4.97	624.44	237.86	79.29	249.81	87.37
综合人工工日				小计					6 933.90	11 892.87	7 950.56	2 773.59	970.77
93.70				未计价材料费									
清单项目综合单价									30 521.69				

材料费明细	主要材料名称、规格、型号			单位	数量	单价/元	合价/元	暂估单价/元	暂估合价/元
	其他材料费					—	11 892.87	—	
	材料费小计					—	11 892.87	—	

表 7-50 脚手架搭拆工程量清单综合单价分析表

项目编码	031301017001	项目名称	脚手架搭拆		计量单位	项	工程量	1

清单综合单价组成明细

定额编号	定额名称	定额单位	数量	单价					合价				
				人工费	材料费	机械费	管理费	利润	人工费	材料费	机械费	管理费	利润
7-F1	第七册,安装脚手架搭拆费,取人工费的3%,其中人工25%,材料75%,机械0%	项	1	242.34	726.99		94.51	33.93	242.34	726.99		94.51	33.93
综合人工工日			小计						242.34	726.99		94.51	33.93
			未计价材料费										
清单项目综合单价									1 097.77				

材料费明细	主要材料名称、规格、型号				单位	数量	单价/元	合价/元	暂估单价/元	暂估合价/元
	其他材料费						—	726.99	—	
	材料费小计						—	726.99	—	

表 7-51 采暖工程系统调整以及通风工程检测、调试工程量清单综合单价分析表

项目编码	031009001001	项目名称	采暖工程系统调整以及通风工程检测、调试		计量单位	项	工程量	1

清单综合单价组成明细

定额编号	定额名称	定额单位	数量	单价					合价				
				人工费	材料费	机械费	管理费	利润	人工费	材料费	机械费	管理费	利润
7-F6	第七册,系统调试费,取人工费的13%,其中人工25%,材料0%,机械75%	项	1	1 050.10		3 150.33	409.54	147.01	1 050.10		3 150.33	409.54	147.01
综合人工工日			小计						1 050.10		3 150.33	409.54	147.01
			未计价材料费										
清单项目综合单价									4 756.98				

材料费明细	主要材料名称、规格、型号				单位	数量	单价/元	合价/元	暂估单价/元	暂估合价/元
	其他材料费						—	—	—	
	材料费小计						—	—	—	

(11)承包人提供主要材料和工程设备一览表(适用造价信息差额调整法)

承包人提供主要材料和工程设备一览表详见表 7-52。

表 7-52 承包人提供主要材料和工程设备一览表

序号	材料编码	名称、规格、型号	单位	数量	风险系数/%	基准单价/元	投标单价/元	发承包人确认单价/元	备注
1	01290453	热镀锌钢板δ1.0	m²	133.635	≤5	35.000	35.000		

序号	材料编码	名称、规格、型号	单位	数量	风险系数/%	基准单价/元	投标单价/元	发承包人确认单价/元	备注
2	50290103	离心式通风机	台	1.000	≤5	5 200.000	5 200.000		
3	01290453-1	热镀锌钢板 δ0.6	m²	141.397	≤5	18.010	18.010		
4	01270101	型钢	kg	166.400	≤5	3.000	3.000		
5	01290453-2	热镀锌钢板 δ0.75	m²	16.535	≤5	24.010	24.010		
6	01290453-3	热镀锌钢板 δ0.5	m²	18.538	≤5	18.000	18.000		
7	7F0000	防火调节阀 2 000×630	个	1.000	≤5	900.000	900.000		
8	7F0000-1	防火调节阀 1 600×1 000	个	1.000	≤5	750.000	750.000		

第六节　刷油、防腐蚀、绝热工程施工图预算的编制

一、适用的定额

新建、扩建项目中的设备、管道、金属结构等的刷油、防腐蚀、绝热工程执行《第十一册刷油、防腐蚀、绝热工程》。

二、各项费用的规定

（1）脚手架搭拆费，按下列系数计算，其中人工工资占 25%：

① 刷油工程：按人工费的 8%。

② 防腐蚀工程：按人工费的 12%。

③ 绝热工程：按人工费的 20%。

④ 除锈工程的脚手架搭拆费计算应分别随刷油工程或防腐蚀工程计算，即刷油工程的脚手架搭拆费的计算基数中应包括除锈工程发生的人工费，防腐蚀工程的脚手架搭拆费的计算基数中应包括除锈工程发生的人工费。

（2）超高降效增加费，以设计标高 ±0.00 m 为准，当安装高度超过 ±6.00 m 时，人工和机械分别乘以表 7-53 中的系数。

表 7-53　　　　　　　　　　　超高降效增加费系数表

20 m 以内	30 m 以内	40 m 以内	50 m 以内	60 m 以内	70 m 以内	80 m 以内	80 m 以上
0.30	0.40	0.50	0.60	0.70	0.80	0.90	1.00

（3）厂区外 1～10 km 施工增加的费用，按超过部分的人工和机械乘以系数 1.10 计算。

（4）安装与生产同时增加的费用，按人工费的 10% 计算。

（5）在有害身体健康的环境中施工增加的费用，按人工费的 10% 计算。

（6）高层建筑增加费按主体工程（通风空调、消防、给排水、采暖、电气等）的高层建筑增加费相应规定计取。

三、除锈、刷油、防腐蚀、绝热工程量计算公式

1. 除锈、刷油工程

设备筒体、管道表面积计算公式为：

$$S = \pi \times D \times L \qquad (7\text{-}1)$$

其中　S——设备筒体、管道表面积，m^2；

　　　D——设备或管道直径，m；

　　　L——设备筒体高或管道延长米，m。

计算设备筒体、管道表面积时已包括各种管件、阀门、人孔、管口凹凸部分，不再另外计算。

2. 防腐蚀工程

（1）设备筒体、管道表面积计算公式同式（7-1）。

（2）阀门、弯头、法兰表面积计算式如下：

① 阀门表面积：

$$S = \pi \times D \times 2.5D \times K \times N$$

其中　D——直径，m；

　　　$K = 1.05$；

　　　N——阀门个数。

② 弯头表面积：

$$S = \pi \times D \times 1.5D \times K \times 2\pi \times N/B$$

其中　D——直径，m。

　　　$K = 1.05$。

　　　N——弯头个数。

　　　B 值取定为：$90°$弯头，$B = 4$；$45°$弯头，$B = 8$。

③ 法兰表面积：

$$S = \pi \times D \times 1.5D \times K \times N$$

其中　D——直径，m；

　　　$K = 1.05$；

　　　N——法兰个数。

④ 设备和管道法兰翻边防腐蚀工程量的计算式：

$$S = \pi \times (D + A) \times A$$

其中　D——直径，m；

　　　A——法兰翻边宽，m。

3. 绝热工程量

（1）设备筒体或管道绝热、防潮和保护层计算公式为：

$$V = \pi \times (D + 1.033\delta) \times 1.033\delta \times L \quad m^3$$

$$S = \pi \times (D + 2.1\delta + 0.008\,2) \times L \quad m^2$$

其中　D——直径，m；

　　　1.033、2.1——调整系数；

　　　δ——绝热层厚度，m；

　　　L——设备筒体高或管道长度，m。

(2) 伴热管道绝热工程量计算式如下：

① 单管伴热或双管伴热(管径相同,夹角小于 90°时)：

$$D' = D_1 + D_2 + (10 \sim 20 \text{ mm})$$

其中　D'——伴热管道综合值,mm；

D_1——主管道直径,mm；

D_2——伴热管道直径,mm；

$10 \sim 20 \text{ mm}$——主管道与伴热管道之间的间隙。

② 双管伴热(管径相同,夹角大于 90°时)：

$$D' = D_1 + 1.5D_2 + (10 \sim 20 \text{ mm})$$

③ 双管伴热(管径不同,夹角小于 90°时)：

$$D' = D_1 + D_{较大} + (10 \sim 20 \text{ mm})$$

将上述 D' 计算结果代入绝热、防潮和保护层计算公式,计算工程量。

(3) 设备封头绝热、防潮和保护层工程量计算公式：

$$V = [(D + 1.033\delta)/2]^2 \pi \times 1.033\delta \times 1.5N$$

$$S = [(D + 2.1\delta)/2]^2 \times \pi \times 1.5 \times N$$

(4) 阀门绝热、防潮和保护层工程量计算公式：

$$V = \pi \times (D + 1.033\delta) \times 2.5D \times 1.033\delta \times 1.05 \times N$$

$$S = \pi \times (D + 2.1\delta) \times 2.5D \times 1.05 \times N$$

(5) 法兰绝热、防潮和保护层工程量计算公式：

$$V = \pi \times (D + 1.033\delta) \times 1.5D \times 1.033\delta \times 1.05 \times N$$

$$S = \pi \times (D + 2.1\delta) \times 1.5D \times 1.05 \times N$$

(6) 弯头绝热、防潮和保护层工程量计算公式：

$$V = \pi \times (D + 1.033\delta) \times 1.5D \times 2\pi \times 1.033\delta \times N/B$$

$$S = \pi \times (D + 2.1\delta) \times 1.5D \times 2 \times N/B$$

(7) 拱顶罐封头绝热、防潮和保护层工程量计算公式：

$$V = 2\pi r \times (h + 1.033\delta) \times 1.033\delta$$

$$S = 2\pi r \times (h + 2.1\delta)$$

其中　r——油罐拱顶球面半径,m；

h——罐顶拱高,m；

1.033、2.1——调整系数。

(8) 矩形风管绝热层、防潮层和保护层计算公式：

$$V = [2(A + B) \times 1.033\delta + 4(1.033\delta)^2]L$$

$$S = [2(A + B) + 8(1.05\delta + 0.004\ 1)]L$$

其中　A——风管长边尺寸,m；

B——风管短边尺寸,m；

L——风管短边,m。

四、工程量计算规则

(一) 一般说明

(1) 一般钢结构(包括吊、支、托架,梯子,栏杆,平台)、管廊钢结构以"100 kg"为单位,大于 400 mm 的型钢及 H 型钢制钢结构以"10 m²"为单位。

（2）刷油工程和防腐蚀工程中设备、管道以"m²"为计量单位。一般金属结构和管廊钢结构以"kg"为计量单位；H 型钢制结构（包括大于 400 mm 以上的型钢）以"m²"为计量单位。

（3）绝热工程中绝热层以"m³"为计量单位，防潮层、保护层以"m²"为计量单位。

（4）计算设备、管道内壁防腐蚀工程量时，当壁厚大于或等于 10 mm 时，按其内径计算；当壁厚小于 10 mm 时，按其外径计算。

（二）除锈工程

1. 定额应用说明

（1）定额适用于金属表面的手工、动力工具、干喷射除锈及化学除锈工程。

（2）各种管件、阀件及设备上人孔、管口凸凹部分的除锈已综合考虑在定额内。

（3）手工、动力工具除锈分轻、中、重三种，区分标准为：

① 轻锈：部分氧化皮开始破裂脱落，红锈开始发生。

② 中锈：部分氧化皮破裂脱落，呈堆粉状，除锈后用肉眼能见到腐蚀小凹点。

③ 重锈：大部分氧化皮脱落，呈片状锈层或凸起的锈斑，除锈后出现麻点或麻坑。

（4）喷射除锈标准如下：

① Sa3 级：除净金属表面上油脂、氧化皮、锈蚀产物等一切杂物，呈现均一的金属本色，并有一定的粗糙度。

② Sa2.5 级：完全除去金属表面的油脂、氧化皮、锈蚀产物等一切杂物，可见的阴影条纹、斑痕等残留物不超过单位面积的 5%。

③ Sa2 级：除去金属表面上的油脂、锈皮、松疏氧化皮、浮锈等杂物，允许有附紧的氧化皮。

（5）定额中钢结构划分为一般钢结构、管廊钢结构、H 型钢制钢结构（包括大于 400 mm 以上各种型钢）三个档次。一般钢结构包括：梯子、栏杆、支吊架、平台等；H 型钢制钢结构包括各种 H 型钢及规格大于 400 mm 以上各种型钢组成的钢结构；管廊钢结构：管廊钢结构中除一般钢结构和 H 型钢结构及规格大于 400 mm 以上各类型钢，余下部分的钢结构。

2. 工程量计算规则

（1）喷射除锈按 Sa2.5 级标准确定。若变更级别标准，如 Sa3 级按人工、材料、机械乘以系数 1.1，Sa2 级或 Sa1 级乘以系数 0.9 计算。

（2）定额不包括除微锈（标准：氧化皮完全紧附，仅有少量锈点），发生时其工程量执行轻锈定额乘以系数 0.2。

（3）因施工需要发生的二次除锈，其工程量另行计算。

（三）刷油工程

1. 定额应用说明

（1）定额适用于金属面、管道、设备、通风管道、金属结构与玻璃布面、石棉布面、玛蹄脂面、抹灰面等刷（喷）油漆工程。

（2）金属面刷油不包括除锈工作内容。

（3）各种管件、阀门和设备上人孔、管口凹凸部分的刷油已综合考虑在定额内，不得另行计算。

2. 工程量计算规则

(1) 本章定额按安装地点就地刷(喷)油漆考虑,如安装前管道集中刷油,人工乘以系数 0.7(暖气片除外)。

(2) 标志色环等零星刷油,执行本章定额相应项目,其人工乘以系数 2.0。

(3) 本章定额主材与稀干料可换算,但人工与材料量不变。

(四) 绝热工程

1. 定额应用说明

(1) 定额适用于设备、管道、通风管道的绝热工程。

(2) 伴热管道、设备绝热工程量计算方法是:主绝热管道或设备的直径加伴热管道的直径,再加 10~20 mm 的间隙作为计算的直径,即:$D = D_{主} + d_{伴} + (10 \sim 20 \text{ mm})$。

(3) 仪表管道绝热工程,应执行本章定额相应项目。

(4) 管道绝热工程,除法兰、阀门外,其他管件均已考虑在内;设备绝热工程,除法兰、人孔外,其封头已考虑在内。

(5) 聚氨酯泡沫塑料发泡工程,是按现场直喷无模具考虑的,若采用有模具浇注法施工,其模具制作安装应依据施工方案另行计算。

(6) 矩形管道绝热需要加防雨坡度时,其人工、材料、机械应另行计算。

(7) 卷材安装应执行相同材质的板材安装项目,其人工、铁线消耗量不变,但卷材用量损耗率按 3.1% 考虑。

(8) 复合成品材料安装应执行相同材质瓦块(或管壳)安装项目。复合材料分别安装时应按分层计算。

(9) 绝热工程保温材料品种划分为纤维类制品、泡沫塑料类制品、毡类制品及硬质材料类制品。纤维类制品包括矿棉、岩棉、玻璃棉、超细玻璃棉、泡沫石棉制品、硅酸铝制品等;泡沫类制品包括聚苯乙烯泡沫塑料、聚氨酯泡沫塑料等;毡类制品包括岩棉毡、矿棉毡、玻璃棉毡制品;硬质材料类制品包括珍珠岩制品、泡沫玻璃类制品。

2. 工程量计算规则

(1) 依据相应规范要求,保温厚度大于 100 mm、保冷厚度大于 80 mm 时应分层施工,工程量分层计算。但是当设计要求保温厚度小于 100 mm、保冷厚度小于 80 mm 也需分层施工时,也应分层计算工程量。

(2) 镀锌铁皮的规格按 1 000 mm×2 000 mm 和 900 mm×1 800 mm,厚度 0.8 mm 以下综合考虑,若采用其他规格铁皮,可按实际调整。厚度大于 0.8 mm 时,其人工乘以系数 1.2;卧式设备保护层安装,其人工乘以系数 1.05。此项也适用于铝皮保护层,主材可以换算。

(3) 设备和管道绝热均按现场安装后绝热施工考虑,若先绝热后安装,其人工乘以系数 0.9。

(4) 采用不锈钢薄板保护层安装时,其人工乘以系数 1.25,钻头用量乘以系数 2.0,机械台班乘以系数 1.15。

第七节　工业管道工程施工图预算的编制

一、适用的定额

新建、扩建项目中厂区范围内的车间、装置、站、罐区及其相互之间各种生产用介质输送管道,厂区第一个连接点以内的生产用(包括生产与生活共用)给水、排水、蒸汽、煤气输送管道的安装工程执行《第八册　工业管道工程》。其中,给水以入口水表井为界,排水以厂区围墙外第一个污水井为界,蒸汽和煤气以入口第一个计量表(阀门)为界,锅炉房、水泵房以墙皮为界。以下内容执行其他册相应定额:

(1)单件重 100 kg 以上的管道支架、管道预制钢平台的摊销均执行《第三册　静置设备与工艺金属结构制作安装工程》。

(2)管道和安装支架的喷砂除锈、刷油、绝热执行《第十一册　刷油、防腐蚀、绝热工程》。

(3)地沟和埋地管道的土石方及砌筑工程执行《江苏省建筑与装饰计价定额》。

《第八册　工业管道工程》定额内不包括下列内容,发生时按有关规定另行计算:

(1)单体和局部试运转所需的水、电、蒸汽、气体、油(油脂)、燃气等。

(2)配合局部联动试车费。

(3)管道安装完后的充气保护和防冻保护。

(4)设备、材料、成品、半成品、构件等在施工现场范围以外的运输费用。

二、各项费用的规定

(1)脚手架搭拆费按人工费的 7% 计算,其中人工工资占 25%(单独承担的埋地管道工程,不计取脚手架费用)。

(2)厂外运距超过 1 km 时,其超过部分的人工和机械乘以系数 1.1。

(3)车间内整体封闭式地沟管道,其人工和机械乘以系数 1.2(管道安装后盖板封闭地沟除外)。

(4)超低碳不锈钢管执行不锈钢管项目,其人工和机械乘以系数 1.15,焊条消耗量不变,单价可以换算。

(5)高合金钢管执行合金钢管项目,其人工和机械乘以系数 1.15,焊条消耗量不变,单价可以换算。

(6)钛管道、镍管道、锆管道、哈氏合金管道、双相不锈钢管道及相应材质管件、法兰安装项目中焊接材料单价可按实调整。

(7)安装与生产同时进行增加的费用按人工费的 10% 计取。

(8)在有害身体健康的环境中施工增加的费用,按人工费的 10% 计算。

三、工程量计算方法

(一)一般规定

工业管道压力等级划分:低压,$0 < P \leqslant 1.6$ MPa;中压,1.6 MPa$< P \leqslant 10$ MPa;高压,对一般管道,10 MPa$< P \leqslant 42$ MPa;对蒸汽管道,$P \geqslant 9$ MPa、工作温度不小于 500 ℃。

（二）管道安装

1. 定额应用说明

（1）管道安装定额包括碳钢管、不锈钢管、合金钢管及有色金属管、非金属管、生产用铸铁管安装。

（2）管道安装定额不包括以下工作内容，应执行本册相应定额：

① 管件连接。

② 阀门安装。

③ 法兰安装。

④ 管道压力试验、吹扫与清洗。

⑤ 焊口无损探伤与热处理。

⑥ 管道支架制作与安装。

⑦ 管口焊接管内、外充氩保护。

⑧ 管件制作、煨弯。

2. 工程量计算规则

（1）管道安装定额均包括直管安装全部工序内容，不包括管件的管口连接工序，以"10 m"为计量单位。

（2）衬里钢管包括直管、管件、法兰含量的安装及拆除全部工序内容，以"10 m"为计量单位。

（三）管件连接

1. 定额应用说明

（1）定额包括碳钢管件、不锈钢管件、合金钢管件及有色金属管件、非金属管件、生产用铸铁管件安装等项目。

（2）现场在主管上挖眼接管三通及摔制异径管，均按实际数量执行定额项目，但不得再执行管件制作定额。

（3）在管道上安装的仪表一次部件，执行本章管件连接相应定额项目乘以系数 0.7。

（4）仪表的温度计扩大管制作安装，执行本章管件连接相应项目乘以系数 1.5。

2. 工程量计算规则

（1）定额与直管安装配套使用。

（2）管件连接不分种类以"10 个"为计量单位，其中包括弯头、三通、异径管、管接头、管帽。

（四）阀门安装

1. 定额应用说明

（1）定额包括低、中、高压管道上的各种阀门安装项目。

（2）阀门安装项目综合考虑了壳体压力试验、解体研磨工作内容，执行定额时，不得因现场情况不同而调整。

（3）高压对焊阀门是按碳钢焊接考虑的，如设计要求其他材质，其电焊条价格可换算，其他不变。本项目不包括壳体压力试验、解体研磨工序，发生时应另行计算。

（4）调节阀门安装定额仅包括安装工序内容，配合安装工作内容由仪表专业考虑。

（5）安全阀门包括壳体压力试验及调试内容。

（6）各种法兰阀门安装,定额中只包括一个垫片和一副法兰用的螺栓。

（7）定额内垫片材质与实际不符时,可按实调整。

（8）阀门壳体压力试验介质是按水考虑的,如设计要求其他介质,可按实计算。

（9）阀门安装不包括阀体磁粉探伤、气密性试验、阀杆密封填料的更换等特殊要求的工作内容。

2．工程量计算规则

（1）定额适用于低、中、高压管道上的各种阀门安装,以"个"为计量单位。

（2）透镜垫和螺栓本身价格另计,其中螺栓按实际用量加损耗量计算。

（3）电动阀门安装包括电动机的安装。

（4）仪表的流量计安装,执行阀门安装相应定额乘以系数 0.7。

（5）中压螺栓阀门安装,执行低压相应定额人工乘以系数 1.2。

（五）法兰安装

1．定额应用说明

（1）定额适用于低、中、高压管道、管件、法兰阀门上的各种法兰安装项目。

（2）不锈钢、有色金属的焊环活动法兰,执行翻边活动法兰安装相应定额。

（3）透镜垫、螺栓本身价格另行计算,其中螺栓按实际用量加损耗计算。

（4）定额内垫片材质与实际不符时,可按实调整。

（5）全加热套管法兰安装,按内套管法兰径执行相应定额乘以系数 2.0。

（6）法兰安装以"片"为单位计算时,执行法兰安装定额乘以系数 0.61,螺栓数量不变。

（7）中压平焊法兰,执行低压相应定额乘以系数 1.2。

（8）节流装置执行法兰安装相应定额乘以系数 0.8。

（9）各种法兰安装,定额只包括一个垫片和一副法兰用的螺栓。

（10）法兰安装不包括安装后系统调试运转中的冷、热态紧固内容,发生时可另行计算。

2．工程量计算规则

（1）低、中、高压管道、管件、法兰阀门上的各种法兰安装,应按不同压力、材质、规格和种类,分别以"副"为计量单位。压力等级按设计图纸规定执行。

（2）用法兰连接的管道安装,管道与法兰分别计算工程量,执行相应定额。

（六）板卷管制作与管件制作

1．定额应用说明

（1）定额适用于各种板卷管及管件制作（包括加工制作全部操作过程）,不包括卷筒钢板的展开、分段切割和平直,发生时分别套用《第三册　静置设备与工艺金属结构制作安装工程》及本分册有关子目。

（2）各种板材异径管制作,不分同心偏心,均执行同一定额。

（3）煨弯定额按 90°考虑,煨 180°时,定额乘以系数 1.5。

（4）成品管材加工的管件,按标准成品考虑,符合规范质量标准。

（5）中频煨弯定额不包括煨制时胎具更换内容。

（6）各种板卷管与板卷管件制作,其焊缝均按透油试漏考虑,不包括单件压力试验和无损探伤。

2．工程量计算规则

（1）板卷管制作，按不同材质、规格以"t"为计量单位，主材用量包括规定的损耗量。

（2）板卷管件制作，按不同材质、规格、种类以"t"为计量单位，主材用量包括规定的损耗量。

（3）成品管材制作管件，按不同材质、规格、种类以"10个"为计量单位，主材用量包括规定的损耗量。

（4）三通不分同径或异径，均按主管径计算；异径管不分同心偏心，按大管径计算。

（七）管道压力试验、吹扫与清洗

1．定额应用说明

（1）本章各项目中均包括了管道试压、吹扫与清洗所用的摊销材料，不包括管道之间的串通临时管以及管道排放口至排放点的临时管。

（2）管道液压试验是按普通水考虑的，如试压介质有特殊要求，可按实际情况调整。

（3）管道清洗定额按系统循环清洗考虑。

（4）管道油清洗项目适用于传动设备，按系统循环法考虑，包括油冲洗、系统连接和滤油机用橡胶管的摊销，但不包括管内除锈，需要时另行计算。

2．工程量计算规则

（1）管道压力试验、吹扫与清洗按不同的压力、规格，不分材质以"100 m"为计量单位。

（2）定额内均已包括临时用空压机和水泵作动力进行试压、吹扫、清洗管道连接的临时管线、盲板、阀门、螺栓等材料摊销量，不包括管道之间的串通临时管口及管道排放口至排放点的临时管，其工程量应按施工方案另行计算。

（3）泄漏性试验适用于输送剧毒、有毒及可燃介质的管道，按压力、规格，不分材质以"100 m"为计量单位。

（八）无损探伤与焊口热处理

1．定额应用说明

（1）本章定额包括管材表面无损探伤、焊缝无损探伤、预热及后热、焊口热处理、硬度测定等项目。

（2）无损探伤：

① 适用于工业管道焊缝及母材的无损探伤。

② 定额内已综合考虑了高空作业降效因素。

③ 管道焊缝应按照设计要求的检验方法和数量进行无损探伤。当设计无规定时，管道焊缝的射线照相检验比例应符合规范规定。管口射线片子数量按现场实际拍片张数计算。

④ 不包括下列内容：固定射线探伤仪器使用的各种支架的制作；因超声波探伤需要各种对比试块的制作。

（3）预热与热处理：

① 适用于碳钢、低合金钢和中高压合金钢各种施工方法的焊前预热或焊后热处理。

② 电加热片或电感应预热中，如要求焊后立即进行热处理，焊前预热定额人工应乘以系数 0.87。

③ 电加热片加热进行焊前预热或焊后局部热处理中，如要求增加一层石棉布保温，石棉布的消耗量与高硅（氧）布相同，人工不再增加。

2．工程量计算规则

（1）管材表面磁粉探伤和超声波探伤，不分材质、壁厚，以"10 m"为计量单位。

（2）焊缝 X 射线、γ 射线探伤，按管壁厚不分规格、材质，以"10 张"为计量单位。

（3）焊缝超声波、磁粉及渗透探伤，按规格不分材质、壁厚，以"10 口"为计量单位。

（4）计算 X 射线、γ 射线探伤工程量时，按管材的双壁厚执行相应定额项目。

（5）焊前预热和焊后热处理，按不同材质、规格及施工方法，以"10 口"为计量单位。

（九）其他

1．定额应用说明

（1）一般管架制作安装定额按单件重量列项，并包括所需螺栓、螺母本身的价格。

（2）除木垫式、弹簧式管架外，其他类型管架均执行一般管架定额。

（3）木垫式管架不包括木垫重量，但木垫的安装工料已包括在定额内。

（4）弹簧式管架制作，不包括弹簧价格，其价格应另行计算。

（5）冷排管制作与安装定额中，已包括钢带的轧绞、绕片，但不包括钢带退火和冲、套翅片，管架制作与安装可按本章所列项目计算，冲、套翅片可根据实际情况自行补充。

（6）分气缸、集气罐和空气分气筒的安装，定额内不包括附件安装，其附件可执行相应定额。

（7）空气调节器喷雾管安装，按《采暖通风国家标准图集》T704-12 以六种形式分列，可按不同形式以组分别计算。

2．工程量计算规则

（1）一般管架制作安装以"100 kg"为计量单位，适用于单件重量在 100 kg 以内的管架制作安装；单件重量大于 100 kg 的管架，制作安装应执行相应定额。

（2）管道焊接焊口充氩保护，按不同的规格分管内、管外以"10 口"为计量单位。

（3）冷排管制作与安装以"100 m"为计量单位。

（4）分气缸（分、集水器）制作以"100 kg"为计量单位，安装以"个"为计量单位。

（5）集气罐制作安装、空气分气筒制作安装、钢制排水漏斗制作安装以"个"为计量单位，空气调节器喷雾管安装、水位计安装以"组"为计量单位。

（6）套管制作与安装，按不同的规格，以"个"为计量单位。

（7）手摇泵安装、调节阀临时短管制作装拆以"个"为计量单位，阀门操纵装置安装以"100 kg"为计量单位。

第八节　消防工程施工图预算的编制

一、适用的定额

（1）新建、扩建和整体更新改造中的消防工程执行《第九册 消防工程》。

（2）其他说明：

① 电缆敷设，桥架安装，配管配线，接线盒、动力、应急照明控制设备、应急照明器具、电动机检查接线、防雷接地装置等安装，均执行《第四册 电气设备安装工程》相应定额。

② 阀门、法兰安装，各种套管的制作安装，执行《第十册 给排水、采暖、燃气工程》相应定额。不锈钢管和管件，铜管和管件及泵间管道安装，管道系统强度试验、严密性试验和冲

洗等,执行《第八册 工业管道工程》相应定额。

③ 消火栓管道、室外给水管道安装,管道支吊架制作、安装及水箱制作安装,执行《第十册 给排水、采暖、燃气工程》相应项目。

④ 各种消防泵、稳压泵等机械设备安装及二次灌浆,执行《第一册 机械设备安装工程》相应项目。

⑤ 各种仪表的安装及带电信号的阀门、水流指示器、压力开关、驱动装置及泄漏报警开关、消防水炮的接线和校线等,执行《第六册 自动化控制仪表安装工程》相应项目。

⑥ 泡沫液储罐、设备支架制作、安装等,执行《第三册 静置设备与工艺金属结构制作安装工程》相应项目。

⑦ 设备及管道除锈、刷油及绝热工程,执行《第十一册 刷油、防腐蚀、绝热工程》相应项目。

二、各项费用的规定

(1) 脚手架搭拆费按人工费的 5% 计算,其中人工工资占 25%。

(2) 高层建筑增加费(指高度在 6 层或 20 m 以上的工业与民用建筑)按表 7-54 计算。

表 7-54　　　　　　　　　　　　　高层建筑增加费表

层数	9 层以下 (30 m)	12 层以下 (40 m)	15 层以下 (50 m)	18 层以下 (60 m)	21 层以下 (70 m)	24 层以下 (80 m)	27 层以下 (90 m)	30 层以下 (100 m)	33 层以下 (110 m)
按人工费的 /%	10	15	19	23	27	31	36	40	44
其中人工工资占 /%	10	14	21	21	26	29	31	35	39
机械费占 /%	90	86	79	79	74	71	69	65	61
层数	36 层以下 (120 m)	40 层以下 (130 m)	42 层以下 (140 m)	45 层以下 (150 m)	48 层以下 (160 m)	51 层以下 (170 m)	54 层以下 (180 m)	57 层以下 (190 m)	60 层以下 (200 m)
按人工费的 /%	48	54	56	60	63	65	67	68	70
其中人工工资占 /%	41	43	46	48	51	53	57	60	63
机械费占 /%	59	57	54	52	49	47	43	40	37

(3) 安装与生产同时进行增加的费用,按人工费的 10% 计算。

(4) 在有害身体健康的环境中施工增加的费用,按人工费的 10% 计算。

(5) 超高增加费指操作物高度距离楼地面 5 m 以上的工程,按其超过部分的定额人工费乘以表 7-55 所列系数。

表 7-55　　　　　　　　　　　　　超高增加费表

标高(m 以内)	8	12	16	20
超高系数	1.10	1.15	1.20	1.25

三、工程量计算方法

（一）水灭火系统安装

1. 定额应用说明

（1）本章定额适用于工业和民用建（构）筑物设置的自动喷水灭火系统的管道、各种组件、消火栓、气压水罐的安装。

（2）界线划分：

① 室内外界线：以建筑物外距墙皮 1.5 m 为界，入口处设阀门者以阀门为界。

② 设在高层建筑内的消防泵间管道与本章界线，以泵间外墙皮为界。

（3）管道安装定额：

① 包括工序内一次性水压试验。

② 镀锌钢管法兰连接定额，管件是按成品、弯头两端是按接短管焊法兰考虑的，定额中包括了直管、管件、法兰等全部安装工序内容，但管件、法兰及螺栓的主材数量应按设计规定另行计算。

③ 定额也适用于镀锌无缝钢管的安装。

（4）喷头、报警装置及水流指示器安装定额均是按管网系统试压、冲洗合格后安装考虑的，定额中已包括丝堵、临时短管的安装、拆除及其摊销。

（5）其他报警装置适用于雨淋、干湿两用及预作用报警装置。

（6）温感式水幕装置安装定额中已包括给水三通至喷头、阀门间的管道、管件、阀门、喷头等全部安装内容。但管道的主材数量按设计管道中心长度另加损耗计算，喷头数量按设计数量另加损耗计算。

（7）集热板的安装位置：当高架仓库分层板上方有孔洞、缝隙时，应在喷头上方设置集热板。

（8）隔膜式气压水罐安装定额中地脚螺栓是按设备带有考虑的，定额中包括指导二次灌浆用工，但二次灌浆费用另计。

（9）管网冲洗定额是按水冲洗考虑的，若采用水压气动冲洗法，可按施工方案另行计算。定额只适用于自动喷水灭火系统。

（10）本章不包括以下工作内容：

① 阀门、法兰安装，各种套管的制作安装，泵房间管道安装及管道系统强度试验、严密性试验。

② 消火栓管道、室外给水管道安装及水箱制作安装。

③ 各种消防泵、稳压泵安装及设备二次灌浆等。

④ 各种仪表的安装及带电信号的阀门、水流指示器、压力开关，以及消防水炮的接线、校线。

⑤ 各种设备支架的制作安装。

⑥ 管道、设备、支架、法兰焊口除锈刷油。

⑦ 系统调试。

（11）其他有关规定：

① 设置于管道间、管廊内的管道，其定额人工乘以系数1.3。

② 主体结构为现场浇筑采用钢模施工的工程，内外浇筑的定额人工乘以系数1.05，内

浇外砌的定额人工乘以系数 1.03。

　　2. 工程量计算规则

　　（1）管道安装按设计管道中心长度，不扣除阀门、管件及各种组件所占长度，以"延长米"计算。

　　主材数量应按定额用量计算，管件含量见表 7-56。

表 7-56　　　　　　　　　　镀锌钢管（螺纹连接）管件含量表　　　　　　　　　单位：10 m

项目	名称	公称直径（mm 以内）						
		25	32	40	50	70	80	100
管件含量	四通	0.02	1.20	0.53	0.69	0.73	0.95	0.47
	三通	2.29	3.24	4.02	4.13	3.04	2.95	2.12
	弯头	4.92	0.98	1.69	1.78	1.87	1.47	1.16
	管箍		2.65	5.99	2.73	3.27	2.89	1.44
	小计	7.23	8.07	12.23	9.33	8.91	8.26	5.19

　　（2）镀锌钢管安装定额也适用于镀锌无缝钢管，其对应关系见表 7-57。

表 7-57　　　　　　　　　　　　　　对应关系表

公称直径/mm	15	20	25	32	40	50	70	80	100	150	200
无缝钢管外径/mm	20	25	32	38	45	57	76	89	108	159	219

　　（3）镀锌钢管法兰连接定额，管件是按成品、弯头两端是按接短管焊法兰考虑的，定额中包括直管、管件、法兰等全部安装工作内容，但管件、法兰及螺栓的主材数量应按设计规定另行计算。

　　（4）水喷淋（雾）喷头安装按有吊顶、无吊顶分别以"个"为计量单位。

　　（5）报警装置安装按成套产品以"组"为计量单位。干湿两用报警装置、电动雨淋报警装置、预作用报警装置等报警装置安装执行湿式报警装置安装定额，其人工乘以系数 1.2，其余不变。报警装置安装包括装配管（除水力警铃进水管）的安装，水力警铃进水管并入消防管道工程量。其中：

　　① 湿式报警装置包括湿式阀、蝶阀、装配管、供水压力表、装置压力表、试验阀、泄放试验阀、泄放试验管、试验管流量计、过滤器、延时器、水力警铃、报警截止阀、漏斗、压力开关等。

　　② 干湿两用报警装置包括两用阀、蝶阀、装配管、加速器、加速器压力表、供水压力表、试验阀、泄放试验阀（湿式、干式）挠性接头、泄放试验管、试验管流量计、排气阀、截止阀、漏斗、过滤器、延时器、水力警铃、压力开关等。

　　③ 电动雨淋报警装置包括雨淋阀、蝶阀、装配管、压力表、泄放试验阀、流量表、截止阀、注水阀、止回阀、电磁阀、排水阀、手动应急球阀、报警试验阀、漏斗、压力开关、过滤器、水力警铃等。

　　④ 预作用报警装置包括报警阀、控制蝶阀、压力表、流量表、截止阀、排放阀、注水阀、止回阀、泄放阀、报警试验阀、液压切断阀、装配管、供水检验管、气压开关、试压电磁阀、空压

机、应急手动试压器、漏斗、过滤器、水力警铃等。

(6)温感式水幕装置安装,按不同型号和规格以"组"为计量单位。包括给水三通至喷头、阀门间的管道、管件、阀门、喷头等全部内容的安装,但给水三通至喷头、阀门间管道的主材数量按设计管道中心长度另加损耗计算,喷头数量按设计数量另加损耗计算。

(7)水流指示器、减压孔板安装,按不同规格均以"个"为计量单位。

(8)末端试水装置按不同规格均以"组"为计量单位。

(9)集热板制作安装均以"个"为计量单位。

(10)室内消火栓以"套"为计量单位,包括消火栓箱、消火栓、水枪、水龙头、水龙带接扣、自救卷盘、挂架、消防按钮;落地消火栓箱包括箱内手提灭火器;所带消防按钮的安装另行计算。

(11)组合式带自救卷盘室内消火栓安装,执行室内消火栓安装定额乘以系数1.2。

(12)室外消火栓以"套"为计量单位,安装方式分地上式、地下式。地上式消火栓安装包括地上式消火栓、法兰接管、弯管底座;地下式消火栓安装包括地下式消火栓、法兰接管、弯管底座或消火栓三通。

(13)消防水泵接合器安装,区分不同安装方式和规格以"套"为计量单位。包括法兰接管及弯头安装,接合器井内阀门、弯管底座、标牌等附件安装。如设计要求用短管,其本身价值可另行计算,其余不变。

(14)减压孔板若在法兰盘内安装,其法兰计入组价中。

(15)消防水炮分不同规格以及普通手动水炮、智能控制水炮,以"台"为计量单位。

(16)隔膜式气压水罐安装,区分不同规格以"台"为计量单位。出入口法兰和螺栓按设计规定另行计算。地脚螺栓是按设备带有考虑的,定额中包括指导二次灌浆用工,但二次灌浆费用应按相应定额另行计算。

(17)自动喷水灭火系统管网水冲洗,区分不同规格以"m"为计量单位。

(18)阀门、法兰安装,各种套管的制作安装,泵房间管道安装及管道系统强度试验、严密性试验执行《第八册 工业管道工程》相应定额。

(19)消火栓管道、室外给水管道安装、管道支吊架制作安装及水箱制作安装,执行《第十册 给排水、采暖、燃气工程》相应定额。

(20)各种消防泵、隐压泵等的安装及二次灌浆,执行《第一册 机械设备安装工程》相应定额。

(21)各种仪表的安装、带电信号的阀门、水流指示器、压力开关、消防水炮的接线、校线,执行《第六册 自动化控制装置及仪表安装工程》相应定额。

(22)各种设备支架的制作安装等,执行《第三册 静置设备与工艺金属结构制作安装工程》相应定额。

(23)管道、设备、支架、法兰焊口除锈刷油,执行《第十一册 刷油、防腐蚀、绝热工程》相应定额。

(24)系统调试执行本册定额第五章相应定额。

(二)气体灭火系统安装

1.定额应用说明

(1)本章定额适用于工业和民用建筑中设置的七氟丙烷灭火系统、IG541灭火系统、二氧化碳灭火系统等的管道、管件、系统组件等的安装。

（2）管道及管件安装定额应用说明如下：

① 无缝钢管和钢制管件内外镀锌及场外运输费用另行计算。

② 安装螺纹连接的不锈钢管、铜管及管件时，按安装无缝钢管和钢制管件相应定额乘以系数1.20。

③ 无缝钢管螺纹连接定额中不包括钢制管件连接内容，应按设计用量执行钢制管件连接定额。

④ 无缝钢管法兰连接定额，管件是按成品、弯头两端是按接短管焊接法兰考虑的，定额中包括了直管、管件、法兰等全部安装工序内容，但管件、法兰及螺栓的主材数量应按设计规定另行计算。

⑤ 气动驱动装置管道安装定额中卡套连接件的数量按设计用量另行计算。

（3）喷头安装定额中包括管件安装及配合水压试验安装拆除丝堵的工作内容。

（4）储存装置安装，定额中包括灭火剂储存容器和驱动气瓶的安装固定支框架、系统组件（集流管，容器阀，气液单向阀，高压软管），安全阀等储存装置和阀驱动装置的安装及氮气增压。二氧化碳贮存装置安装时，不需增压，执行定额时扣除高纯氮气，其余不变。

（5）二氧化碳称重检漏装置包括泄漏报警开关、配重及支架。

（6）系统组件包括选择阀、气液单向阀和高压软管。

（7）本章定额不包括的工作内容如下：

① 管道支吊架的制作安装。

② 不锈钢管、铜管及管件的焊接或法兰连接，各种套管的制作安装、管道系统强度试验、严密性试验和吹扫。

③ 管道及支吊架的防腐刷油。

④ 系统调试。

⑤ 阀驱动装置与泄漏报警开关的电气接线。

2. 工程量计算规则

（1）管道安装包括无缝钢管的螺纹连接、法兰连接，气动驱动装置管道安装及钢制管件的螺纹连接。

（2）各种管道安装按设计管道中心长度，不扣除阀门、管件及各种组件所占长度，以"延长米"计算，主材数量应按定额用量计算。

（3）钢制管件螺纹连接均按不同规格以"个"为计量单位。

（4）无缝钢管螺纹连接不包括钢制管件连接内容，其工程量应按设计用量执行钢制管件连接定额。

（5）无缝钢管法兰连接定额，管件是按成品、弯头两端是按接短管焊法兰考虑的，包括了直管、管件、法兰等预装和安装的全部工作内容，但管件、法兰及螺栓的主材数量应按设计规定另行计算。

（6）螺纹连接的不锈钢管、铜管及管件安装时，按无缝钢管和钢制管件安装相应定额乘以系数1.20。

（7）无缝钢管和钢制管件内外镀锌及场外运输费用另行计算。

（8）气动驱动装置管道安装定额包括卡套连接件的安装，其本身价值按设计用量另行计算。

（9）喷头安装均按不同规格以"个"为计量单位。

（10）选择阀安装按不同规格和连接方式分别以"个"为计量单位。

（11）储存装置安装中包括灭火剂储存容器、驱动气瓶、支框架、集流阀、容器阀、单向阀、高压软管和安全阀等储存装置，以及阀驱动装置、减压装置、压力指示仪等。储存装置安装按储存容器和驱动气瓶的规格（L）以"套"为计量单位。

（12）二氧化碳储存装置安装时，不需增压，应扣除高纯氮气，其余不变。

（13）二氧化碳称重检漏装置包括泄漏报警开关、配重、支架等，以"套"为计量单位。

（14）系统组件包括选择阀、单向阀（含气、液）及高压软管。试验按水压强度试验和气压严密性试验，分别以"个"为计量单位。

（15）无缝钢管、钢制管件、选择阀安装及系统组件试验均适用于卤代烷 1211 和 1301 灭火系统。二氧化碳灭火系统，按卤代烷灭火系统相应安装定额乘以系数 1.2。

（16）无管网气体灭火系统以"套"为计量单位，由柜式预制灭火装置、火灾探测器、火灾自动报警灭火控制器等组成，具有自动控制和手动控制两种启动方式。无管网气体灭火装置安装，包括气瓶柜装置（内设气瓶、电磁阀、喷头）和自动报警控制装置（包括控制器、烟、温感、声光报警器、手动报警器、手/自动控制按钮）等。

（17）不锈钢管、铜管及管件的焊接或法兰连接，各种套管的制作安装、管道系统强度试验、严密性试验和吹扫等均执行《第八册 工业管道工程》相应定额。

（18）管道及支吊架的防腐、刷油等执行《第十一册 刷油、防腐蚀、绝热工程》相应定额。

（19）系统调试执行本册定额第五章相应定额。

（20）电磁驱动器与泄漏报警开关的电气接线等执行《第六册 自动化控制仪表安装工程》相应定额。

（三）泡沫灭火系统安装

1. 定额应用说明

（1）本定额适用于高、中、低倍数固定式或半固定式泡沫灭火系统的发生器及泡沫比例混合器安装。

（2）泡沫发生器及泡沫比例混合器安装中包括整体安装、焊法兰、单体调试及配合管道试压时隔离本体所消耗的人工和材料。但不包括支架的制作、安装和二次灌浆的工作内容。地脚螺栓按本体带有考虑。

（3）本章不包括的内容如下：

① 泡沫灭火系统的管道、管件、法兰、阀门、管道支架等的安装及管道系统水冲洗、强度试验、严密性试验。

② 泡沫喷淋系统的管道、组件、气压水罐安装。

③ 消防泵等机械设备安装及二次灌浆。

④ 泡沫液储罐、设备支架制作安装。

⑤ 油罐上安装的泡沫发生器及化学泡沫室。

⑥ 除锈、刷油、保温。

2. 工程量计算规则

（1）泡沫发生器及泡沫比例混合器安装中已包括整体安装、焊法兰、单体调试及配合管道试压时隔离本体所消耗的人工和材料,不包括支架的制作安装和二次灌浆的工作内容,其工程量应按相应定额另行计算。地脚螺栓按设备带来考虑。

(2) 泡沫发生器安装均按不同型号以"台"为计量单位,法兰和螺栓按设计规定另行计算。

(3) 泡沫比例混合器安装均按不同型号以"台"为计量单位,法兰和螺栓按设计规定另行计算。

(4) 泡沫灭火系统的管道、管件、法兰、阀门、管道支架等的安装及管道系统水冲洗、强度试验、严密性试验等执行《第八册 工业管道工程》相应定额。

(5) 消防泵等机械设备安装及二次灌浆执行《第一册 机械设备安装工程》相应定额。

(6) 除锈、刷油、保温等执行《第十一册 刷油、防腐蚀、绝热工程》相应定额。

(7) 泡沫液储罐、设备支架制作安装执行《第三册 静置设备与工艺金属结构制作安装工程》相应定额。

(8) 泡沫喷淋系统的管道组件、气压水罐等安装应执行本册第二章相应定额及有关规定。

(9) 泡沫液充装是按生产厂在施工现场充装考虑的,若由施工单位充装,可另行计算。

(10) 油罐上安装的泡沫发生器及化学泡沫室执行《第三册 静置设备与工艺金属结构制作安装工程》相应定额。

(11) 泡沫灭火系统调试应按批准的施工方案另行计算。

(四)火灾自动报警系统安装

1. 定额应用说明

(1) 本章包括探测器、按钮、模块(接口)报警控制器、联动控制器、报警联动一体机、重复显示器、警报装置、远程控制器、火灾事故广播、消防通信、报警备用电源、火灾报警控制微机(CRT)安装等项目。

(2) 本章包括以下工作内容:

① 施工技术准备、施工机械准备、标准仪器准备、施工安全防护措施、安装位置的清理。

② 设备和箱、机及元件的搬运、开箱检查,清点,杂物回收,安装就位,接地,密封,箱、机内的校线、接线,挂锡、编码、测试、清洗、记录整理等。

(3) 本章定额中均包括了校线、接线和本体调试。

(4) 本章定额中箱、机是以成套装置编制的,柜式及琴台式安装均执行落地式安装相应项目。

(5) 本章不包括以下工作内容:

① 设备支架、底座、基础的制作与安装。

② 构件加工制作。

③ 电机检查、接线及调试。

④ 事故照明及疏散指示控制装置安装。

2. 工程量计算规则

(1) 点型探测器包括火焰、烟感、温感、红外光束、可燃气体探测器等,按线制的不同分为多线制与总线制,不分规格、型号、安装方式与位置,以"个"为计量单位。探测器安装包括了探头和底座的安装及本体调试。

（2）红外线探测器以"对"为计量单位。红外线探测器是成对使用的，在计算时一对为两只。定额中包括了探头支架安装和探测器的调试、对中。

（3）火焰探测器、可燃气体探测器按线制的不同分为多线制与总线制两种，计算时不分规格、型号，安装方式与位置，以"个"为计量单位。探测器安装包括了探头和底座的安装及本体调试。

（4）线形探测器的安装方式按环绕、正弦及直线综合考虑，不分线制及保护形式，以"m"为计量单位。定额中未包括探测器连接的一只模块和终端，其工程量应按相应定额另行计算。

（5）按钮包括消火栓按钮、手动报警按钮、气体灭火启/停按钮，以"个"为计量单位，按照在轻质墙体和硬质墙体上安装两种方式综合考虑，执行时不得因安装方式不同而调整。

（6）控制模块（接口）是指仅能起控制作用的模块（接口），亦称为中继器，依据其给出控制信号的数量，分为单输出和多输出两种形式。执行时不分安装方式，按照输出数量以"个"为计量单位。

（7）报警模块（接口）不起控制作用，只能起监视、报警作用，执行时不分安装方式，以"个"为计量单位。

（8）报警控制器按线制的不同分为多线制与总线制两种，其中又按其安装方式不同分为壁挂式和落地式。在不同线制、不同安装方式中按照"点"数的不同划分定额项目，以"台"为计量单位。多线制"点"是指报警控制器所带报警器件（探测器、报警按钮等）的数量。总线制"点"是指报警控制器所带的有地址编码的报警器件（探测器、报警按钮、模块等）的数量。如果一个模块带数个探测器，则只能计为一点。

（9）联动控制器按线制的不同分为多线制与总线制两种，其中又按其安装方式不同分为壁挂式和落地式。在不同线制、不同安装方式中按照"点"数的不同划分定额项目，以"台"为计量单位。多线制"点"是指联动控制器所带联动设备的状态控制和状态显示的数量。总线制"点"是指联动控制器所带的有控制模块（接口）的数量。

（10）报警联动一体机按线制的不同分为多线制与总线制两种，其中又按其安装方式不同分为壁挂式和落地式。在不同线制、不同安装方式中按照"点"数的不同划分定额项目，以"台"为计量单位。多线制"点"是指报警联动一体机所带的有地址编码的报警器件与控制模块（接口）联动设备的状态控制和状态显示的数量。总线制"点"是指报警联动一体机所带的有地址编码的报警器件与控制模块（接口）的数量。

（11）重复显示器（楼层显示器）不分规格、型号、安装方式，按总线制与多线制划分，以"台"为计量单位。

（12）警报装置分为声光报警和警铃报警两种形式，均以"台"为计量单位。

（13）远程控制器按其控制回路数以"台"为计量单位。

（14）火灾事故广播中的功放机、录音机的安装按柜内及台上两种方式综合考虑，分别以"个"为计量单位。

（15）消防广播控制柜是指安装成套消防广播设备的成品机柜，不分规格、型号，以"台"为计量单位。

（16）火灾事故广播中的扬声器不分规格、型号，按照吸顶式与壁挂式以"个"为计量单位。

(17) 广播用分配器是指单独安装的消防广播用分配器(操作盘),以"台"为计量单位。

(18) 消防通信系统中的电话交换机按"门"数不同以"台"为计量单位;通信分机、插孔是指消防专用电话分机与电话插孔,不分安装方式,分别以"部"、"个"为计量单位。

(19) 报警备用电源综合考虑了规格、型号,以"套"为计量单位。

(20) 火灾报警控制微机(CRT)安装(CRT彩色显示装置安装),以"台"为计量单位。

(21) 设备支架、底座、基础的制作与安装和构件加工制作均执行《第四册 电气设备安装工程》相应定额。

(22) 电机检查、接线及调试和事故照明及疏散指示控制装置安装均执行《第四册 电气设备安装工程》相应定额。

(五) 消防系统调试

1. 定额应用说明

(1) 本章包括自动报警系统装置调试,水灭火系统控制装置调试,防火控制装置调试(包括火灾事故广播、消防通讯、消防电梯系统装置调试,电动防火门、防火卷帘门、正压送风阀、排烟阀、防火阀控制系统装置调试),气体灭火系统装置调试等项目。

(2) 系统调试是指消防报警和灭火系统安装完毕且连通,并达到国家有关消防施工验收规范、标准所进行的全系统的检测、调整和试验。

(3) 自动报警系统装置包括各种探测器、手动报警按钮和报警控制器,灭火系统控制装置包括消火栓、自动喷水、卤代烷、二氧化碳等固定灭火系统的控制装置。

(4) 气体灭火系统调试试验时采取的安全措施,应按施工组织设计另行计算。

(5) 本章消防系统调试安装定额执行时,安装单位只调试,则定额基价乘以系数0.7;安装单位只配合检测、验收,基价乘以系数0.3。

2. 工程量计算规则

(1) 消防系统调试包括自动报警系统、水灭火系统、火灾事故广播、消防通信系统、消防电梯系统、电动防火门、防火卷帘门、正压送风阀、排烟阀、防火阀控制装置、气体灭火系统装置。

(2) 自动报警系统包括各种探测器、报警器、报警按钮、报警控制器、消防广播、消防电话等组成的报警系统,按不同点数以"系统"为计量单位,其点数按多线制与总线制报警器的点数计算。

(3) 水灭火系统控制装置、自动喷洒系统按水流指示器数量以"点(支路)"为计量单位,消火栓系统按消火栓启泵按钮数量以"点"为计量单位,消防水炮系统按水炮数量以"点"为计量单位。

(4) 防火控制装置,包括电动防火门、防火卷帘门、正压送风阀、排烟阀、防火控制阀、消防电梯等防火控制装置。电动防火门、防火卷帘门、正压送风阀、排烟阀、防火控制阀等调试以"个"为计量单位,消防电梯以"部"为计量单位。

(5) 气体灭火系统调试,是由七氟丙烷、IG541、二氧化碳等组成的灭火系统。调试包括模拟喷气试验、备用灭火器储存容器切换操作试验,分别试验容器的规格(L),按气体灭火系统装置的瓶头阀以"点"为计量单位。试验容器的数量按调试、检验和验收所消耗的试验容器总数计算,试验介质不同时可以换算。气体试喷包含在模拟喷气试验中。

第九节 电气设备安装工程施工图预算的编制

一、适用的定额

（1）工业与民用新建、扩建工程中 10 kV 以下变电设备及线路、车间动力电气设备及电气照明器具、防雷及接地装置安装、配管配线、电梯电气装置、电气调整试验等的安装工程适用《第四册 电气设备安装工程》（以下简称本定额）。

（2）其他说明：

① 本定额的工作内容除各章节已说明的工序外，还包括施工准备，设备器材工器具的场内搬运，开箱检查，安装，调整试验，收尾，清理，配合质量检验，工种间交叉配合、临时移动水、电源的停歇时间。

② 本定额不包括以下内容：

a. 10 kV 以上及专业专用项目的电气设备安装。

b. 电气设备（如电动机等）配合机械设备进行单体试运转和联合试运转工作。

二、各项费用的规定

（1）脚手架搭拆费（10 kV 以下架空线路除外）按人工费的 4% 计算，其中人工工资占 25%。

（2）工程超高增加费（已考虑了超高因素的定额项目除外），操作物高度离楼地面 5 m 以上、20 m 以下的电气安装工程，按超高部分人工费的 33% 计算。

（3）高层建筑增加费（指高度在 6 层或 20 m 以上的工业与民用建筑）按表 7-58 计算。

表 7-58　　高层建筑增加费表

层数	9 层以下 (30 m)	12 层以下 (40 m)	15 层以下 (50 m)	18 层以下 (60 m)	21 层以下 (70 m)	24 层以下 (80 m)	27 层以下 (90 m)	30 层以下 (100 m)	33 层以下 (110 m)
按人工费的 /%	6	9	12	15	19	23	26	30	34
其中人工工资占/%	17	22	33	40	42	43	50	53	56
机械费占 /%	83	78	67	60	58	57	50	47	44
层数	36 层以下 (120 m)	40 层以下 (130 m)	42 层以下 (140 m)	45 层以下 (150 m)	48 层以下 (160 m)	51 层以下 (170 m)	54 层以下 (180 m)	57 层以下 (190 m)	60 层以下 (200 m)
按人工费的 /%	37	43	43	47	50	54	58	62	65
其中人工工资占/%	59	58	65	67	68	69	69	70	70
机械费占 /%	41	42	35	33	32	31	31	30	30

(4) 安装与生产同时进行时,安装工程的总人工费增加 10%,全部为因降效而增加的人工费(不含其他费用)。

(5) 在有害人身健康的环境(包括高温、多尘、噪声超过标准和在有害气体等有害环境)中施工时,安装工程的总人工费增加 10%,全部为因降效而增加的人工费(不含其他费用)。

三、工程量计算方法

(一)变压器安装

1. 定额应用说明

(1) 油浸电力变压器安装定额同样适用于自耦式变压器、有载调压变压器的安装。电炉变压器执行同容量电力变压器定额乘以系数 2.0,整流变压器执行同容量电力变压器定额乘以系数 1.6。

(2) 变压器的器身检查:4 000 kV·A 以下是按吊芯检查考虑,4 000 kV·A 以上是按吊钟罩考虑,如果 4 000 kV·A 以上的变压器需吊芯检查,定额机械乘以系数 2.0。

(3) 整流变压器、消弧线圈、并联电抗器的干燥,执行同容量变压器干燥定额。电炉变压器执行同容量变压器干燥定额乘以系数 2.0。

(4) 变压器油是按设备带来考虑的,但施工中变压器油的过滤损耗及操作损耗已包括在有关定额中。

(5) 变压器安装过程中放注油、油过滤所使用的油罐,已摊入油过滤定额中。

(6) 本章定额不包括下列工作内容:

① 变压器干燥棚的搭拆工作,若发生时可按实计算。

② 变压器铁梯及母线铁构件的制作安装,另执行本册铁构件制作、安装定额。

③ 瓦斯继电器的检查及试验已列入变压器系统调整试验定额内。

④ 变压器安装不包括轨道的安装,应另计算。

⑤ 端子箱、控制箱的制作、安装,另执行本册相应定额。

⑥ 二次喷漆发生时按本册相应定额执行。

2. 工程量计算规则

(1) 变压器安装,按不同容量以"台"为计量单位。

(2) 干式变压器如果带有保护罩时,定额人工和机械乘以系数 1.2。

(3) 变压器通过试验,判定绝缘受潮时才需进行干燥,所以只有需要干燥的变压器才能计取此项费用(编制施工图预算时可列此项,工程结算时根据实际情况再做处理),以"台"为计量单位。

(4) 消弧线圈的干燥按同容量电力变压器干燥定额执行,以"台"为计量单位。

(5) 变压器油过滤不论过滤多少次,直到过滤合格为止,以"t"为计量单位,其具体计算方法如下:

① 变压器安装定额未包括绝缘油的过滤,需要过滤时,可按制造厂提供的油量计算。

② 油断路器及其他充油设备的绝缘油过滤,可按制造厂规定的充油量计算。

(二)配电装置安装

1. 定额应用说明

(1) 设备本体所需的绝缘油、六氟化硫气体、液压油等均按设备带有考虑。

(2) 本章设备安装定额不包括下列工作内容,另执行本册相应定额:

① 端子箱安装。

② 设备支架制作及安装。

③ 绝缘油过滤。

④ 基础槽(角)钢安装。

(3) 设备安装所需的地脚螺栓按土建预埋考虑,不包括二次灌浆。

(4) 互感器安装定额系按单相考虑的,不包括抽芯及绝缘油过滤,特殊情况另做处理。

(5) 电抗器安装定额系按三相叠放、三相平放和二叠一平的安装方式综合考虑的,不论何种安装方式,均不做换算,一律执行本定额。干式电抗器安装定额适用于混凝土电抗器、铁芯干式电抗器和空心电抗器的安装。

(6) 高压成套配电柜安装定额系综合考虑的,不分容量大小,也不包括母线配制及设备干燥。

(7) 低压无功补偿电容器屏(柜)安装列入本册第四章。

(8) 组合型成套箱式变电站主要是指 10 kV 以下的箱式变电站,一般布置形式为变压器在箱的中间,箱的一端为高压开关位置,另一端为低压开关位置。组合型低压成套配电装置其外形像一个大型集装箱,内装 6~24 台低压配电箱(屏),箱的两端开门,中间为通道,称为集装箱式低压配电室,列入本册第四章。

2. 工程量计算规则

(1) 断路器、电流互感器、电压互感器、油浸电抗器、电力电容器及电容器柜的安装以"台(个)"为计量单位。

(2) 隔离开关、负荷开关、熔断器、避雷器、干式电抗器的安装以"组"为计量单位,每组按三相计算。

(3) 交流滤波装置的安装以"台"为计量单位。每套滤波装置包括三台组架安装,不包括设备本身及铜母线的安装,其工程量应按本册相应定额另行计算。

(4) 高压设备安装定额内均不包括绝缘台的安装,其工程量应按施工图设计执行相应定额。

(5) 高压成套配电柜和箱式变电站的安装以"台"为计量单位,均未包括基础槽钢、母线及引下线的配置安装。

(6) 配电设备安装的支架、抱箍及延长轴、轴套、间隔板等,按施工图设计的需要量计算,执行本册铁构件制作安装定额或成品价。

(7) 绝缘油、六氟化硫气体、液压油等均按设备带有考虑;电气设备以外的加压设备和附属管道的安装应按相应定额另行计算。

(8) 配电设备的端子板外部接线,应按本册相应定额另行计算。

(三) 母线安装

1. 定额应用说明

(1) 本章定额不包括支架、铁构件的制作、安装,发生时执行本册相应定额。

(2) 软母线、带形母线、槽形母线的安装定额内不包括母线、金具、绝缘子等主材,具体可按设计数量加损耗计算。

(3) 组合软导线安装定额不包括两端铁构件制作、安装和支持瓷瓶、带形母线的安装,发生时应执行本册相应定额。其跨距是按标准跨距综合考虑的,若实际跨距与定额不符,不做换算。

（4）软母线安装定额是按单串绝缘子考虑的,如设计为双串绝缘子,其定额人工乘以系数 1.08。

（5）软母线的引下线、跳线、设备连线均按导线截面分别执行定额。不区分引下线、跳线和设备连线。

（6）带形钢母线安装执行铜母线安装定额。

（7）带形母线伸缩节头和铜过渡板均按成品考虑,定额只考虑安装。

（8）高压共箱式母线和低压封闭式插接母线槽均按制造厂供应的成品考虑,定额只包含现场安装。

（9）封闭式插接母线槽在竖井内安装时,人工和机械乘以系数 2.0。

2. 工程量计算规则

（1）悬垂绝缘子串安装,指垂直或 V 形安装的提挂导线、跳线、引下线、设备连接线或设备等所用的绝缘子串安装,按单、串联以"串"为计量单位。耐张绝缘子串的安装,已包括在软母线安装定额内。

（2）支持绝缘子安装分别按安装在户内、户外,单孔、双孔、四孔固定,以"个"为计量单位。

（3）穿墙套管安装不分水平、垂直安装,均以"个"为计量单位。

（4）软母线安装,指直接由耐张绝缘子串悬挂部分,按软母线截面大小分别以"跨/三相"为计量单位。设计跨距不同时,不得调整。导线、绝缘子、线夹、弛度调节金具等均按施工图设计用量加定额规定的损耗率计算。

（5）软母线引下线,指由 T 形线夹或并沟线夹从软母线引向设备的连接线,以"组"为计量单位,每三相为一组;软母线经终端耐张线夹引下(不经 T 形线夹或并沟线夹引下)与设备连接的部分均执行引下线定额,不得换算。

（6）两跨软母线间的跳引线安装,以"组"为计量单位,每三相为一组。不论两端的耐张线夹是螺栓式或压接式,均执行软母线跳线定额,不得换算。

（7）设备连接线安装,指两设备间的连接部分。不论引下线、跳线、设备连接线,均应分别按导线截面、三相为一组计算工程量。

（8）组合软母线安装,按三相为一组计算。跨距(包括水平悬挂部分和两端引下部分之和)系以 45 m 以内考虑,跨度的长与短不得调整。导线、绝缘子、线夹、金具按施工图设计用量加定额规定的损耗率计算。

（9）软母线安装预留长度按表 7-59 计算。

表 7-59　　　　　　　　　　　　软母线安装预留长度

项目	耐张	跳线	引下线、设备连接线
预留长度/m·根$^{-1}$	2.5	0.8	0.6

（10）带形母线安装及带形母线引下线安装包括铜排、铝排,分别以不同截面和片数以"m/单相"为计量单位。母线和固定母线的金具均按设计量加损耗率计算。

（11）钢带形母线安装,按同规格的铜母线定额执行,不得换算。

（12）母线伸缩接头及铜过渡板安装均以"个"为计量单位。

（13）槽形母线安装以"m/单相"为计量单位。槽形母线与设备连接分别以连接不同的设备以"台"为计量单位。槽形母线及固定槽形母线的金具按设计用量加损耗计算。壳的大小尺寸以"m"为计量单位，长度按设计共箱母线的轴线长度计算。

（14）低压（指 400 V 以下）封闭式插接母线槽安装分别按导体的额定电流大小以长度"m"为计量单位，长度按设计母线的轴线长度计算。分线箱以"台"为计量单位，分别以电流大小按设计数量计算。

（15）重型母线安装包括铜母线、铝母线，分别按截面大小以母线的成品质量以"t"为计量单位。

（16）重型铝母线接触面加工指铸造件需加工接触面时，可以按其接触面大小，分别以"片/单相"为计量单位。

（17）硬母线配置安装预留长度按表 7-60 的规定计算。

表 7-60　　　　　　　　　　　　硬母线配置安装预留长度

序号	项目	预留长度/m·根$^{-1}$	说明
1	带形、槽形母线终端	0.3	从最后一个支持点算起
2	带形、槽形母线与分支线连接	0.5	分支线预留
3	带形母线与设备连接	0.5	从设备端子接口算起
4	多片重型母线与设备连接	1.0	从设备端子接口算起
5	槽形母线与设备连接	0.5	从设备端子接口算起

（18）带形母线、槽形母线安装均不包括支持瓷瓶安装和钢构件配置安装，其工程量应分别按设计成品数量执行本册相应定额。

（四）控制设备及低压电器

1. 定额应用说明

（1）本章包括电气控制设备、低压电器的安装，盘、柜配线，焊（压）接线端子，基础槽钢、角钢制作、安装。

（2）控制设备安装，除限位开关及水位电气信号装置外，其他均未包括支架制作安装。发生时，可执行本册相应定额。

（3）控制设备安装未包括如下工作内容：

① 二次喷漆及喷字。

② 电器及设备干燥。

③ 焊、压接线端子。

④ 端子板外部（二次）接线。

（4）屏上辅助设备安装，包括标签框、光字牌、信号灯、附加电阻、连接片等，但不包括屏上开孔工作。

（5）设备的补充油按设备考虑。

2. 工程量计算规则

（1）控制设备及低压电器安装均以"台"为计量单位。以上设备安装均未包括基础槽钢、角钢的制作安装,其工程量应按相应定额另行计算。

(2) 网门、保护网制作安装,按网门或保护网设计图示的框外围尺寸,以"m²"为计量单位。

(3) 盘柜配线分不同规格,以"m"为计量单位。

(4) 盘、箱、柜的外部进出线预留长度按表 7-61 计算。

表 7-61　　　　　　　　　盘、箱柜的外部进出线预留长度

序号	项目	预留长度/m·根⁻¹	说明
1	各种箱、柜、盘、板盒	高+宽	盘面尺寸
2	单独安装的铁壳开关、自动开关、刀开关、启动器、箱式电阻器、变阻器	0.5	从安装对象中心算起
3	继电器、控制开关、信号灯、按钮、熔断器等小电器	0.3	从安装对象中心算起
4	分支接头	0.2	分支线预留

(5) 配电板制作安装及包铁皮,按配电板图示外形尺寸,以"m²"为计量单位。

(6) 焊(压)接线端子定额只适用于导线,电缆终端头制作安装定额中已包括压接线端子,不得重复计算。

(7) 端子板外部接线按设备盘、箱、柜、台的外部接线图计算,以"10 个"为计量单位。

(8) 盘、柜配线定额只适用于盘上小设备元件的少量现场配线,不适用于工厂的设备修、配、改工程。

(9) 开关、按钮安装的工程量,应区别开关、按钮安装形式,开关、按钮种类,开关极数以及单控与双控,以"套"为计量单位计算。

(10) 插座安装的工程量,应区别电源相数、额定电流、插座安装形式、插座插孔个数,以"套"为计量单位计算。

(11) 安全变压器安装的工程量,应区别安全变压器容量,以"台"为计量单位计算。

(12) 电铃、电铃号码牌箱安装的工程量,应区别电铃直径、电铃号牌箱规格(号),以"套"为计量单位计算。

(13) 门铃安装工程量计算,应区别门铃安装形式,以"个"为计量单位计算。

(14) 风扇安装的工程量,应区别风扇种类,以"台"为计量单位计算。

(15) 盘管风机三速开关、请勿打扰灯,必须去除插座安装的工程量,以"套"为计量单位计算。

(五) 蓄电池安装

1. 定额应用说明

(1) 本章定额适用于 220 V 以下各种容量的碱性和酸性固定型蓄电池及其防振支架安装、蓄电池充放电。

(2) 蓄电池防振支架按随设备供货考虑,安装按地坪打眼装膨胀螺栓固定。

(3) 蓄电池电极连接条、紧固螺栓、绝缘垫均按设备带有考虑。

(4) 本章定额不包括蓄电池抽头连接用电缆及电缆保护管的安装,发生时应执行本册

相应项目。

（5）碱性蓄电池补充电解液由厂家随设备供货。铅酸蓄电池的电解液已包括在定额内，不另行计算。

（6）蓄电池充放电电量已计入定额，不论酸性、碱性电池，均按其电压和容量执行相应项目。

2. 工程量计算规则

（1）铅酸蓄电池和碱性蓄电池安装，分别按容量大小以单体蓄电池"个"为计量单位，按施工图设计的数量计算工程量。定额内已包括了电解液的材料消耗，执行时不得调整。

（2）免维护蓄电池安装以"组件"为计量单位，其具体计算如下例：某项工程设计一组蓄电池为 220 V/500 A·h，由 12 V 的组件 18 个组成，那么就应该套用 12 V/500 A·h 的定额，18 个组件。

（3）蓄电池充放电按不同容量以"组"为计量单位。

（4）免维护蓄电池组的充电可按蓄电池组充放电相应定额乘以系数 0.3 计算（因不需要放电、再充电的过程，只需充电）。

（六）电机检查接线及调试

1. 定额应用说明

（1）本章定额中的专业术语"电机"系指发电机和电动机的统称。如小型电机检查接线定额，适用于同功率的小型发电机和小型电动机的检查接线，定额中的电机功率系指电机的额定功率。

（2）直流发电机组和多台一串的机组，可按单台电机分别执行相应定额。

（3）本章的电机检查接线定额，除发电机和调相机外，均不包括电机的干燥工作，发生时应执行电机干燥定额。本章的电机干燥定额系按一次干燥所需的人工、材料、机械消耗量考虑的。

（4）单台质量在 3 t 以下的电机为小型电机，单台质量超过 3 t 至 30 t 以下的电机为中型电机，单台质量在 30 t 以上的电机为大型电机。大中型电机不分交、直流电机，一律按电机质量执行相应定额。

（5）微型电机分为三类：驱动微型电机（分马力电机）系指微型异步电动机、微型同步电动机、微型交流换向器电动机、微型直流电动机等；控制微型电机系指自整角机、旋转变压器、交直流测速发电机、交直流伺服电动机、步进电动机、力矩电动机等；电源微型电机系指微型电动发电机组和单枢变流机等。其他小型电机凡功率在 0.75 kW 以下的电机均执行微型电机定额，但一般民用小型交流电风扇安装另执行本册第四章的风扇安装定额。

（6）各类电机的检查定额均不包括控制装置的安装和接线。

（7）电机的接地线按镀锌扁钢（25×4）编制，如采用铜接地线，主材（导线和接头）应更换，但安装人工和机械不变。

（8）电机安装执行《第一册 机械设备安装工程》的电机安装定额，其电机的检查接线和干燥执行本定额。

（9）各种电机的检查接线，规范要求均需配有相应的金属软管，如设计有规定的按设计规格和数量计算。例如：设计要求用包塑金属软管、阻燃金属软管或采用铝合金软管接头等，均按设计计算。设计没有规定时，平均每台电机配金属软管 1～1.5 m（平均按 1.25

m)。电机的电源线为导线时,应执行本册的压(焊)接线端子定额。

2. 工程量计算规则

(1) 发电机、调相机、电动机的电气检查接线,均以"台"为计量单位。直流发电机组和多台一串的机组,按单台电机分别执行定额。

(2) 电气安装规范要求每台电机接线均需要配金属软管,设计有规定的按设计规格和数量计算;设计没有规定的,平均每台电机配相应规格的金属软管1.25 m和与之配套的金属软管专用活接头。

(3) 本章的电机检查接线定额,除发电机和调相机外,均不包括电机干燥,发生时其工程量应按电机干燥定额另行计算。电机干燥定额系按一次干燥所需的工、料、机消耗量考虑的,在特别潮湿的地方,电机需要进行多次干燥,应按实际干燥次数计算。在气候干燥、电机绝缘性能良好、符合技术标准而不需要干燥时,则不计算干燥费用。实行包干的工程,可参照以下比例,由有关各方协商而定:

① 低压小型电机3 kW以下按25%的比例考虑干燥。

② 低压小型电机3 kW以上至220 kW按30%～50%考虑干燥。

③ 大中型电机按100%考虑一次干燥。

(4) 小型电机按电机类别和功率大小执行相应定额,大、中型电机不分类别,一律按电机重量执行相应定额。

(七) 滑触线装置

1. 定额应用说明

(1) 起重机的电气装置系按未经生产厂家成套安装和试运行考虑的,因此起重机的电机和各种开关、控制设备、管线及灯具等均按分部分项定额编制预算。

(2) 滑触线支架的基础铁件及螺栓,按土建预埋考虑。

(3) 滑触线及支架的油漆,均按涂一遍考虑。

(4) 移动软电缆敷设未包括轨道安装及滑轮制作。

(5) 滑触线的辅助母线安装,执行车间带形母线安装定额。

(6) 滑触线伸缩器和坐式电车绝缘子支持器的安装,已分别包括在滑触线安装和滑触线支架安装定额内,不另行计算。

(7) 滑触线及支架安装是按10 m以下标高考虑的,若超过10 m,按分册说明的超高系数计算。

(8) 铁构件制作,执行本册相应项目。

2. 工程量计算规则

(1) 起重机上的电气设备、照明装置和电缆管线等安装均执行本册的相应定额。

(2) 滑触线安装以"m/单相"为计量单位,其附加和预留长度按表7-62的规定计算。

表 7-62   滑触线安装附加和预留长度

序号	项目	预留长度/m·根$^{-1}$	说明
1	圆钢、铜母线与设备连接	0.2	从设备接线端子接口起算
2	圆钢、铜滑触线终端	0.5	从最后一个固定点起算
3	角钢滑触线终端	1.0	从最后一个支持点起算

序号	项目	预留长度/m·根$^{-1}$	说明
4	扁钢滑触线终端	1.3	从最后一个固定点起算
5	扁钢母线分支	0.5	分支线预留
6	扁钢母线与设备连接	0.5	从设备接线端子接口起算
7	轻轨滑触线终端	0.8	从最后一个支持点起算
8	安全节能及其他滑触线终端	0.5	从最后一个固定点起算

（八）电缆

1. 定额应用说明

（1）本章的电缆敷设定额适用于 10 kV 以下的电力电缆和控制电缆敷设。定额系按平原地区和厂内电缆工程的施工条件编制的，未考虑在积水区、水底、井下等特殊条件下的电缆敷设。厂外电缆敷设工程按本册第十章有关定额另计工地运输。

（2）电缆在一般山地、丘陵地区敷设时，其定额人工乘以系数 1.3。该地段所需的施工材料如固定桩、夹具等按实际情况另计。

（3）电缆敷设定额未考虑因波形敷设增加长度、弛度增加长度、电缆绕梁（柱）增加长度，以及电缆与设备连接、电缆接头等必要的预留长度，该增加长度应计入工程量之内。

（4）本章的电力电缆头定额均按铝芯电缆考虑的，铜芯电力电缆头按同截面电缆头定额乘以系数 1.2，双屏蔽电缆头制作安装人工乘以系数 1.05。

（5）六芯电力电缆按四芯乘以系数 1.6，每增加一芯定额增加 30%。截面 400 mm^2 以上至 800 mm^2 的单芯电力电缆敷设按 400 mm^2 电力电缆（四芯）定额执行。截面 800～1 000 mm^2 的单芯电力电缆敷设按 400 mm^2 电力电缆（四芯）定额乘以系数 1.25 执行。240 mm^2 以上的电缆头的接线端子为异型端子，需要单独加工，应按实际加工价计算（或调整定额价格）。

（6）单芯电缆头制作安装按同电压同截面电缆头制安定额乘以系数 0.5，五芯以上电缆头制作安装按每增加一芯，定额增加系数 0.25。

（7）本章电缆敷设系综合定额，已将裸包电缆、铠装电缆、屏蔽电缆等因素考虑在内，因此凡 10 kV 以下的电力电缆和控制电缆均不分结构形式和型号，一律按相应的电缆截面和芯数执行定额。

（8）电缆敷设定额及其相配套的定额中均未包括主材（又称装置性材料），另按设计和工程量计算规则加上定额规定的损耗率计算主材费用。

（9）公称直径不大于 100 的电缆保护管敷设执行第十一章配管定额。

（10）本章定额未包括下列工作内容：

① 隔热层、保护层的制作安装。

② 电缆冬季施工的加温工作和在其他特殊施工条件下的施工措施费和施工降效增加费。

2. 工程量计算规则

（1）电缆敷设中涉及土方开挖回填、破路、修复等，执行《江苏省建筑与装饰工程计价定额》。

（2）直埋电缆的挖、填土（石）方，除特殊要求外，可按表 7-63 计算土方量。

表 7-63 　　　　　　　　　　　　　　直埋电缆的挖、填土（石）方量

项目	电缆根数	
	1～2	每增一根
每米沟长挖方量/m³	0.45	0.153

注：1. 两根以内的电缆沟，系按上口宽度 600 mm、下口宽度 400 mm、深度 900 mm 计算的常规土方量（深度按规范的最低标准）。

2. 每增加一根电缆，其宽度增加 170 mm。

3. 以上土方量系按埋深从自然地坪起算，若设计埋深超过 900 mm，多挖的土方量应另行计算。

（3）电缆沟盖板揭、盖定额，按每揭或每盖一次以"延长米"计算，如又揭又盖，则按两次计算。

（4）电缆保护管长度，除按设计规定长度计算外，遇有下列情况，应按以下规定增加保护管长度：

① 横穿道路，按路基宽度两端各增加 2 m。

② 垂直敷设时，管口距地面增加 2 m。

③ 穿过建筑物外墙时，按基础外缘以外增加 1 m。

④ 穿过排水沟时，按沟壁外缘以外增加 1 m。

（5）电缆保护管埋地敷设，其土方量凡有施工图注明的，按施工图计算；无施工图的，一般按沟深 0.9 m、沟宽按最外边的保护管两侧边缘外各增加 0.3 m 工作面计算。

（6）电缆敷设长度应根据敷设路径的水平和垂直敷设长度，按表 7-64 的规定增加附加长度。

表 7-64 　　　　　　　　　　　　　　电缆敷设的附加长度

序号	项目	预留长度（附加）	说明
1	电缆敷设弛度、波形弯度、交叉	2.5%	按电缆全长计算
2	电缆进入建筑物	2.0 m	规范规定最小值
3	电缆进入沟内或吊架时引上（下）预留	1.5 m	规范规定最小值
4	变电所进线、出线	1.5 m	规范规定最小值
5	电力电缆终端头	1.5 m	检修余量最小值
6	电缆中间接头盒	两端各留 2.0 m	检修余量最小值
7	电缆进控制、保护屏及模拟盘等	高+宽	按盘面尺寸
8	高压开关柜及低压配电盘、箱	2.0 m	盘下进出线
9	电缆至电动机	0.5 m	从电机接线盒起算
10	厂用变压器	3.0 m	从地坪起算
11	电缆绕过梁柱等增加长度	按实计算	按被烧物的断面情况计算增加长度
12	电梯电缆与电缆架固定点	每处 0.5 m	规范最小值

注：1. 电缆附加及预留的长度是电缆敷设长度的组成部分，应计入电缆长度工程量之内。

2. 以上表"电缆敷设的附加长度"不适用于矿物绝缘电缆预留长度，矿物绝缘电缆预留长度按实际计算。

（7）电缆终端头及中间头均以"个"为计量单位。电力电缆和控制电缆均按一根电缆有两个终端头考虑。中间电缆头设计有图示的,按设计确定;设计没有规定的,按实际情况计算（或按平均 250 m 一个中间头考虑）。

（8）16 mm² 以下截面电缆头执行压接线端子或端子板外部接线。

（9）吊电缆的钢索及拉紧装置,应按本册相应定额另行计算。

（10）钢索的计算长度以两端固定点的距离为准,不扣除拉紧装置的长度。

（九）防雷及接地装置

1. 定额应用说明

（1）本章定额适用于建筑物、构筑物的防雷接地,变配电系统接地,设备接地以及避雷针的接地装置。

（2）户外接地母线敷设定额系按自然地坪和一般土质综合考虑的,包括地沟的挖填土和夯实工作,执行本定额时不应再计算土方量。如遇有石方、矿渣、积水、障碍物等情况时可另行计算。

（3）本章定额不适于采用爆破法施工敷设接地线、安装接地极,也不包括高土壤电阻率地区采用换土或化学处理的接地装置及接地电阻的测定工作。

（4）本章定额中,避雷针的安装、半导体少长针消雷装置的安装均已考虑了高空作业的因素。

（5）独立避雷针的中加工制作执行本册一般铁构件制作定额。

（6）防雷均压环安装定额是按利用建筑物圈梁内主筋作为防雷接地连接线考虑的。如果采用单独扁钢或圆钢明敷作均压环时,可执行户内接地母线敷设定额。

（7）利用铜绞线作接地引下线时,配管、穿铜绞线执行本册第十一章中同规格的相应项目。

2. 工程量计算规则

（1）接地极制作安装以"根"为计量单位,其长度按设计长度计算;设计无规定时,每根长度按 2.5 m 计算。若设计有管帽,管帽另按加工件计算。

（2）接地母线敷设,按设计长度以"m"为计量单位计算工程量。接地终线、避雷线敷设,均按"延长米"计算,其长度按施工图设计水平和垂直规定长度另加 3.9% 的附加长度（包括转弯、上下波动、避绕障碍物、搭接头所占长度）计算。计算主材费时应另增加规定的损耗率。

（3）接地跨接线以"处"为计量单位,按规程规定凡需做接地跨接线的工程内容,每跨接一次按一处计算,户外配电装置构架均需接地,每副构架按一处计算。

（4）避雷针的加工制作、安装,以"根"为计量单位,独立避雷针安装以"基"为计量单位。长度、高度、数量均按设计规定。独立避雷针的加工制作应执行一般铁件制作定额或按成品计算。

（5）半导体少长针消雷装置安装以"套"为计量单位,按设计安装高度分别执行相应定额。装置本身由设备制造厂成套供货。

（6）利用建筑物内主筋作接地引下线安装以"10 m"为计量单位,每一柱子内焊接两根主筋考虑,如果焊接主筋数超过两根,可按比例调整。

（7）断接卡子制作安装以"套"为计量单位,按设计规定装设的断接卡子数量计算,接地检查井内的断接卡子安装按每井一套计算。

(8) 高层建筑物屋顶的防雷接地装置应执行避雷网安装定额,电缆支架的接地线安装应执行户内接地母线敷设定额。

(9) 均压环敷设以"m"为单位计算,主要考虑利用圈梁内主筋作均压环接地连线,焊接按两根主筋考虑,超过两根时,可按比例调整。长度按设计需要做均压接地的圈梁中心线长度,以"延长米"计算。

(10) 钢、铝窗接地以"处"为计量单位(高层建筑 6 层以上的金属窗设计一般要求接地),按设计规定接地的金属窗数进行计算。

(11) 柱子主筋与圈梁连接以"处"为计量单位,每处按两根主筋与两根圈梁钢筋分别焊接连接考虑。如果焊接主筋和圈梁钢筋超过两根,可按比例调整,需要连接的柱子主筋和圈梁钢筋"处"数按设计规定计算。

(十) 10 kV 以下架空配电线路

1. 定额应用说明

(1) 本章定额按平地施工条件考虑,若在其他地形条件下施工,其人工和机械按表 7-65 予以调整。

表 7-65 地形系数调整表

地形类别	丘陵(市区)	一般山地、泥沼地带
调整系数	1.20	1.60

(2) 地形划分的特征如下:

① 平地:地形比较平坦、地面比较干燥的地带。

② 丘陵:地形有起伏的矮岗、土丘等地带。

③ 一般山地:指一般山岭或沟谷地带、高原台地等。

④ 泥沼地带:指经常积水的田地或泥水淤积的地带。

(3) 预算编制中,全线地形分几种类型时,可近各种类型长度所占百分比求出综合系数进行计算。

(4) 土质分类如下:

① 普通土:指种植土、黏砂土、黄土和盐碱土等,主要是利用锹、铲即可挖掘的土质。

② 坚土:指土质坚硬难挖的红土、板状黏土、重块土、高岭土,必须用铁镐、条锄挖松、再用锹、铲挖掘的土质。

③ 松砂石:指碎石、卵石和土的混合体。各种不坚实砾岩、页岩、风化岩,节理和裂缝较多的岩石等(不需用爆破方法开采的),需要镐、撬棍、大锤、楔子等工具配合才能挖掘。

④ 岩石:一般指坚实的粗花岗岩、白云岩、片麻岩、玢岩、石英岩、大理岩、石灰岩、石灰质胶结的密实砂岩的石质,不能用一般挖掘工具进行开挖,必须采用打眼、爆破或打凿才能开挖。

⑤ 泥水:指坑的周围经常积水。坑的土质松散,如淤泥和沼泽地等挖掘时因水渗入和浸润而成泥浆,容易坍塌,而用挡土板和适量排水才能施工。

⑥ 流砂:指坑的土质为砂质或分层砂质,挖掘过程中砂层有上涌现象,容易坍塌,挖掘时需排水和采用挡土板才能施工。

(5) 线路一次施工工程量按 5 根以上电杆考虑,如 5 根以内,其全部人工、机械乘以系数1.3。

（6）如果出现钢管杆的组立，按同高度混凝土杆组立的人工、机械乘以系数1.4，材料不调整。

（7）导线跨越架设：

① 每个跨越距按50 m以内考虑，大于50 m而小于100 m时按2处计算，依次类推。

② 在同跨越档内，有多种（或多次）跨越物时，应根据跨越物种类分别执行定额。

③ 跨越定额仅考虑因跨越而多耗的人工、机械台班和材料，要计算架线工程量时，不扣除跨越档的长度。

（8）杆上变压器安装不包括变压器调试、抽芯、干燥工作。

2. 工程量计算规则

（1）工地运输，是指定额内未计价材料从集中材料堆放点或工地仓库运至杆位上的工程运输，分人力运输和汽车运输，以"吨公里"为计量单位。

运输量计算公式如下：

$$工程运输量＝施工图用量×（1＋损耗率）$$

预算运输重量＝工程运输量＋包装物重量（不需要包装的可不计算包装物重量）

运输重量可按表7-66的规定进行计算。

表 7-66　　　　　运输重量表

材料名称		单位	运输质量/kg	备注
混凝土制品	人工浇制	m³	2 600	包括钢筋
	离心浇制	m³	2 860	包括钢筋
线材	导线	kg	$W×1.15$	有线盘
	钢绞线	kg	$W×1.07$	无线盘
木杆材料		m³	500	包括木横担
金具、绝缘子		kg	$W×1.07$	—
螺栓		kg	$W×1.01$	—

注：1. W 为理论质量。

2. 未列入者均按净质量计算。

（2）无底盘、卡盘的电杆坑，其挖方体积为：

$$V＝0.8×0.8×h$$

式中　h——坑深，m。

（3）电杆坑的马道土、石方量按每坑0.2 m³计算。

（4）施工操作裕度按底拉盘底宽每边增加0.1 m。

（5）各类土质的放坡系数按表7-67计算。

表 7-67　　　　　各类土质的放坡系数

土质	普通土、水坑	坚土	松砂石	泥水、流砂、岩石
放坡系数	1：0.3	1：0.25	1：0.2	不放坡

(6) 冻土厚度大于 300 mm 时,冻土层的挖方量按挖坚土定额乘以系数 2.5。其他土层仍按土质性质执行定额。

(7) 土方量按下式计算:

$$V = \frac{h}{[ab + (a + a_1) \times (b + b_1) + a_1 \times b_1]}$$

式中　V——土(石)方体积,m^3;

　　　h——坑深,m;

　　　$a(b)$——坑底宽,m,$a(b)$=底拉盘底宽+2×每边操作裕度;

　　　$a_1(b_1)$——坑口宽,m,$a_1(b_1)$=$a(b)$+2×h×边坡系数。

(8) 杆坑土质按一个坑的主要土质而定,如一个坑大部分为普通土,少量为坚土,则该坑应全部按普通土计算。

(9) 带卡盘的电杆坑,如原计算的尺寸不能满足卡盘安装,因卡盘超长而增加的土(石)方量另计。

(10) 底盘、卡盘、拉线盘按设计用量以"块"为计量单位。

(11) 杆塔组立,区别杆塔形式和高度按设计数量以"根"为计量单位。

(12) 拉线制作安装按施工图设计规定,区别不同形式,以"根"为计量单位。

(13) 横担安装按施工图设计规定,分不同形式和截面,以"根"为计量单位。定额按单根拉线考虑,若安装 V 形、Y 形或双拼形拉线,按 2 根计算。拉线长度按设计全根长度计算,设计无规定时可按表 7-68 计算。

表 7-68　　　　　　　　　　拉线长度

项目		普通拉线/m·根⁻¹	V(Y)形拉线/m·根⁻¹	弓形拉线/m·根⁻¹
杆高/m	8	11.47	22.94	9.33
	9	12.61	25.22	10.10
	10	13.74	27.48	10.92
	11	15.10	30.20	11.82
	12	16.14	32.28	12.62
	13	18.69	37.38	13.42
	14	19.68	39.36	15.12
水平拉线			26.47	

(14) 导线架设,区别导线类型和不同截面以"km/单线"为计量单位计算。导线预留长度按表 7-69 的规定计算。导线长度按线路总长度和预留长度之和计算。计算主材费时应另增加规定的损耗率。

表 7-69　　　　　　　　　　导线预留长度

项目名称		长度/m·根⁻¹
高压	转角	2.5
	分支、终端	2.0

项目名称		长度/m·根$^{-1}$
低压	分支、终端	0.5
	交叉跳线转角	1.5
与设备连线		0.5
进户线		2.5

（15）导线跨越架设，包括越线架的搭、拆和运输以及因跨越（障碍）施工难度增加而增加的工作量，以"处"为计量单位。每个跨越间距按 50 m 以内考虑，大于 50 m 而小于 100 m 时按 2 处计算，依次类推。在计算架线工程量时，不扣除跨越档的长度。

（16）杆上变配电设备安装以"台"或"组"为计量单位。定额内包括杆上钢支架及设备的安装工作，但钢支架主材、连引线、线夹、金具等应按设计规定另行计算，设备的接地装置安装和调试应按本册相应定额另行计算。

（十一）配管、配线

1. 定额应用说明

（1）配管工程均未包括接线箱、盒及支架的制作、安装。

（2）钢索架设及拉紧装置的制作、安装插接式母线槽支架制作，槽架制作及配管支架应执行铁构件制作定额。

（3）桥架安装：

① 桥架安装包括运输、组对、吊装、固定，弯通或三、四通修改、制作、组对，切割口防腐，桥架开孔，上管件，隔板安装，盖板安装，接地，附件安装等工作内容。

② 桥架支撑架定额适用于立柱、托臂及其他各种支撑架的安装。本定额已综合考虑了采用螺栓、焊接和膨胀螺栓三种固定方式，实际施工中，不论采用何种固定方式，定额均不做调整。

③ 玻璃钢梯式桥架和铝合金梯式桥架定额均按不带盖考虑，如这两种桥架带盖，则分别执行玻璃钢槽式桥架定额和铝合金槽式桥架定额。

④ 钢制桥架主结构设计厚度大于 3 mm 时，定额人工、机械乘以系数 1.2。

⑤ 不锈钢桥架按本章钢制桥架定额乘以系数 1.1 执行。

2. 工程量计算规则

（1）各种配管应区别不同敷设方式，敷设位置，管材材质、规格，以"延长米"为计量单位，不扣除管路中间的接线箱（盒）灯头盒、开关盒所占长度。

（2）定额中未包括钢索架设及拉紧装置、接线箱（盒）支架的制作安装，其工程量应另行计算。

（3）管内穿线的工程量，应区别线路性质、导线材质、导线截面，以单线"延长米"为计量单位计算。线路分支接头线的长度已综合考虑在定额中，不得另行计算。照明线路中的导线截面大于或等于 6 mm^2 时，应执行动力线路穿线相应项目。

（4）线夹配线工程量，应区别线夹材质（塑料、瓷质）、线式（两线、三线）、敷设位置（在木、砖、混凝土）以及导线规格，以线路"延长米"为计量单位。

（5）绝缘子配线工程量，应区别绝缘子形式（针式、鼓式、碟式）、绝缘子配线位置（沿屋架、梁、柱、墙，跨屋架、梁、柱，木结构，顶棚内，砖、混凝土结构，沿钢支架及钢索），导线截面积，以线路"延长米"为计量单位计算。绝缘子暗配，引下线按线路支持点至天棚下缘距离的长度计算。

(6) 槽板配线工程量，应区别槽板材质（木质、塑料）、配线位置（木结构、砖、混凝土）、导线截面、线式（二线、三线），以线路每米"延长米"为计量单位计算。

(7) 塑料护套线明敷工程量，应区别导线截面、导线芯数（二芯、三芯）、敷设位置（木结构、砖混凝土结构、铅钢索），以单根线路"延长米"为计量单位计算。

(8) 线槽配线工程量，应区别导线截面，以单根线路"延长米"为计量单位计算。若为多芯导线，二芯导线时，按相应截面定额子目基价乘以系数 1.2；四芯导线时，按相应截面定额子目基价乘以系数 1.4；八芯导线时，按相应截面定额子目基价乘以系数 1.8；十六芯导线时，按相应截面定额子目基价乘以系数 2.1。

(9) 钢索架设工程量，应区别圆钢、钢索直径（$\phi6$、$\phi9$），按图示墙（柱）内缘距离，以"延长米"为计量单位计算，不扣除拉紧装置所占长度。

(10) 母线拉紧装置及钢索拉紧装置制作安装工程量，应区别母线截面、花篮螺栓直径（M12、M16、M18），以"套"为计量单位计算。

(11) 车间带形母线安装工程量，应区别母线材质（铝、钢）、母线截面、安装位置（沿屋架、梁、柱、墙，跨屋架、梁、柱），以"延长米"为计量单位计算。

(12) 动力配管混凝土地面刨沟工程量，应区别管子直径，以"延长米"为计量单位计算。

(13) 接线箱安装工程量，应区别安装形式（明装、暗装）、接线盒半周长，以"个"为计量单位计算。

(14) 接线盒安装工程量，应区别安装形式（明装、暗装、钢索上）以及接线盒类型，以"个"为计量单位计算。

(15) 灯具、明、暗开关、插座、按钮等的预留线，已分别综合在相应定额内，不另行计算。

(16) 配线进入开关箱、柜、板的预留线，按表 7-70 规定的长度分别计入相应的工程量。

表 7-70　　　　　　　　　　　配线进入箱、柜、板的预留线（每一根线）

序号	项目	预留长度	说明
1	各种开关、柜、板	宽＋高	盘面尺寸
2	单独安装（无箱、盘）的铁壳开关、闸刀、开关、启动器、母线槽进出线盒等	0.3 m	从安装对象中心算起
3	由地面管子出口引至动力接线箱	1.0 m	从管口计算
4	电源与管内导线连接（管内穿线与软、硬母线节点）	1.5 m	从管口计算
5	出户线	1.5 m	从管口计算

(17) 桥架安装，按桥架中心线长度，以"10 m"为计量单位。

（十二）照明器具

1. 定额应用说明

(1) 各型灯具的引线，除注明者外，均已综合考虑在定额内，执行时不得换算。

（2）路灯、投光灯、碘钨灯、氙气灯、烟囱或水塔指示灯，均已考虑了一般工程的高空作业因素，其他器具安装高度如超过 5 m，则应按册说明中规定的超高系数另行计算。

（3）定额中装饰灯具项目均已考虑了一般工程的超高作业因素，不包括脚手架搭拆费用。

（4）装饰灯具定额项目与示意图号配套使用。

（5）定额内已包括利用摇表测量绝缘及一般灯具的试亮工作（但不包括调试工作）。

2．工程量计算规则

（1）普通灯具安装的工程量，应区别灯具的种类、型号、规格，以"套"为计量单位计算。普通灯具安装定额适用范围见表 7-71。

表 7-71　　　　　　　　　　　普通灯具安装定额适用范围

定额名称	灯具种类
圆球吸顶灯	材质为玻璃的螺口、卡口圆球独立吸顶灯
半圆球吸顶灯	材质为玻璃的独立的半圆球吸顶灯、扁圆罩吸顶灯、平圆形吸顶灯
方形吸顶灯	材质为玻璃的独立的矩形罩吸顶灯、方形罩吸顶灯、大口方罩顶灯
软线吊灯	利用软线为垂吊材料，独立的，材质为玻璃、塑料、搪瓷，形状如碗伞、平盘灯罩组成的各式软线吊灯
吊链灯	利用吊链作辅助悬吊材料，独立的，材质为玻璃、塑料罩的各式吊链灯
防水吊灯	一般防水吊灯
一般弯脖灯	圆球弯脖灯、风雨壁灯
一般墙壁灯	各种材质的一般壁灯、镜前灯
软线吊灯头	一般吊灯头
声光控座灯头	一般声控、光控座灯头
座灯头	一般塑胶、瓷质座灯头

（2）吊式艺术装饰灯具的工程量，应根据装饰灯具示意图集所示，区别不同装饰以及灯体直径垂吊长度，以"套"为计量单位计算。灯体直径为装饰物的最大外缘直径，灯体垂吊长度为灯座底部到灯梢之间总长度。

（3）吸顶式艺术装饰灯具安装的工程量，应根据装饰灯具示意图集所示，区别不同装饰物、吸盘的几何形状，灯体直径、周长和垂吊长度，以"套"为计量单位计算。灯体直径为吸盘最大外缘直径；灯体半周长为矩形吸盘的半周长；吸顶式艺术装饰灯具的灯体垂吊长度为吸盘到灯梢之间的总长度。

（4）荧光艺术装饰灯具安装的工程量，应根据装饰灯具示意图集所示，区别不同安装形式和计量单位计算。

① 组合荧光灯光带安装的工程量，应根据装饰灯具示意图集所示，区别安装形式、灯管数量，以"延长米"为计量单位计算。灯具的设计数量与定额不符时可以按设计量加损耗量调整主材。

② 内藏组合式灯安装的工程量，应根据装饰灯具示意图集所示，区别灯具组合形式，以"延长米"为计量单位。灯具的设计数量与定额不符时，可根据设计数量加损耗量调整主材。

③ 发光棚安装的工程量,应根据装饰灯具示意图集所示,以"m²"为计量单位。发光棚灯具按设计用量加损耗量计算。

④ 立体广告灯箱、荧光灯光沿的工程量,应根据装饰灯具示意图所示,以"延长米"为计量单位。灯具设计用量与定额不符时,可根据设计数量加损耗量调整主材。

⑤ 几何形状组合艺术灯具安装的工程量,应根据装饰灯具示意图集所示,区别不同安装形式及灯具的不同形式,以"套"为计量单位计算。

⑥ 标志、诱导装饰灯具安装的工程量,应根据装饰灯具示意图集所示,区别不同安装形式,以"套"为计量单位计算。

⑦ 水下艺术装饰灯具安装的工程量,应根据装饰灯具示意图集所示,区别不同安装形式,以"套"为计量单位计算。

⑧ 点光源艺术装饰灯具安装的工程量,应根据装饰灯具示意图集所示,区别不同安装形式、不同灯具直径,以"套"为计量单位计算。

⑨ 草坪灯具安装的工程量,应根据装饰灯具示意图集所示,区别不同安装形式,以"套"为计量单位计算。

⑩ 歌舞厅灯具安装的工程量,应根据装饰灯具示意图所示,区别不同灯具形式,分别以"套""延长米""台"为计量单位计算。

装饰灯具安装定额适用范围见表 7-72。

表 7-72　　　　　　　　　　　　装饰灯具安装定额适用范围

定额名称	灯具种类(形式)
吊式艺术装饰灯具	不同材质、不同灯体垂吊长度、不同灯体直径的蜡烛灯、挂片灯、串珠(穗)串棒灯、吊杆式组合灯、玻璃罩(带装饰)灯
吸顶式艺术装饰灯具	不同材质、不同灯体垂吊长度、不同灯体几何形状的串珠(穗)串棒灯、挂片、挂碗、挂吊蝶灯、玻璃(带装饰)灯
荧光艺术装饰灯具	不同安装形式、不同灯管数量的组合荧光灯光带,不同几何组合形式的内藏组合式灯,不同几何尺寸、不同灯具形式的发光鹏,不同形式的立体广告灯箱、荧光灯光沿
几何形状组合艺术灯具	不同固定形式、不同灯具形式的繁星灯、钻石星灯、礼花灯、玻璃罩钢架组合灯、凸片灯、反射挂灯、筒形钢架灯、U 形组合灯、弧形管组合灯
标志、诱导装饰灯具	不同安装形式的标志灯、诱导灯
水下艺术装饰灯具	简易形彩灯、密封形彩灯、喷水池灯、幻光型灯
点光源艺术装饰灯具	不同安装形式、不同灯体直径的筒灯、牛眼灯、射灯、轨道射灯
草坪灯具	各种立柱式、墙壁式的草坪灯
歌舞厅灯具	各种安装形式的变色转盘灯、雷达射灯、幻影转彩灯、维纳斯旋转彩灯、卫星旋转效果灯、飞碟旋转效果灯、多头转灯、滚筒灯、频闪灯、太阳灯、雨灯、歌星灯、边界灯、射灯、泡泡发生器、迷你满天星彩灯、迷你单立(盘彩灯)多头宇宙灯、镜面球灯、蛇光管

⑪ 荧光灯具安装的工程量,应区别灯具的安装形式、灯具种类、灯管数量,以"套"为计量单位计算。

荧光灯具安装定额适用范围见表 7-73。

表 7-73 荧光灯具安装定额适用范围

定额名称	灯具种类
组装型荧光灯	单管、双管、三管,吊链式、吸顶式,现场组装独立荧光灯
成套型荧光灯	单管、双管、三管,吊链式、吊管式,成套独立荧光灯

⑫ 工厂灯及防水防尘灯安装的工程量,应区别不同安装形式,以"套"为计量单位计算。
工厂灯及防水防尘灯安装定额适用范围见表 7-74。

表 7-74 工厂灯及防水防尘灯安装定额适用范围

定额名称	灯具种类
直杆工厂吊灯	配罩(GC_1-A)、广照(GC_3-A)、深照(GC_5-A)、斜照(GC_7-A)、圆球(GC_{17}-A)、双罩(GC_{19}-A)
吊链式工厂灯	配罩(GC_1-B)、深照(GC_3-B)、斜照(GC_5-C)、圆球(GC_7-B)、双罩(GC_{19}-A)、广照(GC_{19}-B)
吸顶式工厂灯	配罩(GC_1-C)、广照(GC_3-C)、深照(GC_5-C)、斜照(GC_7-C)、双罩(GC_{19}-C)
弯杆式工厂灯	配罩(GC_1-D/E)、广照(GC_3-D/E)、深照(GC_5-D/E)、斜照(GC_7-D/E)、双罩(GC_{19}-C)、局部深照(GC_{26}-F/H)
悬挂式工厂灯	配罩(GC_{21}-2)、深照(GC_{23}-2)
防水防尘灯	广照(GC_9-A、B、C)、广照保护网(GC_{11}-A、B、C)、散照(GC_{15}-A、B、C、D、E、F、G)

⑬ 工厂其他灯具安装的工程量,应区别不同灯具类型、安装形式、安装高度,以"套""个""延长米"为计量单位计算。

工厂其他灯具安装定额适用范围见表 7-75。

表 7-75 工厂其他灯具安装定额适用范围

定额名称	灯具种类
防潮灯	扁形防潮灯(GC-31)、防潮灯(GC-33)
腰形舱顶灯	腰形舱顶灯 CCD-1
碘钨灯	DW 型,220 V,300~1 000 W
管形氙气灯	自然冷却式,200 V/380 V,20 kW 内
投光灯	TG 型室外投光灯
高压水银灯镇流器	外附式镇流器 125~450 W
安全灯	(AOB-1、2、3)、(AOC-1、2)型安全灯
防爆灯	CB C-200 型防爆灯
高压水银防爆灯	CB C-125/250 型高压水银防爆灯
防爆荧光灯	CB C-1/2 单/双管防爆型荧光灯

⑭ 医院灯具安装的工程量,应区别灯具种类,以"套"为计算单位计算。
医院灯具安装定额适用范围见表 7-76。

表 7-76　　　　　　　　　　医院灯具安装定额适用范围

定额名称	灯具种类
病房指示灯	病房指示灯
病房暗脚灯	病房暗脚灯
无影灯	3～12 孔管式无影灯

⑮ 路灯安装工程,应区别不同臂长、不同灯数,以"套"为计量单位计算。

工厂厂区内、住宅小区路灯安装执行本册定额,城市道路的路灯安装执行《江苏省市政工程计价定额》。

路灯安装定额范围见表 7-77。

表 7-77　　　　　　　　　　路灯安装定额范围

定额名称	灯具种类
大马路弯灯	臂长 1 200 mm 以下、臂长 1 200 mm 以上
庭院路灯	三火以下、七火以下

(十三) 附属工程

1. 定额应用说明

(1) 各种铁构件制作,均不包括镀锌、镀锡、镀铬、喷塑等其他金属防护费用。发生时,应另行计算。

(2) 轻型铁构件系指结构厚度在 3 mm 以内的构件。

(3) 铁构件制作、安装定额适用于本册范围内的各种支架、构件的制作、安装。

2. 工程量计算规则

铁构件制作安装均按施工图设计尺寸,以成品质量"kg"为计量单位。

(十四) 电气调整试验

1. 定额应用说明

(1) 本章内容包括电气设备的本体试验和主要设备的分系统调试。成套设备的整套启动调试按专业定额另行计算。主要设备的分系统内所含的电气设备元件的本体试验已包括在该分系统调试定额之内,如变压器的系统调试中已包括该系统中的变压器、互感器、开关、仪表和继电器等一、二次设备的本体调试和回路试验。绝缘子和电缆等单体试验,只在单独试验时使用,不得重复计算。

(2) 本定额的调试仪表使用费系按"台班"形式表示的,它与《全国统一安装工程施工仪器仪表台班费用定额》配套使用。

(3) 送配电设备调试中的 1 kV 以下定额适用于所有低压供电回路,如从低压配电装置至分配电箱的供电回路,但从配电箱直接至电动机的供电回路已包括在电动机的系统调试定额内。送配电设备系统调试包括系统内的电缆试验、瓷瓶耐压等全套调试工作。供电桥回路中的断路器、母线分段断路器皆作为独立的供电系统计算。定额皆是按一个系统一侧配一台断路器考虑的。若两侧皆有断路器,则按两个系统计算。如果分配电箱内只有刀开关、熔断器等不含调试元件的供电回路,则不再作为调试系统计算。

（4）起重机电气装置、空调电气装置、各种机械设备的电气装置,如堆取料机、装料车、推煤车等成套设备的电气调试应分别按相应的分项调试定额执行。

（5）定额不包括设备的烘干处理和设备本身缺陷造成的元件更换修理和修改,也未考虑因设备元件质量低劣对调试工作造成的影响。定额系按新的合格设备考虑的,如遇以上情况,应另行计算。经修配改或拆迁的旧设备,定额乘以系数1.1。

（6）本定额只限电气设备自身系统的调整试验,未包括电气设备带动机械设备的试运工作,发生时应按专业定额另行计算。

（7）调试定额不包括试验设备、仪器仪表的场外转移费用。

（8）本调试定额系按现行施工技术验收规范编制的,凡现行规范（指定额编制时的规范）未包括的新调试项目和调试内容均应另行计算。

（9）调试定额已包括熟悉资料、核对设备、填写试验记录、保护整定值的整定和调试报告的整理工作。

（10）电力变压器如有带负荷调压装置,调试定额乘以系数1.12。三卷变压器、整流变压器、电炉变压器,按同容量的电力变压器调试定额乘以系数1.2。

（11）3～10 kV 母线系统调试含一组电压互感器,1 kV 以下母线系统调试定额不含电压互感器,适用于低压配电装置的各种母线（包括软母线）的调试。

2. 工程量计算规则

（1）电气调试系统的划分以电气原理系统图为依据。电气设备元件的本体试验均包括在相应定额的系统调试之内,不得重复计算。绝缘子和电缆等单体试验,只在单独试验时使用。在系统调试定额中各工序的调试费用如需单独计算时,可按表7-78所列比例计算。

表 7-78　　　　　　　　　　电气调试系统各工序的调试费用比例

项目工序	发电机、调相机系统/%	变压器系统/%	送配电设备系统/%	电动机系统/%
一次设备本体试验	30	30	40	30
附属高压二次设备试验	20	30	20	30
一次电流及二次回路检查	20	20	20	20
继电器及仪表试验	30	20	20	20

（2）电气调试所需的电力消耗已包括在定额内,一般不另计算。但10 kW 以上电机及发电机的启动调试用的蒸汽、电力和其他动力能源消耗及变压器空载试运转的电力消耗,另行计算。

（3）供电桥回路的断路器、母线分段断路器,均按独立的送配电设备系统计算调试费。

（4）送配电设备系统调试,系按一侧有一台断路器考虑的,若两侧均有断路器,则应按两个系统计算。

（5）送配电设备系统调试,适用于各种供电回路（包括照明供电回路）的系统调试。凡供电回路中带有仪表、继电器、电磁开关等调试元件的（不包括闸刀开关、保险器）,均按调试系统计算。移动式电器和以插座连接的家电设备业经厂家调试合格、不需要用户自调的设备,均不应计算调试费用。

（6）变压器系统调试，以每个电压侧有一台断路器为准。多于一个断路器的，按相应电压等级送配电设备系统调试的相应定额另行计算。

（7）干式变压器、调试，执行相应容量变压器调试定额乘以系数0.8。

（8）特殊保护装置，均以构成一个保护回路为一套，其工程量计算规定如下（特殊保护装置未包括在各系统调试定额之内，应另行计算）：

① 发电机转子接地保护，按全厂发电机共用一套考虑。

② 距离保护，按设计规定所保护的送电线路断路器台数计算。

③ 高频保护，按设计规定的保护的送电线路断路器台数计算。

④ 故障录波器的调试，以一块屏为一套系统计算。

⑤ 失灵保护，按该保护的断路器台数计算。

⑥ 失磁保护，按所保护的电机台数计算。

⑦ 变流器的断电保护，按变流器台数计算。

⑧ 小电流接地保护，按装设该保护的供电回路断路器台数计算。

⑨ 保护检查及打印机调试，按构成该系统的完整回路为一套计算。

（9）自动装置及信号系统调试，均包括断电器、仪表等元件本身和二次回路的调整试验，具体规定如下：

① 备用电源自动投入装置，按连锁机构的个数确定备用电源自投装置系统数。一个备用厂用变压器，作为三段厂用工作母线备用的厂用电源，计算备用电源自动投入装置调试时，应为三个系统。装设自动投入装置的两条互为备用的线路或两台变压器，计算备用电源自动投入装置调试时，应为两个系统。备用电动机自动投入装置也按此计算。

② 线路自动重合闸调试系统，按采用自动重合闸装置的线路自动断路器的台数计算系统数。综合重合闸也按此规定计算。

③ 自动调频装置的调试，以一台发电机为一个系统。

④ 同期装置调试，按设计构成一套能完成同期并车行为的装置为一个系统计算。

⑤ 蓄电池及直流监视系统调度，一组蓄电池按一个系统计算。

⑥ 事故照明切换装置调试，按设计能完成交直流切换的一套装置为一个调试系统计算。

⑦ 周波减负荷装置调试，凡有一个周率继电器，不论带几个回路，均按一个调试系统计算。

⑧ 变送器屏以屏的个数计算。

⑨ 中央信号装置调试，按每一个变电所或配电室为一个调试系统计算工程量。

⑩ 不间断电源装置调试，按容量以"套"为单位计算。

（10）接地网的调试规定如下：

① 接地网接地电阻的测定：一般的发电厂或变电站连为一体的母网，按一个系统计算；自成母网不与厂区母网相连的独立接地网，另按一个系统计算。大型建筑群各有自己的接地网（接地电阻值设计有要求），虽然在最后也将各接地网联在一起，但应按各自的接地网计算，不能作为一个网，具体应按接地网的试验情况而定。

② 避雷针接地电阻的测定：每一避雷针均有单独接地网（包括独立的避雷针、烟囱避雷针等）时，均按一组计算。

③ 独立的接地装置按组计算：如一台柱上变压器有一个独立的接地装置，即按一组计算。

（11）避雷器、电容器的调试，按每三相为一组计算；单个装设的，也按一组计算。上述设备如设置在发电机、变压器、输、配电线路的系统或回路内，仍应按相应定额另外计算调试费用。

（12）高压电气除尘系统调试，按一台升压变压器、一台机械整流器及附属设备为一个系统计算，分别按除尘器面积（m²）范围执行定额。

（13）硅整流装置调试，按一套硅整流装置为一个系统计算。

（14）普通电动机的调试，分别按电机的控制方式、功率、电压等级，以"台"为计量单位。

（15）可控硅调速直流电动机调试以"系统"为计量单位，其调试内容包括可控硅整流装置系统和直流电动机控制回路系统两个部分的调试。

（16）交流变频调速电动机调试以"系统"为计量单位，其调试内容包括变频装置系统和交流电动机控制回路系统两个部分的调试。

（17）微型电机系指功率在 0.75 kW 以下的电机，不分类别，一律执行微电机综合调试定额，以"台"为计量单位。电动功率在 0.75 kW 以上的电机调试应按电机类别和功率分别执行相应的调试定额。

（18）一般的住宅、学校、办公楼、旅馆、商店等民用电气工程的供电调试应按下列规定执行：

① 配电室内带有调试元件的盘、箱、柜和带有调试元件的照明主配电箱，应按供电方式执行相应的配电设备系统调试定额。

② 每个用户房间的配电箱（板）上虽装有电磁开关等调试元件，但如果生产厂家已按固定的常规参数调整好，不需要安装单位进行调试就可直接投入使用的，不得计取调试费用。

③ 民用电能表的调整检验属于供电部门的专业管理，一般皆由用户向供电局订购调试完毕的电能表，不得另外计算调试费用。

（19）高标准的高层建筑、高级宾馆、大会堂、体育馆等具有较高控制技术的电气工程（包括照明工程中由程控调光控制的装饰灯具），应按控制方式执行相应的电气调试定额。

（十五）电梯电气装置

1. 定额应用说明

（1）本章适用于国内生产的各种客、货、病床和杂物电梯的电气装置安装，但不包括自动扶梯和观光电梯。

（2）电梯厅门按每层一门为准，增加或减少时，另按增（减）厅门相应定额计算。

（3）电梯安装的楼层高度是按平均层高 4 m 以内考虑的，若平均层高超过 4 m，其超过部分可另按提升高度定额计算。

（4）两部或两部以上并行或群控电梯，按相应的定额分别乘以系数 1.2。

（5）本定额是以室内地坪±0.00 以下为地坑（下缓冲）考虑的，如遇有区间电梯（基站不在首层），下缓冲地坑设在中间层时，则基站以下部分楼层的垂直搬运应另行计算。

（6）电梯安装材料、电线管及线槽、金属软管、管子软管、管子配件、紧固件、电缆、电线、接线箱（盒）荧光灯及其他附件、备件等，均按设备带有考虑。

（7）小型杂物电梯以载重量在 200 kg 以内、轿厢内不载人为准。载量大于 200 kg 的轿厢内有司机操作的杂物电梯,执行客货电梯的相应项目。

(8)定额中已经包括程控调试。

(9)本定额不包括下列各项工作:

① 电源线路及控制开关的安装。

② 电动发电机组的安装。

③ 基础型钢和钢支架制作。

④ 接地极与接地干线敷设。

⑤ 电气调试。

⑥ 电梯的喷漆。

⑦ 轿厢内的空调、冷热风机、闭路电视、步话机、音响设备。

⑧ 群控集中监视系统以及模拟装置。

2. 工程量计算规则

(1)交流手柄操纵或按钮控制(半自动)电梯电气安装的工程量,应区别电梯层数、站数,以"部"为计量单位计算。

(2)交流信号或集选控制(自动)电梯电气安装的工程量,应区别电梯层数、站数,以"部"为计量单位计算。

(3)直流信号或集选控制(自动)快速电梯电气安装的工程量,应区别电梯层数、站数,以"部"为计量单位计算。

(4)直流集选控制(自动)高速电梯电气安装的工程量,应区别电梯层数、站数,以"部"为计量单位计算。

(5)小型杂物电梯电气安装的工程量,应区别电梯层数、站数,以"部"为计量单位计算。

(6)电厂专用电梯电气安装的工程量,应区别配合锅炉容量,以"部"为计量单位计算。

(7)电梯增加厅门、自动轿厢门及提升高度的工程量,应区别电梯形式、增加自动轿厢门数量、增加提升高度,分别以"个""延长米"为计量单位计算。

四、工程实例

(一)工程概况

本工程层高为 3 m,室内外高差 0.5 m,为某办公楼局部办公区。供电线路布置如图7-13、图 7-14 所示。

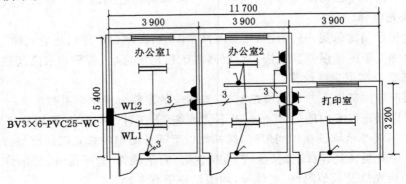

图 7-13 某工程局部电照平面图

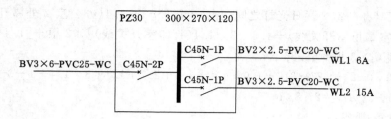

图 7-14　某工程局部电照系统图

1．设计施工说明

（1）电源由低压屏引来，DN25 PVC 埋地敷设，埋深为室外地坪下 0.9 m，管内穿 BV-3×6 mm² 线。

（2）照明配电箱为 300（宽）×270（高）×120（厚）PZ30 箱，下口距地 2 m。

（3）全部插座、照明线路采用 BV-2.5mm² 线，穿 PVC20 管暗敷设；成套双管 40 W 日光灯为吊链安装，安装高度距地 2.5 m。

（4）单相五孔插座为 86 系列，安装高度距地 0.3 m。

（5）跷板单、双连开关安装高度距地 1.4 m。

2．预算编制说明

（1）案例计价过程中，为核对结果方便，除主材价格外，人工、材料、机械费用完全按 2014 计价定额计取。实际工作中人工、材料、机械需要按市场价调整，并且需要按最新的营改增相关规定进行计算。

（2）本案例单价措施项目计算脚手架搭拆费，总价措施项目计算安全文明措施费、临时设施费、分户验收费，其他措施项目在实际工作中，按实际需要计取。

（3）其他项目费仅以暂列金额 1 000 元计，实际工作依据需要计取。

（4）主材价格参考 2016 年第 5 期《徐州造价信息》。

（5）工程排污费由于徐州暂时没有配套文件出台，暂不计取；税金按徐州市 3.48% 计取。

（6）土方、检查井未计入，工作时按实际情况，依据土建规则计算。

（二）清单工程量计算方法

（1）PZ30 配电箱安装：300 mm×270 mm×120 mm 1 台（系统图及施工说明）。

（2）刚性阻燃塑料管沿墙暗敷设（PVC25）：15（规则）＋0.9（埋深）＋0.5（室内外高差）＋0.15（半墙）＋2.0（配电箱安装高度）＝5.05 m。

（3）进户线 BV-6mm²：5.05×3 根＝15.15 m。

现在进户线多为埋地电缆敷设，架空接户方式越来越少采用，而电缆在管内是不允许有接头的。一般进户电缆是在工程结束后整根敷设的，施工过程中，大多只预埋电缆穿线管，而不需要施工企业敷设这一段电缆。因此，在计算工程量时一定要搞清楚进户这部分电缆在招投标中是否要计算。一般情况下预留的电缆保护管是要计入投标报价的。

（4）配电箱-日光灯：

BV2.5 mm² 线：[3（层高）－2（配电箱安装高度）－0.27（箱高）＋1.8（箱-办公室 1 日光灯）＋3.9（办公室 1、2 房间宽）＋4.1（办公室 2-打印室日光灯）＋2.6（办公室 1 两日光灯之间距离)＋2.7(办公室 2 两日光灯之间距离)＋1.5＋3－1.4(办公室 2 外屋开关线)＋1＋3－1.4(办公室 2 里屋开关线)＋1.6＋3－1.4(打印室开关线)]×2 根＋[1.4＋3－1.4(办公室 1 开关线)]×3 根＝58.36 m。

PVC20 管:3－2－0.27＋3.9＋1.9＋4.1＋2.6＋2.7＋1.5＋3－1.4＋1＋3－1.4＋1.6＋3－1.4＋1.35＋3－1.4＝27.83 m。

(5) 配电箱-插座:

BV2.5 mm² 线:[2(箱高)＋0.1(暗敷深度)＋5.6(配电箱-办公室 1 插座)＋(0.3＋0.1)(地面-插座)＋3.95(办公室 1-办公室 2 插座距离)＋(0.3＋0.1)(地面-插座)×2(此处两个插座高度)＋1.9(办公室 2 里外层插座之间的距离)＋(0.3＋0.1)(地面-插座)×2(此处两个插座高度)]×3 根＝46.65 m。

PVC20 管:2＋0.1＋5.6＋0.3＋0.1＋3.95＋(0.3＋0.1)×2＋1.9＋(0.3＋0.1)×2＝15.55 m。

(6) 双管日光灯:5 套。

(7) 五孔插座(二孔＋三孔):4 个。

(8) 单连开关:3 个。

(9) 双连开关:1 个。

(10) 开关盒:4 个。

(11) 插座盒:4 个。

(12) 灯头定位盒:5 个。

(13) 低压电系统调试:1 系统。

(三) 定额计价工程量计算方法

定额计价工程量计算与清单计价工程量计算方法的实质性区别就在于清单计价工程量计算的是实物量,不包括预留量,而定额计价则需要考虑预留量。

1. 进户线:BV-6 mm²

[5.05＋(0.3＋0.27)(箱半周长)]×3 根＝16.86 m(组价时,定额子目用工程量)。

其中预留量为:(0.3＋0.27)×3＝1.71 m。

2. 照明线 BV-2.5 mm²

BV2.5 mm² 线:[3(层高)－2(配电箱安装高度)－0.27(箱高)＋(0.30＋0.27)(箱半周长)＋1.8(箱-办公室 1 日光灯)＋3.9(办公室 1、2 房间宽)＋4.1(办公室 2-打印室日光灯)＋2.6(办公室 1 两日光灯之间距离)＋2.7(办公室 2 两日光灯之间距离)＋1.5＋3－1.4(办公室 2 外屋开关线)＋1＋3－1.4(办公室 2 里屋开关线)＋1.6＋3－1.4(打印室开关线)]×2 根＋[1.4＋3－1.4(办公室 1 开关线)]×3 根＝59.5 m。

其中预留量为:(0.30＋0.27)×2＝1.14 m。

3. 配电箱-插座

BV2.5 mm² 线:[2(箱高)＋0.1(暗敷深度)＋(0.30＋0.27)(箱半周长)＋5.6(配电箱-办公室 1 插座)＋(0.3＋0.1)(地面-插座)＋3.95(办公室 1-办公室 2 插座距离)＋(0.3＋0.1)(地面-插座)×2(此处两个插座高度)＋1.9(办公室 2 里外层插座之间的距离)＋(0.3＋0.1)(地面-插座)×2(此处两个插座高度)]×3 根＝48.35 m。

其中预留量为:(0.30＋0.27)×3＝1.71 m。

定额计价时,BV2.5 mm² 线工程量:59.8 m＋48.35 m＝108.15 m。

(四)工程量计算表(表 7-79)

表 7-79 清单工程量计算表

序号	分部分项名称	单位	工程量	计算公式
1	PZ30 配电箱	台	1	1×(300×270×120 mm)
2	进户线			
3	BV-6 mm²	m	16.86	5.05×3 根＋(0.3＋0.27)×3[预留量]
4	PVC25	m	5.05	1.50(规则)＋0.9(埋深)＋0.5(室内外高差)＋0.15(半墙)＋2.0 (配电箱安装高度)
5	配电箱-日光灯			
	BV2.5 mm²线	m	59.50	[3(层高)－2(配电箱安装高度)－0.27(箱高)＋1.8(箱-办公室 1 日光灯)＋3.9(办公室 1、2 房间宽)＋4.1(办公室 2－打印室日光灯)＋2.6(办公室 1 两日光灯之间距离)＋2.7(办公室 2 两日光灯之间距离)＋1.5＋3－1.4(办公室 2 外屋开关线)＋1＋3－1.4(办公室 2 里屋开关线)＋1.6＋3－1.4(打印室开关线)]×2 根＋[1.4＋3－1.4(办公室 1 开关线)]×3 根＋(0.3＋0.27)×2 [预留量]
	PVC20 管	m	27.83	3－2－0.27＋3.9＋1.9＋4.1＋2.6＋2.7＋1.5＋3－1.4＋1＋3－1.4＋1.6＋3－1.4＋1.35＋3－1.4
6	配电箱-插座			
	BV2.5 mm²线	m	48.36	[2(箱高)＋0.1(暗敷深度)＋5.6(配电箱-办公室 1 插座)＋(0.3＋0.1)(地面-插座)＋3.95(办公室 1-办公室 2 插座距离)＋(0.3＋0.1)(地面-插座)×2(此处两个插座高度)＋1.9(办公室 2 里外屋插座之间的距离)＋(0.3＋0.1)(地面-插座)×2(此处两个插座高度)]×3 根＋(0.3＋0.27)×3[预留量]
	PVC20 管	m	15.55	2＋0.1＋5.6＋0.3＋0.1＋3.95＋(0.3＋0.1)×2＋1.9＋(0.3＋0.1)×2＝
7	双管日光灯	套	5	2＋2＋1
8	五孔插座(2＋3孔)	个	4	1＋2＋1
9	单连开关	个	3	3
10	双连开关	个	1	1
11	开关盒	个	4	4
12	插座盒	个	4	4
13	灯头定位盒	个	5	5
14	低压电系统调试	系统	1	1

(五)招标方提供工程量清单主要表格

(1)封面(略)

(2)总说明(略)

（3）分部分项工程量清单与计价表（表7-80）

表7-80   **分部分项工程量清单与计价表**

序号	项目编码	项目名称	项目特征描述	计量单位	工程量	金额/元		
						综合单价	合价	其中暂估价
1	030404017001	配电箱	1. 名称:配电箱;2. 型号;PZ30;3. 规格:300 mm×270 mm×120 mm;4.安装方式:嵌入暗装,安装高度2 m	台	1.000			
2	030411001001	配管	1. 名称:刚性阻燃管;2. 材质:PVC管;3. 规格:DN25 mm 内;4. 配置形式:砖、混凝土结构暗配	m	5.050			
3	030411001002	配管	1. 名称:刚性阻燃管;2. 材质:PVC管;3. 规格:DN20 mm 内;4. 配置形式:砖、混凝土结构暗配	m	27.830			
4	030411004001	配线	1. 名称:照明线路;2. 配线形式:管内穿线;3. 型号:BV;4. 规格:6 mm²;5. 材质:铜;6. 配线部位:砖混凝土结构	m	16.860			
5	030411004002	配线	1. 名称:照明线路;2. 配线形式:管内穿线;3. 型号:BV;4. 规格:2.5 mm²;5. 材质:铜	m	107.860			
6	030412005001	荧光灯	1. 名称:成套整装;2. 型号:吊链式双管;3. 规格:40 W;4. 安装形式:成套型	套	5.000			
7	030404035001	插座	1. 名称:插座;2. 规格:86系列,3+2五孔;3. 安装方式:暗装	个	4.000			
8	030404034001	照明开关	1. 名称:双连开关;2. 规格:86系列;3. 安装方式:暗装	个	3.000			
9	030404034002	照明开关	1. 名称:单连开关;2. 规格:86系列;3. 安装方式:暗装	个	1.000			
10	030411006001	接线盒	1. 名称:接线盒;2. 材质:塑料;3. 规格:86系列;4. 安装形式:暗装	个	5.000			
11	030411006002	接线盒	1. 名称:开关盒、插座盒;2. 材质:塑料;3. 规格:86系列;4. 安装形式:暗装	个	8.000			
12	030414002001	送配电装置系统	1. 名称:低压电系统调试;2. 电压等级(kV):1 kV 以下交流	系统	1.000			
			分部分项工程清单合计					
13	031301017001	脚手架搭拆		项	1.000			
			单价措施项目清单合计					
			合计					

（4）总价措施项目清单与计价表（表 7-81）

表 7-81   **总价措施项目清单与计价表**

序号	项目编码	项目名称	计算基础	费率/%	金额/元	调整费率/%	调整后金额/元	备注
		通用措施项目						
1	031302001001	现场安全文明施工						
1.1		基本费		1.400				
1.2		标化增加费		0.300				
2	031302002001	夜间施工						
3	031302004001	二次搬运						
4	031302005001	冬雨季施工						
5	031302006001	已完工程及设备保护费						
6	031302008001	临时设施费						
7	031302009001	赶工措施费						
8	031302010001	工程按质论价						
		专业工程措施项目						
9	031302003001	非夜间施工照明						
10	031302011001	住宅工程分户验收						
		合计						

（5）其他项目清单与计价汇总表（表 7-82）

表 7-82   **其他项目清单与计价汇总表**

序号	项目名称	金额/元	结算金额/元	备注
1	暂列金额	1 000.00		
2	暂估价			
2.1	材料暂估价			
2.2	专业工程暂估价			
3	计日工			
4	总承包服务费			
	合计	1 000.00		

（6）暂列金额明细表（表 7-83）

表 7-83   **暂列金额明细表**

序号	项目名称	暂定金额/元	备注
1	变更、签证备用	1 000.00	
	合计	1 000.00	

（7）规费、税金清单与计价表（表 7-84）

表 7-84 规费、税金清单与计价表

序号	项目名称	计算基础	计算基数	计算费率/%	金额/元
1	规费				
1.1	社会保险费	分部分项工程费＋措施项目费＋其他项目费－甲供工程设备费		2.200	
1.2	住房公积金	分部分项工程费＋措施项目费＋其他项目费－甲供工程设备费		0.380	
1.3	工程排污费	分部分项工程费＋措施项目费＋其他项目费－甲供工程设备费			
2	税金	分部分项工程费＋措施项目费＋其他项目费＋规费－按规定不计税的工程设备金额		3.480	
合计					

（8）承包人提供主要材料和工程设备一览表（适用于造价信息差额调整法）（表 7-85）

表 7-85 承包人提供主要材料和工程设备一览表

序号	材料编码	名称、规格、型号	单位	数量	风险系数/%	基准单价/元	投标单价/元	发承包人确认单价/元	备注
1	22470111	成套灯具	套		≤5	80.000			
2	4F0000	PZ30 配电箱（300 mm×270 mm×120 mm）	台		≤5	350.000			
3	25430311	BV2.5 mm² 绝缘导线	m		≤5	1.700			
4	26060121	DN20 刚性阻燃管	m		≤5	2.500			
5	26110101	接线盒	只		≤5	15.000			
6	25430315	BV6 mm² 铜芯绝缘导线	m		≤5	3.880			
7	23412504	成套插座	套		≤5	6.000			
8	23230131	双连照明开关	只		≤5	8.000			
9	26060121-1	DN25 刚性阻燃管	m		≤5	3.400			
10	05230136	圆木台 63～138×22	块		≤5	1.000			
11	26110101-1	接线盒	只		≤5	1.500			
12	23230131-1	单连照明开关	只		≤5	5.000			

（六）投标方计算投标报价的主要表格

（1）封面（略）

（2）总说明（略）

（3）工程项目招标控制价表（略）

（4）单项工程招标控制价表（略）

（5）单位工程投标报价汇总表（表7-86）

表 7-86 　　　　　　　　　　**单位工程投标报价汇总表**

序号	汇总内容	金额/元	其中：暂估价/元
1	分部分项工程	2 837.19	
1.1	人工费	836.29	
1.2	材料费	1 499.48	
1.3	施工机具使用费	58.35	
1.4	企业管理费	325.93	
1.5	利润	117.12	
2	措施项目	129.90	
2.1	单价措施项目费	37.89	
2.2	总价措施项目费	92.01	
2.2.1	其中：安全文明施工措施费	48.88	
3	其他项目	1 000.00	
3.1	其中：暂列金额	1 000.00	
4	规费	102.35	
5	税金	141.62	
6	投标总价合计＝1＋2＋3＋4＋5	4 211.06	

（6）分部分项工程和单价措施项目清单与计价表（表7-87）

表 7-87 　　　　　　**分部分项工程和单价措施项目清单与计价表**

序号	项目编码	项目名称	项目特征描述	计量单位	工程量	综合单价	合价	其中暂估价
1	030404017001	配电箱	1. 名称：配电箱；2. 型号：PZ30；3. 规格：300 mm×270 mm×120 mm；4. 安装方式：嵌入暗装，安装高度2 m	台	1.000	546.36	546.36	
2	030411001001	配管	1. 名称：刚性阻燃管；2. 材质：PVC管；3. 规格：DN25 mm内；4. 配置形式：砖、混凝土结构暗配	m	5.050	11.63	58.73	
3	030411001002	配管	1. 名称：刚性阻燃管；2. 材质：PVC管；3. 规格：DN20 mm内；4. 配置形式：砖、混凝土结构暗配	m	27.830	9.73	270.79	
4	030411004001	配线	1. 名称：照明线路；2. 配线形式：管内穿线；3. 型号：BV；4. 规格：6 mm²；5. 材质：铜；6. 配线部位：砖混凝土结构	m	16.860	4.93	83.12	

序号	项目编码	项目名称	项目特征描述	计量单位	工程量	综合单价	合价	其中 暂估价
5	030411004002	配线	1. 名称:照明线路;2. 配线形式:管内穿线;3. 型号:BV;4. 规格:2.5 mm²;5. 材质:铜	m	107.860	3.02	325.74	
6	030412005001	荧光灯	1. 名称:成套整装;2. 型号:吊链式双管;3. 规格:40 W;4. 安装形式:成套型	套	5.000	128.28	641.40	
7	030404035001	插座	1. 名称:插座;2. 规格:86 系列,3+2五孔;3. 安装方式:暗装	个	4.000	18.26	73.04	
8	030404034001	照明开关	1. 名称:双连开关;2. 规格:86 系列;3. 安装方式:暗装	个	3.000	16.50	49.50	
9	030404034002	照明开关	1. 名称:单连开关;2. 规格:86 系列;3. 安装方式:暗装	个	1.000	12.93	12.93	
10	030411006001	接线盒	1. 名称:接线盒;2. 材质:塑料;3. 规格:86 系列;4. 安装形式:暗装	个	5.000	19.79	98.95	
11	030411006002	接线盒	1. 名称:开关盒、插座盒;2. 材质:塑料;3. 规格:86 系列;4. 安装形式:暗装	个	8.000	6.02	48.16	
12	030414002001	送配电装置系统	1. 名称:低压电系统调试;2. 电压等级(kV):1 kV 以下交流	系统	1.000	628.47	628.47	
		分部分项工程清单合计					2 837.19	
13	031301017001	脚手架搭拆		项	1.000	37.89	37.89	
		单价措施项目清单合计					37.89	
		合计					2 875.08	

（7）总价措施项目清单与计价表（表 7-88）

表 7-88 **总价措施项目清单与计价表**

序号	项目编码	项目名称	计算基础	费率/%	金额/元	调整费率/%	调整后金额/元	备注
		通用措施项目						
1	031302001001	现场安全文明施工			48.88			
1.1		基本费	工程量清单计价+施工技术措施—甲供工程设备费	1.400	40.25			
1.2		标化增加费	工程量清单计价+施工技术措施—甲供工程设备费	0.300	8.63			

序号	项目编码	项目名称	计算基础	费率/%	金额/元	调整费率/%	调整后金额/元	备注
2	031302008001	临时设施费	工程量清单计价＋施工技术措施－甲供工程设备费	1.500	43.13			
		专业工程措施项目						
合计					92.01			

（8）其他项目清单与计价汇总表（表 7-89）

表 7-89　　　　　其他项目清单与计价汇总表

序号	项目名称	金额/元	结算金额/元	备注
1	暂列金额	1 000.00		
2	暂估价			
3	计日工			
4	总承包服务费			
合计		1 000.00		

（9）暂列金额明细表（表 7-90）

表 7-90　　　　　暂列金额明细表

序号	项目名称	暂定金额/元	备注
1	变更、签证备用	1 000.00	
合计		1 000.00	

（10）规费、税金项目计价表（表 7-91）

表 7-91　　　　　规费、税金项目计价表

序号	项目名称	计算基础	计算基数	计算费率/%	金额/元
1	规费		102.35		102.35
1.1	社会保险费	分部分项工程费＋措施项目费＋其他项目费－甲供工程设备费	3 967.09	2.200	87.28
1.2	住房公积金	分部分项工程费＋措施项目费＋其他项目费－甲供工程设备费	3 967.09	0.380	15.07
1.3	工程排污费	分部分项工程费＋措施项目费＋其他项目费－甲供工程设备费	3 967.09		
2	税金	分部分项工程费＋措施项目费＋其他项目费＋规费－按规定不计税的工程设备金额	4 069.44	3.480	141.62
合计					243.97

（11）承包人提供主要材料和工程设备一览表（适用于造价信息差额调整法）（表 7-92）

表 7-92　　　　　　　　　承包人提供主要材料和工程设备一览表

序号	材料编码	名称、规格、型号	单位	数量	风险系数/%	基准单价/元	投标单价/元	发承包人确认单价/元	备注
1	22470111	成套灯具	套	5.050	≤5	80.00	80.00		
2	4F0000	PZ30 配电箱	台	1.000	≤5	350.00	350.00		
3	25430311	BV2.5 mm² 绝缘导线	m	125.118	≤5	1.70	1.70		
4	26060121	DN20 刚性阻燃管	m	30.613	≤5	2.50	2.50		
5	26110101	接线盒	只	5.100	≤5	15.00	15.00		
6	25430315	BV6 mm² 铜芯绝缘导线	m	17.703	≤5	3.88	3.88		
7	23412504	成套插座	套	4.080	≤5	6.00	6.00		
8	23230131	双连照明开关	只	3.060	≤5	8.00	8.00		
9	26060121-1	DN25 刚性阻燃管	m	5.555	≤5	3.40	3.40		
10	05230136	圆木台 63～138×22	块	14.700	≤5	1.00	1.00		
11	26110101-1	接线盒	只	8.160	≤5	1.50	1.50		
12	23230131-1	单连照明开关	只	1.020	≤5	5.00	5.00		

（12）工程量清单综合单价分析表（表 7-93 至表 7-102）

表 7-93　　　　　　　　　配电箱工程量清单综合单价分析表

项目编码	030404017001	项目名称		配电箱		计量单位		台	工程量		1

清单综合单价组成明细

定额编号	定额名称	定额单位	数量	单价					合价				
				人工费	材料费	机械费	管理费	利润	人工费	材料费	机械费	管理费	利润
4-268	成套配电箱安装悬挂；嵌入式	台	1	102.12	40.11		39.83	14.30	102.12	40.11		39.83	14.30
	综合人工工日		小计						102.12	40.11		39.83	14.30
	1.38		未计价材料费						350.00				
	清单项目综合单价								546.36				

材料费明细	主要材料名称、规格、型号		单位	数量	单价/元	合价/元	暂估单价/元	暂估合价（元）
	PZ30 配电箱（300 mm×270 mm×120mm）		台	1	350.00	350.00		
	其他材料费				—	40.11	—	
	材料费小计				—	390.11	—	

表 7-94　　　　　　　**塑料穿线管工程量清单综合单价分析表**

项目编码	030411001001	项目名称	配管		计量单位	m	工程量	5.05

清单综合单价组成明细

定额编号	定额名称	定额单位	数量	单价					合价				
				人工费	材料费	机械费	管理费	利润	人工费	材料费	机械费	管理费	利润
4-1251	M10砖、混凝土结构暗配刚性阻燃管	100 m	0.01	446.22	107.31		174.03	62.47	4.46	1.07		1.74	0.62
综合人工工日			小计						4.46	1.07		1.74	0.62
0.06			未计价材料费						3.74				
清单项目综合单价									11.63				

材料费明细	主要材料名称、规格、型号			单位	数量	单价/元	合价/元	暂估单价/元	暂估合价/元
	DN25刚性阻燃管			m	1.1	3.40	3.74		
	其他材料费					—	1.07	—	
	材料费小计					—	4.81	—	

表 7-95　　　　　　　**照明线路工程量清单综合单价分析表**

项目编码	030411004002	项目名称	配线		计量单位	m	工程量	107.86

清单综合单价组成明细

定额编号	定额名称	定额单位	数量	单价					合价				
				人工费	材料费	机械费	管理费	利润	人工费	材料费	机械费	管理费	利润
4-1359	照明线路导线截面铜芯2.5	100 m单线	0.01	56.98	17.89		22.22	7.98	0.57	0.18		0.22	0.08
综合人工工日			小计						0.57	0.18		0.22	0.08
0.01			未计价材料费						1.97				
清单项目综合单价									3.02				

材料费明细	主要材料名称、规格、型号			单位	数量	单价/元	合价/元	暂估单价/元	暂估合价/元
	BV2.5 mm² 绝缘导线			m	1.16	1.70	1.97		
	其他材料费					—	0.18	—	
	材料费小计					—	2.15	—	

表 7-96 照明灯具工程量清单综合单价分析表

| 项目编码 | 030412005001 | 项目名称 | | 荧光灯 | | 计量单位 | | 套 | 工程量 | | 5 |

清单综合单价组成明细

定额编号	定额名称	定额单位	数量	单价					合价				
				人工费	材料费	机械费	管理费	利润	人工费	材料费	机械费	管理费	利润
4-1792	荧光灯成套型吊链式双管	10套	0.1	154.66	217.08		60.32	21.65	15.47	21.71		6.03	2.17
综合人工工日			小计						15.47	21.71		6.03	2.17
0.21			未计价材料费						82.90				
清单项目综合单价									128.28				

材料费明细	主要材料名称、规格、型号		单位	数量	单价(元)	合价(元)	暂估单价(元)	暂估合价(元)
	圆木台 63~138×22		块	2.1	1.00	2.10		
	成套灯具		套	1.01	80.00	80.80		
	其他材料费				—	21.71	—	
	材料费小计				—	104.61	—	

表 7-97 插座工程量清单综合单价分析表

| 项目编码 | 030404035001 | 项目名称 | | 插座 | | 计量单位 | | 个 | 工程量 | | 4 |

清单综合单价组成明细

定额编号	定额名称	定额单位	数量	单价					合价				
				人工费	材料费	机械费	管理费	利润	人工费	材料费	机械费	管理费	利润
4-358	单相明插座:5孔	10套	0.1	62.16	15.79		24.24	8.70	6.22	1.58		2.42	0.87
综合人工工日			小计						6.22	1.58		2.42	0.87
0.08			未计价材料费						7.17				
清单项目综合单价									18.26				

材料费明细	主要材料名称、规格、型号		单位	数量	单价/元	合价/元	暂估单价/元	暂估合价/元
	圆木台 63~138×22		块	1.05	1.00	1.05		
	成套插座		套	1.02	6.00	6.12		
	其他材料费				—	1.58	—	
	材料费小计				—	8.75		

表 7-98 开关工程量清单综合单价分析表

项目编码	030404034001	项目名称		照明开关			计量单位	个		工程量	3

清单综合单价组成明细

定额编号	定额名称	定额单位	数量	单价					合价				
				人工费	材料费	机械费	管理费	利润	人工费	材料费	机械费	管理费	利润
4-340	扳式暗开关双连	10套	0.1	50.32	6.51		19.62	7.04	5.03	0.65		1.96	0.70
综合人工工日			小计						5.03	0.65		1.96	0.70
0.07			未计价材料费						8.16				
清单项目综合单价									16.50				

材料费明细	主要材料名称、规格、型号	单位	数量	单价/元	合价/元	暂估单价/元	暂估合价/元
	双连照明开关	只	1.02	8.00	8.16		
	其他材料费			—	0.65	—	
	材料费小计			—	8.81	—	

表 7-99 接线盒工程量清单综合单价分析表

项目编码	030411006001	项目名称		接线盒			计量单位	个		工程量	5

清单综合单价组成明细

定额编号	定额名称	定额单位	数量	单价					合价				
				人工费	材料费	机械费	管理费	利润	人工费	材料费	机械费	管理费	利润
4-1545	暗装接线盒	10个	0.1	25.16	6.42		9.81	3.52	2.52	0.64		0.98	0.35
综合人工工日			小计						2.52	0.64		0.98	0.35
0.03			未计价材料费						15.30				
清单项目综合单价									19.79				

材料费明细	主要材料名称、规格、型号	单位	数量	单价/元	合价/元	暂估单价/元	暂估合价/元
	接线盒	只	1.02	15.00	15.30		
	其他材料费			—	0.64	—	
	材料费小计			—	15.94	—	

表 7-100　　　　　　　**开关、插座盒工程量清单综合单价分析表**

项目编码	030411006002	项目名称		接线盒			计量单位	个	工程量	8

清单综合单价组成明细

定额编号	定额名称	定额单位	数量	单价					合价				
				人工费	材料费	机械费	管理费	利润	人工费	材料费	机械费	管理费	利润
4-1546	暗装开关盒	10个	0.1	27.38	2.97		10.68	3.83	2.74	0.30		1.07	0.38
	综合人工工日		小计						2.74	0.30		1.07	0.38
	0.04		未计价材料费						1.53				
	清单项目综合单价								6.02				

材料费明细	主要材料名称、规格、型号			单位	数量	单价/元	合价/元	暂估单价/元	暂估合价/元
	接线盒			只	1.02	1.50	1.53		
	其他材料费					—	0.30	—	
	材料费小计					—	1.83	—	

表 7-101　　　　　　　**送配电系统调试工程量清单综合单价分析表**

项目编码	030414002001	项目名称		送配电装置系统			计量单位	系统	工程量	1

清单综合单价组成明细

定额编号	定额名称	定额单位	数量	单价					合价				
				人工费	材料费	机械费	管理费	利润	人工费	材料费	机械费	管理费	利润
4-1821	送配电装置系统调试	系统	1	369.60	4.64	58.35	144.14	51.74	369.60	4.64	58.35	144.14	51.74
	综合人工工日		小计						369.60	4.64	58.35	144.14	51.74
	4.80		未计价材料费										
	清单项目综合单价								628.47				

材料费明细	主要材料名称、规格、型号			单位	数量	单价/元	合价/元	暂估单价/元	暂估合价/元
	其他材料费					—	4.64	—	
	材料费小计					—	4.64	—	

表 7-102　　　　　　　　脚手架搭拆费工程量清单综合单价分析表

项目编码	031301017001	项目名称		脚手架搭拆		计量单位		项	工程量		1

清单综合单价组成明细

定额编号	定额名称	定额单位	数量	单价					合价				
				人工费	材料费	机械费	管理费	利润	人工费	材料费	机械费	管理费	利润
4-F1	第四册安装脚手架搭拆费取人工费的 4%,其中人工25% 材料75% 机械0%	项	1	8.37	25.09		3.26	1.17	8.37	25.09		3.26	1.17
	综合人工工日			小计					8.37	25.09		3.26	1.17
			未计价材料费										
		清单项目综合单价							37.89				

材料费明细	主要材料名称、规格、型号			单位	数量	单价/元	合价/元	暂估单价/元	暂估合价/元
	其他材料费					—	25.09	—	
	材料费小计					—	25.09	—	

复习与思考题

1. 简述设计概算的基本概念与作用。

2. 简述设计概算的基本组成。

3. 简述设计概算的编制原则与主要依据。

4. 简述设计概算编制的基本方法。

5. 简述设计概算审查的主要内容与常用方法。

6. 简述施工图预算的基本概念与作用。

7. 简述施工图预算的基本组成。

8. 简述施工图预算的编制原则与主要依据。

9. 简述施工图预算编制的基本方法与编制步骤。

10. 简述施工图预算审查的主要内容与常用方法。

11. 简述审查施工图预算和设计概算的意义。

12. 简述给排水工程、采暖工程、通风空调工程、刷油、防腐蚀、绝热工程、工业管道工程施工图预算的编制方法[定额的选用(即哪些内容应执行哪册定额)、各册定额的分界、定额应用说明、工程量计算的项目划分与工程量计算规则、定额计量单位、定额子目的套用等]。

13. 简述定额中各册费用的规定与计算方法。

14. 简述定额中各类系数的分类及各类系数的使用方法。

第八章　建设项目招标控制价、
投标报价与合同价款的确定

主要内容：主要讲述投标控制价、投标报价的基本概念和编制，合同价款的基本概念，合同价款的确定及合同价款约定的基本要求。

基本要求：

(1) 熟悉投标控制价的基本概念与编制基本要求。

(2) 熟悉投标报价的基本概念与编制基本要求。

(3) 熟悉合同价款的基本概念、合同价款的确定及合同价款约定的基本要求。

第一节　招标控制价

一、招投标的基本概念

1. 招标

招标是指招标人在发包之前，公开招标或邀请投标人，根据招标人的意图和要求提出报价，择日当场开标，以便从中择优选定中标人的一种经济活动。

招标项目按照国家有关规定需要履行项目审批手续的，应当先履行审批手续，取得批准。招标人应当有进行招标项目的相应资金或者资金来源已经落实，并应当在招标文件中如实载明。

招标分为公开招标和邀请招标。

公开招标是指招标人以招标公告的方式邀请不特定的法人或者其他组织投标。

邀请招标是指招标人以投标邀请书的方式邀请特定的法人或者其他组织投标。。

2. 投标

投标是与招标对称的概念，指具有合法资格和能力的投标人根据招标条件，经过初步研究和估算，在指定期限内填写标书，提出报价，并等候开标，决定能否中标的经济活动。

二、招标控制价的基本概念

1. 含义

招标控制价是招标人根据国家或省级、行业建设主管部门颁发的有关计价依据和办法，以及拟定的招标文件和招标工程量清单，结合工程具体情况编制的招标工程的最高投标限价。国有资金投资的工程建设项目应实行工程量清单招标，并应编制招标控制价。

《中华人民共和国招投标法实施条例》规定，招标人可以自行决定是否编制标底。一个招标项目只能有一个标底，标底必须保密。接受委托编制标底的中介机构不得参加受托编制标底项目的投标，也不得为该项目的投标人编制投标文件或者提供咨询。

招标人设有最高投标限价的，应当在招标文件中明确最高投标限价或者最高投标限价的计算方法。招标人不得规定最低投标限价。

2. 设置作用

(1) 设标底招标存在的弊端

①　设标底时易发生泄漏标底及暗箱操作的问题,失去招标的公平公正性。

②　编制的标底价一般为预算价,科学合理性差,较难考虑施工方案、技术措施对造价的影响,容易与市场造价水平脱节。

③　标底在评标过程中的特殊地位使标底成为左右工程造价的杠杆。不合理的标底会使合理的投标报价在评标中显得不合理。

④　将标底作为衡量投标人报价的基准,导致投标人尽力地去迎合标底,往往招投标过程反映的不是投标人实力的竞争,而是投标人编制预算文件能力的竞争,或者各种合法或非法的"投标策略"的竞争。

(2)　无标底招标的弊端

①　容易出现围标、串标现象,各投标人哄抬价格,给招标人带来投资失控的风险。

②　容易出现低价中标后偷工减料、不顾工程质量,以此来降低工程成本的现象,或先低价中标,后高额索赔等不良后果。

③　评标时招标人对投标人的报价没有参考依据和评判标准。

(3)　设置招标控制价的优势

①　有效控制投资,防止恶性哄抬报价带来的投资风险。

②　提高了透明度,避免了暗箱操作等违法活动的产生。

③　可使各投标人自主报价、公平竞争,符合市场规律。投标人自主报价,不受标底的左右。

④　既设置了控制上限又尽量地减少了招标人对评标基准价的影响。

(4)　招标控制价与标底的区别

①　招标控制价是事先公布的最高限价,投标价不会高于招标控制价。标底是密封的,开标唱标后公布的不是最高限价,投标价、中标价都有可能突破标底。

②　招标控制价只起到最高限价的作用,投标人的报价都要低于该价,而且招标控制价不参与评分,也不在评标中占有权重,只是作为一个具体建设项目工程造价的参考。标底在评标过程中一般参考评标,即复合标底 A+B 模式,在评标过程中占有权重,所以说标底影响投标人中标。

③　评标时,投标报价不能够超过招标控制价,否则是废标。标底是招标人期望的中标价,投标价格越接近这个价格越容易中标。当所有的竞标价格过分低于标底价格或者过分高出标底价格时,发包人可以宣布流标,不承担责任,但过分低于标底价格的情况工程上几乎不会出现。

三、招标控制价的编制

(一)　编制规定

(1)　国有资金投资的工程建设项目应实行工程量清单招标,招标人应编制招标控制价,并应当拒绝高于招标控制价的投标报价。

(2)　招标控制价应由具有编制能力的招标人,或受其委托具有相应资质的工程造价咨询人编制。当招标人不具有编制招标控制价的能力时,可委托具有相应资质的工程造价咨询人编制。工程造价咨询人不得同时接受招标人和投标人对同一工程的招标控制价和投标报价进行编制。

(3)　招标控制价应当依据工程量清单、工程计价有关规定和市场价格信息等进行编制。

为体现招标的公平、公正,防止招标人有意抬高或压低工程造价,招标人应在招标文件中如实公布招标控制价,不得对所编制的招标控制价进行上浮或下调。招标人在招标文件中公布招标控制价时,应公布招标控制价各组成部分的详细内容(各单位工程的分部分项工程费、措施项目费、其他项目费、规费和税金),不得只公布招标控制价总价。

(4)中国对国有资金投资项目的投资控制实行的是投资概算审批制度,国有资金投资的工程原则上不能超过批准的投资概算。因此,在工程招标发包时,若编制的招标控制价超过批准的概算,招标人应当将其报原概算审批部门重新审核。

(5)投标人经复核认为招标人公布的招标控制价未按照《建设工程工程量清单计价规范》(GB 50500—2013)的规定进行编制的,应在开标前5天向招投标监督机构或(和)工程造价管理机构投诉。招投标监督机构应会同工程造价管理机构对投诉进行处理。当招标控制价复查结论与原公布的招标控制价误差>±3%时,应当责成招标人改正。招标人根据招标控制价复查结论,需要修改公布的招标控制价的,且最终招标控制价的发布时间至投标截止时间不足15天的,应当延长投标文件的截止时间。

(6)招标人应将招标控制价有关资料报送工程所在地或有该工程管辖权的行业管理部门工程造价管理机构备查。

(二)编制依据

(1)现行《建设工程工程量清单计价规范》。

(2)国家或省级、行业建设主管部门颁发的计价定额和计价办法。

(3)建设工程设计文件及相关资料。

(4)拟定的招标文件及招标工程量清单。

(5)与建设项目相关的标准、规范、技术资料。

(6)施工现场情况、工程特点及常规施工方案。

(7)工程造价管理机构发布的工程造价信息;工程造价信息没有发布的,参照市场价;

(8)其他的相关资料。

(三)编制内容

招标控制价主要由分部分项工程费、措施项目费、其他项目费、规费和税金构成。

1. 分部分项工程费

分部分项工程费应依据招标文件及其招标工程量清单中分部分项工程量清单项目的特征描述,按工程量清单计价规范有关规定确定综合单价计算。综合单价中应包括招标文件中要求投标人承担的风险费用。招标文件提供了暂估单价的材料,按暂估的单价计入综合单价。

2. 措施项目费

(1)措施项目清单中的安全文明施工费应按照国家或省级、行业建设主管部门的规定计价,不得作为竞争性费用。

(2)措施项目费应按招标文件中提供的措施项目清单确定。措施项目采用分部分项工程综合单价形式进行计价的工程量,应按措施项目清单中的工程量,并按规定确定综合单价;以"项"为单位的方式计价的,按规定确定除规费、税金以外的全部费用。

3. 其他项目费

(1)暂列金额:由招标人根据工程特点,按有关计价规定估算确定。为保证工程施工建设的顺利实施,在编制招标控制价时应对施工过程中可能出现的各种不确定因素对工程造价的影响进行估算,列出一笔暂列金额。暂列金额可根据工程的复杂程度、设计深度、工程环境条件(包括地质、水文、气候条件等)进行估算,一般可以分部分项工程费的10%~15%作为参考。

(2)暂估价:包括材料暂估价和专业工程暂估价。暂估价中的材料单价应按照工程造价管理机构发布的工程造价信息或参考市场价格确定;暂估价中的专业工程暂估价应分不同专业,按有关计价规定估算。

(3)计日工:包括计日工人工、材料和施工机械。在编制招标控制价时,对计日工中的人工单价和施工机械台班单价应按省级、行业建设主管部门或其授权的工程造价管理机构公布的单价计算;材料应按工程造价管理机构发布的工程造价信息中的材料单价计算,工程造价信息未发布材料单价的材料,其价格应按市场调查确定的单价计算。

(4)总承包服务费:招标人应根据招标文件中列出的内容和向总承包人提出的要求,参照下列标准计算:

① 招标人仅要求对分包的专业工程进行总承包管理和协调时,按分包的专业工程估算造价的1.5%计算。

② 招标人要求对分包的专业工程进行总承包管理和协调,并同时要求提供配合服务时,根据招标文件中列出的配合服务内容和提出的要求,按分包的专业工程估算造价的3%~5%计算。

③ 招标人自行供应材料的,按招标人供应材料价值的1%计算。

4. 规费和税金

招标控制价的规费和税金必须按国家或省级、行业建设主管部门的规定计算。

第二节　投标报价

一、基本概念

投标报价是投标人响应招标文件要求所报出的,在已标价工程量清单中表明的总价,是投标人投标时报出的工程合同价,即投标价是指工程招标发包过程中,由投标人或其委托具有相应资质的工程造价咨询人按照招标文件的要求以及有关计价规定,依据发包人提供的工程量清单、施工图设计图纸,结合项目工程特点、施工现场情况及企业自身的施工技术、装备和管理水平等,自主确定的工程造价。

三、投标报价的编制

(一)编制规定

(1)投标价应由投标人或受其委托具有相应资质的工程造价咨询人编制。

(2)除现行《建设工程工程量清单计价规范》强制性规定外,投标人还应依据招标文件及其招标工程量清单自主确定报价成本。

(3)投标报价不得低于工程成本,不得高于最高投标限价。

(4)投标人应按招标工程量清单填报价格。项目编码、项目名称、项目特征、计量单位、工程量必须与招标工程量清单一致。

（5）投标报价应当依据工程量清单、工程计价有关规定、企业定额和市场价格信息等编制。

（6）投标人可根据工程实际情况结合施工组织设计，对招标人所列的措施项目进行增补。

（7）招标工程量清单与计价表中列明的所有需要填写单价和合价的项目，投标人均应填写且只允许有一个报价。未填写单价和合价的项目，可视为此项费用已包含在已标价工程量清单中其他项目的单价和合价之中。当竣工结算时，此项目不得重新组价予以调整。

（8）投标总价应当与分部分项工程费、措施项目费、其他项目费和规费、税金的合计金额一致。

（9）投标报价低于工程成本或者高于最高投标限价总价的，评标委员会应当否决投标人的投标。对是否低于工程成本报价的异议，评标委员会可以参照国务院住房城乡建设主管部门和省、自治区、直辖市人民政府住房城乡建设主管部门发布的有关规定进行评审。

（二）编制依据

（1）现行《建设工程工程量清单计价规范》。

（2）国家或省级、行业建设主管部门颁发的计价办法。

（3）企业定额，国家或省级、行业建设主管部门颁发的计价定额。

（4）招标文件、工程量清单及其补充通知、答疑纪要。

（5）建设工程设计文件及相关资料。

（6）施工现场情况、工程特点及拟定的投标施工组织设计或施工方案。

（7）与建设项目相关的标准、规范等技术资料。

（8）市场价格信息或工程造价管理机构发布的工程造价信息。

（9）其他的相关资料。

（三）编制内容

投标报价主要由分部分项工程费、措施项目费、其他项目费、规费和税金构成。

1. 分部分项工程费

分部分项工程费应依据招标文件及其招标工程量清单中分部分项工程量清单项目的特征描述，按工程量清单计价规范有关规定确定综合单价计算。综合单价中应包括招标文件中要求投标人承担的风险费用，招标文件中没有明确的，应提请招标人明确。招标文件提供了暂估单价的材料，按暂估的单价计入综合单价。

2. 措施项目费

（1）措施项目费应根据招标文件中的措施项目清单及投标时拟定的施工组织设计或施工方案按工程量清单计价规范的规定自主确定。

（2）措施项目费应按招标文件中提供的措施项目清单确定。措施项目采用分部分项工程综合单价形式进行计价的工程量，应按措施项目清单中的工程量，并按规定确定综合。综合单价计算应根据招标文件和招标工程量清单项目中的特征描述确定，综合单价中应包括招标文件中划分的应由投标人承担的风险范围及其费用，招标文件中没有明确的，应提请招标人明确。以"项"为单位的方式计价的，按规定确定除规费、税金以外的全部费用。措施项目费中的安全文明施工费应当按照国家或省级、行业建设主管部门的规定标准计价，不得作为竞争性费用。

3. 其他项目费

（1）暂列金额应按招标工程量清单中列出的金额填写。

（2）材料、工程设备暂估价应按招标工程量清单中列出的单价计入综合单价。

（3）专业工程暂估价应按招标工程量清单中列出的金额填写。

（4）计日工应按招标工程量清单中列出的项目和数量，自主确定综合单价并计算计日工金额。

（5）总承包服务费应根据招标工程量清单中列出的内容和提出的要求自主确定。

4. 规费和税金

招标控制价的规费和税金必须按国家或省级、行业建设主管部门的规定计算。

（四）投标报价的策略

1. 不平衡报价法

不平衡报价指的是一个项目的投标报价，在总价基本确定后，调整项目内部各个部分的报价，以期望在不提高总价的条件下，既不影响中标，又能在结算时得到更理想的经济效益。这种方法在工程项目中运用得比较普遍，对于工程项目，一般可根据具体情况考虑采用不平衡报价法。

2. 多方案报价法

对一些招标文件，如果发现工程范围不很明确、条款不清楚或很不公正，或技术规范要求过于苛刻，要在充分估计投标风险的基础上，按多方案报价法处理。即按原招标文件报一个价，然后再提出："如某条款（如某规范规定）做某些变动，价可降低多少……"报一个较低的价。这样可以降低总价，吸引采购方。或是对某部分工程提出按"成本补偿合同"方式处理，其余部分报一个总价。

3. 增加建议方案

有时招标文件中规定，可以提出建议方案，即可以修改原设计方案，提出投标者的方案。这时投标者应组织一批有经验的设计和施工工程师，对原招标文件的设计和施工方案进行仔细研究，提出更合理的方案，以吸引采购方，促成自己的方案中标。这种新的建议方案要可以降低总造价或提前竣工或使工程运用更合理。但要注意的是，对原招标方案一定要标价，以供采购方比较。增加建议方案时，不要将方案写得太具体，保留方案的技术关键，防止采购方将此方案交给其他承包商。同时要强调的是，建议方案一定要比较成熟，或过去有这方面的实践经验，因为投标时间不长，如果仅为中标而匆忙提出一些没有把握的建议方案，可能会引起很多的后患。

4. 突然降价法

报价是一件保密性很强的工作，但是对手往往通过各种渠道、手段来刺探情况。因此，在报价时可以采取迷惑对方的手法。即按一般情况报价或表现出自己对该项目兴趣不大，到快投标截止时，再突然降价。采用这种方法时，一定要在准备投标报价的过程中考虑好降价的幅度，在临近投标截止日期，根据情报信息与分析判断，再做最后决策。如果由于采用突然降价法而中标，因为开标只降总价，在签订合同后可采用不平衡报价的方法调整项目内部各项单价或价格，以期取得更好的效益。

5. 先亏后盈法

有的投标方为了打进某一地区，依靠某国家、某财团和自身的雄厚资本实力，采取一种不惜代价、只求中标的低价报价方案。应用这种手法的投标方必须有较好的资信条件,并且提出的实施方案也要先进可行,同时,要加强对公司情况的宣传,否则即使投标价低,采购方也不一定选中。如果遇到其他承包商也采取这种方法,则不一定与这类承包商硬拼,而努力争取第二、第三标,再依靠自己的经验和信誉争取中标。

第三节 合同价款

合同价款的有关事项由发承包双方约定,一般包括合同价款约定方式,预付工程款、工程进度款、工程竣工价款的支付和结算方式,以及合同价款的调整情形等。建筑工程施工发包与承包价在政府宏观调控下,由市场竞争形成。工程发承包计价应当遵循公平、合法和诚实信用的原则。

国务院住房城乡建设主管部门负责全国工程发承包计价工作的管理。县级以上地方人民政府住房城乡建设主管部门负责本行政区域内工程发承包计价工作的管理。其具体工作可以委托工程造价管理机构负责。

一、合同价的类型

建设工程施工合同价约定的类型通常有 3 种:单价合同、总价合同和成本加酬金合同。

(1) 单价合同:发承包双方约定以工程量清单及其综合单价进行合同价款计算、调整和确认的建设工程施工合同。

(2) 总价合同:发承包双方约定以施工图及其预算和有关条件进行合同价款计算、调整和确认的建设工程施工合同。

(3) 成本加酬金合同:承包双方约定以施工工程成本再加合同约定酬金进行合同价款计算、调计算、调整和确认的建设工程施工合同。

二、合同价款的确定

实行招标的工程合同价款应在中标通知书发出之日起 30 天内,由发承包双方依据招标文件和中标人的投标文件在书面合同中约定。合同约定不得违背招标、投标文件中关于工期、造价、质量等方面的实质性内容。招标文件与中标人投标文件不一致的地方,应以投标文件为准。

不实行招标的工程合同价款,应在发承包双方认可的工程价款基础上,由发承包双方在合同中约定。

合同价款指按合同条款约定的完成全部工程内容的价款。

三、合同价款的约定

实行工程量清单计价的工程,应采用单价合同;建设规模较小、技术难度较低、工期较短,且施工图设计已审查批准的建设工程可采用总价合同;紧急抢险、救灾以及施工技术特别复杂的建设工程可采用成本加酬金合同。发承包双方应在合同条款中对下列事项进行约定:

(1) 预付工程款的数额、支付时间及抵扣方式。

(2) 安全文明施工措施的支付计划、使用要求等。

(3) 工程计量与支付工程进度款的方式、数额及时间。

（4）工程价款的调整因素、方法、程序、支付及时间。

（5）施工索赔与现场签证的程序、金额确认与支付时间。

（6）承担计价风险的内容、范围以及超出约定内容、范围的调整办法。

（7）工程竣工价款结算编制与核对、支付及时间。

（8）工程质量保证金的数额、预留方式及时间。

（9）违约责任以及发生合同价款争议的解决方法及时间，与履行合同、支付价款有关的其他事项等。

复习与思考题

1. 简述投标控制价、投标报价和合同价款的基本概念。

2. 简述投标控制价的编制要求、依据与编制内容。

3. 简述投标报价的编制要求、依据与编制内容。

4. 简述建设工程施工合同价格约定类型。

5. 简述合同价款确定及合同价款约定的基本要求。

参 考 文 献

[1]《造价员一本通》编委会.造价员一本通(安装工程)[M].3版.北京:中国建材工业出版社,2013.

[2] 蔡飞鹏.浅谈如何编制投标报价[J].福建建设科技,1999,(03):42.

[3] 曹小琳,景星蓉.建筑工程定额原理与概预算[M].2版.北京:中国建筑工业出版社,2015.

[4] 陈国锋,毛燕红,路晓明.建筑工程计价与投资控制[M].2版.北京:北京理工大学出版社,2016.

[5] 成虎,陈群.工程项目管理[M].4版.北京:中国建筑工业出版社,2015.

[6] 崔武文.工程造价管理[M].北京:中国建材工业出版社,2010.

[7] 邓铁军.工程项目经济与管理 [M].北京:科学出版社,2015.

[8] 高群.工程造价与控制[M].北京:机械工业出版社,2015.

[9] 郭树荣.工程概预算[M].2版.北京:中国电力出版社,2015.

[10] 郭树荣.工程造价管理[M].2版.北京:科学出版社,2015.

[11] 黄昌铁,齐宝库.工程估价[M].北京:清华大学出版社,2016.

[12] 建设部标准定额研究所.《建设工程工程量清单计价规范》宣贯辅导教材[M].北京:中国计划出版社,2003.

[13] 乐云.建设工程项目管理[M].北京:科学出版社,2013.

[14] 李希伦.建设工程工程量清单计价编制实用手册[M].北京:中国计划出版社,2003.

[15] 刘耀华.安装工程经济与管理[M].北京:中国建筑工业出版社,1998.

[16] 陆惠民,苏振民,王延树.工程项目管理[M].3版.南京:东南大学出版社,2015.

[17] 全国一级建造师执业资格考试用书编写委员会.建设工程经济[M].4版.北京:中国建筑工业出版社,2014.

[18] 全国造价工程师考试培训教材编写委员会,全国造价工程师考试培训教材审定委员会.工程造价的确定与控制[M].2版.北京:中国计划出版社,2001.

[19] 全国造价工程师执业资格考试培训教材编审委员会.工程造价计价与控制[M].北京:中国计划出版社,2003.

[20] 全国造价工程师执业资格考试培训教材编审委员会.建设工程计价[M].北京:中国计划出版社,2017.

[21] 全国造价工程师执业资格考试培训教材编审委员会.建设工程技术与计量(安装工程部分)[M].北京:中国计划出版社 2003.

[22] 全国造价工程师执业资格考试培训教材编审委员会.建设工程技术与计量[M].7版.北京:中国计划出版社,2017.

[23] 全国造价工程师执业资格考试培训教材编审委员会.建设工程造价案例分析

［M］.8 版.北京：中国计划出版社，2017.

［24］全国造价工程师执业资格考试培训教材编审委员会.建设工程造价管理［M］.7 版.北京：中国计划出版社，2017.

［25］谭大璐.工程估价［M］.4 版.北京：中国建筑工业出版社，2014.08

［26］天津理工大学造价工程师培训中心.工程造价计价与控制 2014 年版［M］.北京：中国建筑工业出版社，2014.

［27］王和平.安装工程工程量清单计价原理与实务［M］.2 版.北京：中国建筑工业出版社，2014.

［28］王智伟，刘艳峰.建筑设备施工与预算［M］.北京：科学出版社，2002.

［29］王自忠. 浅谈补充定额编制方法与技巧［J］.中国矿山工程，2012，41(04)：44-46.

［30］吴心伦.安装工程定额与预算［M］.重庆：重庆大学出版社，2002.

［31］吴学伟，谭德精，郑文建.工程造价确定与控制［M］.7 版. 重庆：重庆大学出版社，2015.

［32］张国栋.给排水·采暖·燃气工程概预算手册［M］.2 版.北京：中国建筑工业出版社，2014.

［33］张国栋.通风空调安装工程概预算手册［M］.2 版.北京：中国建筑工业出版社，2014.

［34］中国建设工程造价管理协会.建设工程造价管理基础知识［M］.2 版.北京：中国计划出版社，2010.

［35］周乘绪.安装工程概预算手册［M］.北京：中国建筑工业出版社，2001.

［36］周国藩.给排水、暖通、空调、燃气及防腐蚀绝热工程概预算编制典型实例手册［M］.北京：机械工业出版社，2003.